털 없는 원숭이
동물학적 인간론

THE NAKED APE : 50TH ANNIVERSARY EDITION
by Desmond Morris

THE NAKED APE
by Desmond Morris

Copyright ⓒ 1967 by Desmond Morris
All rights reserved.

Korean translation copyright ⓒ 2020
by Moonyechunchu Publishing Co.

This edition is published by arrangement with
The Random House Group Ltd., London through KCC, Seoul.

이 책의 한국어판 저작권은 한국저작권센터(KCC)를 통한 저작권자와의
독점 계약으로 문예춘추사에 있습니다. 저작권법에 의해 한국 내에서
보호를 받는 저작물이므로 무단전재와 무단복제를 금합니다.

인간,
그 이름의 근원을 찾아가는 충격과 감탄의 지적 여행!
자연과학분야 최장기 베스트셀러 | 한국과학기술원 선정 추천도서

DESMOND MORRIS
THE NAKED APE

데즈먼드 모리스 지음 | 김석희 옮김

50주년 기념판

털 없는 원숭이
동물학적 인간론

문예춘추사

감사의 말

이 책은 일반 독자를 대상으로 했기에 다른 문헌의 내용을 그대로 본문에 싣는 일은 삼가려고 노력했다. 아마 그랬다면 자연스런 글의 흐름이 깨지면서 지금보다 전문서에 가까워졌을 것이다. 그럼에도 이 책을 집필하는 과정에서 나는 기존의 훌륭한 논문과 과학서를 수없이 참조했으며, 그토록 값진 도움을 받은 것에 대해서는 감사의 마음을 전하지 않을 수 없다. 책의 말미에는 주요 문헌에서 논의된 주제와 관련하여 각 장마다 부록을 달아두었다. 부록 뒤의 문헌 목록에는 엄선된 참고문헌이 상세하게 표기돼 있다.

토론과 서신교환 등의 다양한 방식으로 도움의 손길을 아끼지 않았던 수많은 동료와 친구들에게도 깊은 감사의 마음을 전한다. 그중에서도 굳이 몇 명을 소개하자면, 앤서니 앰브로즈 박사, 데이비드 아텐버러 경, 데이비드 블레스트 박사, N.G. 블러튼 존스 박사, 존 볼비 박사, 힐다 브루스 박사, 리처드 코스 박사, 리처드 데이번포트 박사, 앨리스데어 프레이저 박사, J.H. 프램린 교수, 로빈 폭스 교수, 제인 구달, 파에 홀 박사, 앨리스터 하디 교수, 해리 할로 교수, 메리 헤인즈 부인, 얀 반 호프 박사, 줄

리언 헉슬리 경, 데브라 클라이만 양, 폴 레이하우젠 박사, 루이스 립시트 박사, 캐롤라인 로이조스 부인, 콘라트 로렌츠 교수, 말콤 리알-왓슨 박사, 길버트 맨리 박사, 아이작 막스 박사, 톰 매쉴러 씨, L. 해리슨 매튜스 박사, 라모나 모리스 부인, 존 네이피어 박사, 캐롤라인 니콜슨 부인, 케네스 오클리 박사, 프랜시스 레이놀즈 박사, 버논 레이놀즈 박사, 존경하는 미리엄 로스차일드, 클레어 러셀 부인, W.M.S. 러셀 박사, 조지 쉘러 박사, 존 스파크스 박사, 라이오넬 타이거 박사, 니콜라스 틴버겐 교수, 로널드 웹스터 씨, 볼프강 빅클러 박사, 존 유드킨 교수를 들 수 있다.

아울러 여기에 이름을 올린 사람이라고 해서 이 책에 드러난 내 생각과 반드시 일치할 필요가 없다는 점을 미리 밝혀둔다.

끝으로 출간 50주년 기념 개정판 서문을 장식해준 프란스 드 발 교수에게도 고마운 마음을 전하고 싶다. 오늘날 영장류 연구에서 선두적인 인물로 평가받는 그의 고견에 깊은 감사를 드린다.

추천사

어느 열렬한 관찰자의
"호모 사피엔스 동물학 보고서"

『털 없는 원숭이』가 출간된 지 반세기가 넘었다. 내가 이 책을 읽은 지도 어언 40년이 흘렀다. 1979년 여름 미국 펜실베이니아주립대에서 처음 유학 생활을 시작할 때 나는 그저 '동물의 왕국'을 공부하고 싶었다. '동물의 왕국학'이라는 전공이 있는 것은 아니겠지만 어떻게든 자격증을 딴 다음 아프리카에 가서 기린이나 코뿔소를 잡아 동물원 같은 시설로 옮겨 돌봐주는 일을 하고 싶었다. 그러다 1980년 가을 학기에 '사회생물학'이라는 수업을 수강했는데, 주교재는 하버드대 에드워드 윌슨 교수의 『사회생물학(Sociobiology)』이었고 부교재가 리처드 도킨스의 『이기적 유전자(The Selfish Gene)』였다. 아직 영어가 익숙하지 않았건만 나는 밤을 새워 『이기적 유전자』를 읽었다. 그리고 내친김에 이어서 읽은 책이 제인 구달의 『인간의 그늘에서(In the Shadow of Man)』와 바로 이 책 『털 없는 원숭이』였다. 그리곤 나는 동물관리사의 꿈을 접고 동물의 행동과 인간의 본성을 연구하는 진화생물학자의 길로 들어섰다.

THE NAKED APE

　『침팬지 폴리틱스』,『내 안의 유인원』,『공감의 시대』등으로 우리 독자들에게도 친숙한 세계적인 영장류학자 프란스 드 발이 이 책의 50주년 기념판에 쓴 추천의 글에서 밝힌 대로『털 없는 원숭이』는 대중 과학서의 고전이다. 오늘날 우리는 "E. O. 윌슨과 리처드 도킨스로부터 스티븐 핑커와 스티븐 제이 굴드에 이르는 저자들이 진화와 인간의 행동에 관해 쓴 폭넓은 대중 서적을 쉽게 접할 수 있"는데 "이런 전반적 흐름이『털 없는 원숭이』에서 비롯되었다는 사실을 이따금 잊어버린다." 겸손한 나머지 자신을 거명하지 않았지만 그를 포함해 재러드 다이아몬드, 매트 리들리에 이르기까지 내로라하는 대중 과학 저술가들에게 시장을 열어준 사람이 바로 데즈먼드 모리스였다.

　그는 기껏해야 비슷한 연구를 하는 과학자 몇 명이 읽는 연구논문보다 동료 과학자들을 비롯해 과학에 대해 잘 모르는 일반인도 읽을 수 있는 에세이를 쓰기로 했다. 그래서 그는 초판에는 아예 참고 문헌 목록이나 색인도 넣지 않았다. 그는 진정으로 어깨 힘을 뺀 채로 대중과 소통하고 싶어 했다. 결과는 대성공이었다.『털 없는 원숭이』는 무려 28개 언어로 번역돼 1200만 부 이상 팔렸다. 대중 과학서를 쓰는 나 역시 그의 은덕을 입은 사람 중의 하나다.

　흥미롭게도 진지한 과학자라면 모름지기 논문만 써야 한다는 고리타분한 관념은 거의 같은 시기에 동시다발적으로 무너졌다.『털 없는 원숭이』가 출간된 이듬해인 1968년 DNA의 분자 구조를 밝혀 노벨생리·의학상을 수상한 제임스 왓슨의 『이중 나선』이 출간됐다. 1962년 노벨상은 그 유명한 1953년 학술지《네이처(Nature)》논문을 공저한 케임브리지대 프랜시스 크릭 교수와 킹스칼리지의 모리스 윌킨스 교수가 공동 수상했다. 당시 크릭과 윌킨스는 46세 동갑내기로 이미 영국에서 중견 과학자였고 왓슨은 34세 애송이였다. 하지만 노벨상을 받을 때만 해도 그렇지 않았는데 시간이 가면 갈수록 사람들은 DNA 하면 왓슨만 기억하는 것이었다. 차이는 논문과 책이었다. 크릭과 윌킨스는 심각한 과학자답게 진지하게 과학 논문에만 몰두했고, 왓슨은 논문도 썼지만, DNA의 중요성을 널리 알리기 위해 대중 과학서를 쓰는 일에 시간을 할애했다.

『이중 나선』은 왓슨을 두 공동 수상자들보다 훨씬 더 유명하게 만들어주기도 했지만, 훗날 그가 미국 의회에 출두해 인간유전체사업(Human Genome Project)의 예산을 확보할 때 결정적 역할을 했다. 기껏해야 몇몇 과학자들끼리 읽고 끝났을 수도 있을 과학 논문의 내용을 과학을 전공하지도 않은 미국 의회 의원들도 대부분 읽은 터라 왓슨은 유전체 연구의 중요성에 대해 그리 장황하게 설명할 필요조차 없었다. 『털 없는 원숭이』나 『이중 나선』 같은 책을 우리는 흔히 대중 과학서라 부르는데, 이때 여기서 말하는 대중은 연애 소설이나 무협지만 읽은 대중을 칭하는 게 아니다. 동료 과학자들은 물론, 과학이 아닌 다른 분야에 종사하는 학자들도 이에 포함된다. 과학계 내에서는 논문으로 발견의 우선권을 확보해야 하지만 발견한 내용을 널리 알리는 데에는 여러 다양한 매체가 필요하다는 것을 이 무렵 데즈먼드 모리스와 제임스 왓슨이 또렷하게 보여주었다.

모리스는 자신을 '관찰자(watcher)'라고 정의한다. 실제로 그가 쓴 책 중에는 제목에 '관찰(watching)'이라는 표현이 들어 있는 책들이 유난히 많다. 1978년 『사람 관찰(Manwatching)』을 시작으로 『Bodywatching』(1985), 『Catwatching』(1986), 『Dogwatching』(1986), 『Horsewatching』(1989), 『Animalwatching』(1990), 『Babywatching』(1991), 『Peoplewatching』(2002)에 이어 드디어 『Watching』(2006)까지 관찰에 관한 책을 많이 냈다. 그는 버밍엄대에서 동물학을 전공했지만, 실험에는 소질이 없어 잠시 방황하다가 1954년 옥스퍼드대 니코 틴버겐 교수 연구실로 진학해 가시고기의 번식 행동 연구로 박사학위를 받았다. 틴버겐은 콘라트 로렌츠, 카를 폰 프리슈와 더불어 1973년 노벨생리·의학상을 받은 행태학자다. 행태학(ethology)은 동물을 자연 상태에서 간섭하지 않고 관찰한 결과를 정량적으로 분석하는 과학 분야인데, 바로 이 점이 모리스의 관심을 끌었다. 2017년 국립생태원 초대 원장으로서 가진 경영 경험에 관해 쓴 『숲에서 경영을 가꾸다』라는 책에 나는, '관찰학자 최재천의 경영 십계명'이라는 부제를 달았다. 관찰학자라는 직업은 없다. 관찰학이라는 분야가 없으므로. 그러나 모리스도 그렇고 나 역시 관찰하는 연구자다. 행태학 전통에 따라. 내 지도교수의 지도교수가 바로 폰 프리슈 교수다.

1980년 가을 학교 앞 책방에서 『이기적 유전자』를 손에 든 나는 표지 그림을 보고 적이 반가웠다. 나는 그 표지 그림이 모딜리아니, 샤갈과 더불어 내가 가장 좋아하는 호안 미로의 작품인 줄 알았다. 속지를 뒤져 보니 화가는 미로가 아니라 데즈먼드 모리스였다. 모리스는 예술가로 그의 커리어를 시작했다. 옥스퍼드대 대학원에 진학하기 바로 전 해인 1950년에는 런던미술관에서 미로와 함께 전시회를 열기도 했다. 역시 틴버겐 교수 연구실에서 박사학위를 한 후배 동물학자 도킨스는 모리스의 격려에 힘입어 『이기적 유전자』를 출간했고 그 표지에 모리스의 그림을 올렸다. 내가 책을 읽은 순서는 도킨스 다음에 모리스였지만, 실제로는 모리스가 없었으면 도킨스도 없었을지 모른다.

나는 이 50주년 기념판의 추천의 글과 더불어 저자와 이메일 대담을 진행해달라는 요청을 받았다. 그 대담에서 나는 그에게 왜 화가의 길을 걷지 않았느냐 물었다. 나는 몰랐다. 그가 과학자와 예술가의 길을 나란히 충실하게 걸었다는 사실을. 그는 개인전만 무려 60회나 열었고 그의 작품은 영국과 미국을 비롯해 세계 여러 나라의 미술관과 박물관에 전시되어 있다. 그래서 찾아보니 모리스의 초현실주의적 작품 성향은 미로와 무척 닮아 있다. 넘치는 예술적 재능으로 그는 영화와 방송에서도 탁월한 역량을 발휘했고, 심지어는 스포츠에도 깊은 관심과 전문성을 나타냈다. 아들과 더불어 축구에 열광하던 그는 1978년 옥스퍼드 유나이티드 축구 클럽의 부의장으로 선임되기도 했다. 1981년에 출간한 『The Soccer Tribe(축구 종족)』는 그 많고 다양한 운동 중에서 사람들이 축구에 가장 열광하는 이유를 진화적으로 분석한 매력적인 책이다. 그에 따르면 축구는 그 옛날 우리 조상들이 했던 사냥 그대로다. 축구라면 영국인 버금가게 좋아하는 우리나라 사람들이 충분히 흥미를 느낄 만한 책이라고 생각한다.

프란스 드 발에 따르면 모리스는 이 책을 불과 4주 만에 써냈다고 한다. 그야말로 일필휘지로 써내려간 글이었지만 그가 다룬 주제들은 더할 수 없이 포괄적이었다. 짝짓기, 아이 기르기, 먹기와 몸 손질에서 모험심과 다른 동물들과의 경쟁과 공생에 이르기까지 다양한 주제들을 실로 꼼꼼히 다뤘다. 그러나 들여다보면 이 주제들은 가시고기에 관한 그의 박사학위 논문의 소제목들과 그리 다르지 않다. 인간이 스스로를 들여다보며 관찰하고 분석한 '인간 종 동물학 보고서'일 뿐이다. 출간 당시에는 인류학과 심리학 영역을 침범한다는 견제를 받았지만, 어언 50년이 흐른 지금에도 모리스의 관찰과 분석은 흔들림이 없다. 비결은 철저한 진화적 사고와 객관적 분석이었다. 『이기적 유전자』와 『사피엔스』를 읽고 감동한 독자라면 그 원조인 이 책 『털 없는 원숭이』를 읽어야 한다. 그래야 사고의 맥락을 이해할 수 있다. 반세기를 버텨온 책에는 역시 남다름이 있다.

최재천
『다윈 지능』 저자
이화여자대학교 에코과학부 석좌교수

50주년 기념 한국어판 서문

반세기를 꿋꿋이,
진화의 관점에서 인간의 삶을 성찰하다

노골적인 경고에도 불구하고(정확히 말하자면 그런 노골적인 경고 때문에) 나는 생물학을 전공하던 학부 시절 『털 없는 원숭이』를 읽었다. 멍청한 대중을 상대로 한 책이라서 생각이 있는 과학자라면 절대로 손대지 않을 책이 몇 권 있다는 말을 네덜란드인 교수 가운데 한 분이 호기롭게 내뱉은 적이 있다. 교수가 꼽은 도서 목록 맨 앞줄에는 영국에서 출간된 데즈먼드 모리스의 『털 없는 원숭이』란 생경하기 짝이 없는 책이 올라 있었다. 똥 씹은 얼굴을 할 만큼 심각한 내용은 담고 있지 않다는 것이 그의 설명이었다. 이 책에 대해서는 한 번도 들어본 적이 없었지만, 교수의 혹평에 호기심이 발동한 나는 기어코 책을 손에 넣고야 말았다. 신선하면서도 불경스런 이 책은 그 후로 줄곧 나의 애장서로 자리를 지켜왔다.

이 책은 지금으로부터 50년 전인 1967년에 출간되었다. 오늘날은 비전문가인 일반 독자를 위해 쓴 동물의 행동양식에 관한 책은 말할 것도

THE NAKED APE

없거니와 E. O. 윌슨과 리처드 도킨스로부터 스티븐 핑커와 스티븐 제이 굴드에 이르는 저자들이 진화와 인간의 행동양식에 대해 쓴 폭넓은 대중 서적을 쉽게 접할 수 있다. 하지만 우리는 이런 전반적 흐름이 『털 없는 원숭이』에서 비롯되었다는 사실을 이따금 잊어버린다. 그때까지만 해도 일반 독자를 위해 인류의 진화와 관련된 최신 이론을 쓴 학자는 없었다. 이전에 나온 책들은 일정한 틀에 갇혀 있거나 학구적 경향이 비교적 강했다.

28개 언어로 번역돼 전 세계적으로 1200만 부 이상 팔린 『털 없는 원숭이』의 대성공에 힘입어 이를 모방한 책들이 봇물처럼 쏟아져 나왔다. 『열정적인 원숭이』, 『생각하는 원숭이』, 『미친 원숭이』를 비롯한 시리즈 물이 열 권도 넘게 출간되었다. 하지만 그중 어느 것도 원작의 성공에는 이르지 못한 반면, 『털 없는 원숭이』는 생물학계에서 여전히 독보적 인기를 누리며 베스트셀러 100권 목록에 줄곧 이름을 올리고 있다.

사회적 물의('털 없는'이란 단어는 출간 당시에도 여전히 외설적인 성격을 띠고 있었다)를 일으킨 멋진 제목과는 별도로 책의 논조 역시 성공을 거둘 수 있었던 비결이었다. 모리스는 이를 '고단했던 격정의 4주'로 묘사된 글에 담아냈다. 4주는 책 한 권을 완성하기엔 놀라울 정도로 짧은 기간이다. 저자의 글쓰기가 숨 막힐 만큼 빠르게 전개됐다는 사실을 독자는 알아차릴 수 있다. 그의 글쓰기는 대개 연구 자료에 대한 참조가 아니라 직접적으로 얻은 지식을 통해 이루어진다. 노벨상을 수상한 니코 틴버겐에게서 동물 행동학자로 훈련받은 모리스는 대개의 사람들이 알아차리지 못하는 동물 종의 특이한 습관을 정확히 묘사한다. 그는 마치 이방인이 된 것처럼 우리가 객관적 시각으로 자신을 볼 수 있게 해준다.

누구든 스스로를 높이 평가하고 싶겠지만 저자는 넘치는 해학으로 인간을 밑바닥까지 끌어내린다. 게다가 이처럼 특별한 영장류의 구애 행위의 일환으로 상세히 묘사된 성교 전 애무처럼 성에 관한 노골적인 내용도 있다. 모리스는 '인간은 모든 영장류 가운데 가장 큰 뇌를 가진 것에 자부심을 느끼면서도 가장 큰 남근을 가진 사실은 감추려고 한다'는 점을 공공연히 지적한다. 일부 독자들은 우리가 일반적으로 들어왔던 인간의 정신력보다 짝짓기 습관에 관심이 집중되는 분위기에 정신이 혼미해질지도 모르겠다. 하지만 이런 점이야말로 이 책이 충격 요법을 통해 성공을 거둘 수 있었던 비결이다.

이 책은 색다르면서도 보다 진지한 의미에서 고전에 속한다. 가령 모리스는 인간의 잡담이 사회적 유대와 결속을 유지하는 데 있어 영장류의 털 손질과 동일한 기능을 갖는다고 주장했다. 그로부터 수십 년이 지나 그의 이런 생각은 진화가 어떻게 털 손질을 수다로 대체시키고 언어 발전을 촉진시켰는지 설명해주는 이론으로 자리 잡았다. 모리스는 암수 한 쌍의 결합 관계가 무리의 암컷을 수컷에게 동등하게 분배함으로써 포악한 우두머리 수컷에 대응하는 수단이라고 생각했다. 이는 수컷들이 함께 사냥을 하러 나가거나 자원을 공동으로 관리할 수 있을 만큼 암컷에 대한 경쟁이 줄어든 것으로 여겨졌다. 수년 전 아르디피테쿠스(약 400만 년 전 인류의 조상)의 줄어든 송곳니가 일부일처제를 암시하는 평화의 상징으로 간주된 사례에서 볼 수 있듯 이 같은 생각은 인류학 분야에서 여전히 엄청난 생명력을 갖고 있다.

이런 진화론적 견해는 『털 없는 원숭이』에서 비롯된 것이지만 안타깝게도 그 공로를 거의 인정받지 못하고 있다. 이 책은 필독서로 읽혀져왔으나 과학의 주류에서 너무 멀리 떨어져 있는 게 사실이다. 보노보(으리으리한 남근을 가진 또 다른 원숭이)의 성적 습성, 협동과 이타성이 진화해온 다양한 방식처럼 우리의 지식은 그동안 놀라울 정도로 성장을 거듭해왔다. 최신의 지식을 반영하고 있지 않다고 해서 출간 반세기를 맞은 책을 비난할 수는 없다. 그럼에도 이 책은 여전히 충분히 읽을 만한 가치가 있는데, 이는 책의 주요 동력이 수집된 자료나 이론에 있기보다는 앞으로 설명할 사고방식에 있기 때문이다.

모리스는 생존과 번식에 얼마나 기여했는가를 근거로 인간의 행동양식을 설명하는 진화 생물학자처럼 생각한다. 그는 몸에 털이 없어지고 직립보행을 하게 된 기원, 여성이 느끼는 성적 쾌감과 동성애의 기원, 예술과 문화에서 놀이의 역할에 관한 의문처럼 여느 생물학자라면 해결해보고 싶은 일련의 문제를 통해 인간 종이 보여주는 특이한 사회적, 성적 습성을 제시한다. 이 모든 문제는 오늘날에도 여전히 논쟁의 대상으로 남아 있다. 이 책이 너욱 흥미롭게 읽히는 것은 도출된 결론보다는 이런 식의 사고방식 때문이다.

근래에 다시 읽어보더라도 생물학적 성별에 대해 고찰하는 부분에서처럼 저자가 천성을 양육보다 중시한다고는 좀처럼 의식하기 어렵다. 생물학이 당연시되다 못해 대수롭지 않게 돼버린 오늘날의 현실 때문일 것이다. 하지만 『털 없는 원숭이』가 출간될 당시만 해도 유전자가 인간의 행동에 영향을 준다거나 인간의 성성향이 사회에 영향을 미친다는 의견을 내놓을 수 없었다는 사실을 기억하기 바란다. 인간성은 스스로 창조된다고 여겨졌다. 문화는 우리를 인간으로 만들어주며 인간이 만들어지는 방식이었다. 유전학은 이러한 논의에서 철저히 배제되었다. 이런 금기사항을 깨는 일은 모리스 같은 생물학자에게 진일보한 조치였으며 이 점이야말로 『털 없는 원숭이』가 남긴 가장 큰 공로일 것이다.

이 책은 인간이 백지상태로 삶을 시작한다는 생각에 커다란 흠집을 남겼다. 농담조로 풀어낸 저자의 글쓰기 방식은 출간 당시 매우 민감한 사안을 두고 세간에서 쏟아질 비난의 화살을 피할 수 있게 해주었다. 이 책의 성공은 사람들이 진화의 관점에서 자신의 삶을 성찰할 준비가 됐음을 단적으로 보여주었다.

2017년
프란스 드 발[*]

---

[*] 영장류 동물학자인 에모리 대학교의 프란스 드 발 교수는 최신작인 『동물이 얼마나 영리한지 알 만큼 우리는 영리한가?』(노턴/그란타, 2016)를 비롯해 대중을 위한 수많은 과학책을 써왔다.

저자 서문

우리가 타고난 동물적 특성은 특별하며, 따라서 우리는 특별한 동물이다

『털 없는 원숭이』가 처음 출간된 지 반세기가 지났다는 사실이 실감 나지 않는다. 하물며 올해 아흔 살인 내가 이렇게 출간 50주년 행사에 참석하고 있다는 사실은 더더욱 믿기지 않는다. 이 책이 그토록 강렬한 반향을 불러일으켰던 이유는 뭘까? 우선은 책이 충격적으로 받아들여졌다는 점이다. 책은 조금만 대담해져도 그 효과가 오래간다. 물론 책의 내용은 내게 전혀 충격적이지 않다. 다만 나는 내가 지켜본 인간에 대한 사실만을 전했을 뿐이다. 오랫동안 다른 동물의 행동양식을 연구해온 동물학자로서 특이한 영장류인 호모 사피엔스의 행동양식을 고찰하기 위해 한 발짝을 뗀 것에 불과했다.

나는 우리가 다른 동물과 공유하는 행동양식에 초점을 맞추기로 했다. 따라서 작은 물고기에 관해 나의 박사학위 논문에 기재된 각 장의 표제가 『털 없는 원숭이』와 별 차이가 없다는 사실은 결코 우연이 아니다.

동물학적 접근을 강조하고자 나는 인간 종에 새로운 이름을 붙였다. 지구에 불시착한 외계의 동물학자가 이처럼 작은 행성에서 살아가는 수많은 생명체를 살펴본 뒤에 붙여줄 법한 이름이었다. 이를 기점으로 해서 나는 이처럼 놀라운 성공을 거둔 동물의 행동에 관해 목격한 진실을 솔직히 털어놓기 시작했다. 인간을 동물로 논의하는 것 자체가 인간의 품위를 떨어뜨리는 것이라는 비판도 있었지만, 그것은 다만 내가 그토록 관심을 갖고 평생에 걸쳐 연구해온 다른 동물 종의 수준으로 인간이란 동물을 승격시킨 사례에 불과했다.

2차 세계대전 중에 어린아이였던 내 눈에는 다른 누군가를 죽이는 데만 사로잡힌 어른들이 별로 좋아 보이지 않았다. 그래서인지 학교에서 글짓기 시간이 되면 인간을 '뇌가 병든 원숭이'로 묘사했다. 이른바 문명의 공포에서 탈출하기 위해 나는 다른 동물 종에 눈을 돌리고 열성적인 동물 관찰자가 되어 총과 폭탄을 소지한 사람보다는 두꺼비, 뱀, 여우에 더욱 마음을 빼앗기게 되었다. 전쟁은 나를 동물학자로 만들었으며, 결국 인간이란 동물도 연구할 만한 가치가 있는 특별한 속성을 지니고 있다는 사실을 받아들이기까지는 오랜 시간이 걸렸다.

인간이 누군가에게 고문이나 학살, 테러를 자행하지 않을 때는 정말로 흥미진진한 동물의 속성을 갖고 있었다. 성적으로 인간은 독보적인 위치에 있었고 부모 양육의 측면에서 볼 때 그 어떤 동물에도 뒤지지 않았으며 인간의 놀이 유형은 동물의 왕국을 통틀어 찾아볼 수 있는 모든 형태를 능가했다. 어느새 나는 그런 인간에 마음이 끌리기 시작했다. 초창기의 어류 연구에서 조류와 포유류로 옮겨갔고 이는 결국 침팬지에 대한 오랜 연구로 이어졌다. 다음 단계는 필연적으로 인간이었기에 인간의 진화와 행동양식에 관한 정보를 수집하기 시작했다. 만반의 준비를 마친 나는 런던 동물협회 포유류 관장으로서의 바쁜 일상을 한 달 동안 내려놓은 채 밤낮으로 글쓰기에 매달렸고 4주가 되기 직전 필요한 8만 단어의 글이 완성됐다.

초고를 손 볼 새도 없이 나는 원고를 서류철에 넣어 출판 발행인이 어느 서점에서 주최한 사교 모임에 가져갔다. 복사본이 따로 없었기 때문에 서류철을 서가에 올려두면서도 행여 원고가 분실되거나 발행인이 깜빡 잊지나 않을까 걱정이 됐다. 다행히 발행인은 원고를 챙겨 집으로 가져갔고 성탄절에 이를 다 읽었다. 1967년 10월, 책이 출간되자 나는 세 곳의 주요 진영으로부터 공격을 받았다. 첫 번째 진영은 책에 참고 문헌과 각주, 심지어 색인이 빠졌다고 지적한 학자들이었다. 사실 이 모두를 생략한 것에는 나름의 의도된 셈법이 있었다.

나는 학자들을 감동시키는 박식함을 자랑하기보다는 일반 대중에게 직접 다가가고 싶었다. 나 역시 오랫동안 학자 놀음을 해왔지만 대개는 도저히 읽히지 않는 글을 쓰는 학자들의 자기 과시에 불과하다는 사실을 깨닫게 되면서 그런 놀음에 진력이 나고 말았다. 학자들은 대중과의 소통은 망각한 채 지식을 보급하는 일보다는 자기들끼리의 경쟁과 관련이 있는 학자 놀음에만 열중했다. 다만 한 가지 바람이 있다면 내가 인간 종을 어떤 눈으로 바라봤는지를 대중에게 설명하는 것이었다. 그런 이유로 나는 대중에게 강의를 하는 것이 아니라 마치 누군가와 수다를 떨고 있는 것처럼 가장 단순하고 이해하기 쉬운 형태의 글을 썼다. 물론 이 점에 대해서는 여전히 사과할 생각이 없다.

　두 번째 진영은 내 책이 종교를 모독한다는 주장을 펼쳤다. 인간을 타락한 천사가 아닌 부활한 원숭이로 본다는 점이 이들의 심기를 불편하게 했다. 언젠가 책에 대한 변론을 펼치고자 TV 프로그램에 출연했을 때 인간이 영혼을 갖고 있다고 생각하느냐는 질문을 가톨릭 주교로부터 받은 적이 있다. 교활한 정치인들이 반문을 통해 어려운 질문에 응수하듯 나는 침팬지에게 영혼이 있는지 주교에게 되물었다. 그의 몸짓을 통해 이 질문이 그를 적잖이 당황케 만들었음을 직감할 수 있었다. 원숭이에게 영혼이 있다고 말한다면 고지식한 신자들의 심기를 불편하게 만들 수 있다는 걸 그도 잘 알고 있었기 때문이다. 그들은 성경에 명시된 것처럼 모든 동물은 '인지 능력이 없는 야만적인 짐승'에 불과하다고 생각했다. 반대로 원숭이에게 영혼이 없다고 대답했다가는 열렬한 동물 애호가인 신자들 사이에 동요를 일으킬 소지가 있었다.

　결국 주교는 진퇴양난에 빠지고 말았다. 하지만 주교가 되고자 하는 사람은 말솜씨가 뛰어난 수단꾼의 기질을 타고나야 하는 법이다. 오랜 침묵을 깨고 주교는 자기 생각에 침팬지는 아주 작은 영혼을 갖고 있다고 대답했다. 이에 대해 나는 그렇다면 인간은 매우 큰 영혼을 가진 동물이라는 답변을 내놓았다. 나는 종교적 믿음에 대한 논쟁에 휘말려 이야기가 옆길로 새는 것은 원치 않았다. 내 책은 사람들이 생각하는 방식이 아니라 그들이 처신하고 행동하는 방식에 대해 이야기하고 있었다. 나는 신심이 두터운 사람들의 활동에 대해 기술하고 종교집단에서 그런 활동이 지닌 가치를 책의 본문에 설명해두었다. 그럼에도 종교인들의 추궁은 멈추지 않고 계속됐다.

세 번째 진영은 내가 자신들의 전문 영역을 무례하게 침범했다고 주장했다. 나는 일개 동물학자에 불과했으며 인류학, 심리학, 사회학의 전문 분야에 감히 끼어들 권한이 없었다. 내가 이 책을 출간한 1960년대에는 인간의 모든 행위가 순전히 학습에 의한 것이며 태곳적 조상이나 유전과는 아무런 관계가 없다는 것이 이들 연구 분야의 핵심 주제였다. 당시 나는 인간의 유전자가 눈동자 색과 해부학적 특성에 영향을 미칠 뿐만 아니라 행동방식을 결정하는 데에도 관여한다고 주장했다. 아마 학자들에게는 터무니없는 말로 들렸을 것이다. 만약 그들이 나처럼 다양한 동물 종의 행동양식에 대해 연구했더라면 모든 동물이 부모에게 물려받은 행동양식으로 혜택을 보며 인간이 다른 동물과 달라야 하는 이유를 찾을 수 없다는 걸 알게 됐을지도 모른다.

물론 인간은 다른 동물 종에 비해 놀라울 정도로 유연하고 독창적이다. 하지만 그런 특성조차 유전을 통해 물려받은 것이다. 어린 시절의 놀이가 성장 이후에도 이어진다는 점에서는 다른 동물과 별 차이가 없지만, 인간의 놀이는 성인이 되면 더욱 진지해져서 우리는 거기에 예술적 창의성이니 과학적 독창성이니 하는 새로운 이름을 갖다 붙인다.

1967년에 『털 없는 원숭이』가 출간된 이후로 나는 인간의 행동양식에서 유전적 요인이 갖는 영향력을 과학계가 점차 인정해가는 현실을 즐거운 마음으로 지켜봤다. 오늘날은 우리가 성공한 인생을 누리려면 어떤 식으로 행동해야 할지 일련의 유전적 암시에 따라 태어날 때부터 계획이 수립된다는 사실이 학계에서 폭넓게 받아들여지고 있다. 우리는 이처럼 암시된 경로에서 벗어나도록 훈련을 받을 수도 있지만, 그리되면 온갖 좌절과 정신장애를 겪기 십상이다. 이처럼 하루하루의 삶을 안내하는 새로운 방식이 우리가 타고난 생물학적 특성과는 맞지 않기 때문이다.

아마도 여러분은 내가 유전적 지시가 아닌 유전적 암시란 표현을 사용했다는 점에 주목하게 될 것이다. 이는 이런 유전적 영향이 엄격히 정해진 것이 아니기에 별다른 손상 없이 이런저런 방법으로 약간의 조정이 가능하기 때문이다. 문제가 발생하는 것은 우리가 태곳적부터 물려받은 행동양식에서 크게 벗어날 때뿐이다.

『털 없는 원숭이』를 통해 내가 말하고자 했던 것은, 인류가 이런 방식으로 진화해왔으며 이 모두 우리가 자연적으로 타고난 동물적 특성이라는 점이다. 그런 동물적 특성은 특별하며, 따라서 우리는 특별한 동물이다. 이것은 내게는 모욕적 언사가 아닌 속박에서 벗어나게 해주는 말이다. 끝으로 개인사를 덧붙이자면, 나는 인간의 타고난 기질과 맞지 않는 일탈 행위에 인생을 허비하지 않고 이제껏 기나긴 인생 여정을 걸어올 수 있었다.

2017년
데즈먼드 모리스

THE NAKED APE

머리말

인간의 편견이라는
잠자는 거인을 깨우며

『털 없는 원숭이』는 1967년에 처음 출간되었다. 내가 이 책에 쓴 모든 것은 나에게는 너무나 명백해 보였지만, 많은 사람들에게 충격을 주었다.

그들이 당황한 이유는 여러 가지였다. 그들에게 가장 큰 거부감을 준 것은 내가 인간을 마치 동물학의 연구 대상인 일개 동물 종(種)처럼 다루었다는 점이다. 나는 동물학자로서 20년 동안 어류·파충류·조류에서부터 포유류에 이르기까지 온갖 다양한 생물의 행동을 연구해왔다. 물고기의 구애 행동에서부터 새들의 짝짓기, 포유류의 먹이 저장 같은 주제를 다룬 내 학술 논문들은 소수의 전문가들에게만 읽혔고, 거의 (또는 전혀) 논쟁을 불러일으키지 않았다. 그런 책들은 그 분야에 흥미를 가진 소수의 사람들에게만 읽혔고, 거부감 없이 받아들여졌다. 그런데 털 없는 별종 영장류에 대해 비슷한 연구서를 출판하자 사정이 완전히 달라졌다.

내가 쓴 모든 글들은 갑자기 열띤 논쟁거리가 되었다. 이를 통해 나는 인간이 아직도 자신의 생물학적 본성을 인정하는 데 어려움을 겪고 있다는 사실을 알게 되었다.

솔직히 고백하면 나는 찰스 다윈을 옹호하기 위해 사람들과 싸우고 있었다는 것을 깨닫고 놀라지 않을 수 없었다. 다윈이 진화론을 제창한 이후 1세기 동안 과학이 눈부시게 발전했고 인간 조상의 화석들이 많이 발견되었기 때문에, 대다수 사람들은 우리가 영장류 진화의 중요한 일부라는 사실을 인정할 준비가 되어 있을 거라고 나는 생각했다. 나는 사람들이 자신의 동물적 특성을 자세히 바라보고 거기에서 교훈을 얻을 준비가 되어 있을 줄 알았다. 이 책의 목적은 바로 그것이었지만, 내가 더 큰 싸움을 하고 있다는 것이 곧 분명해졌다.

세계의 일부 지역에서는 『털 없는 원숭이』가 판매 금지되었고, 교회는 이 책을 몰수해 불태웠다. 인간 진화론은 조롱거리가 되었고, 이 책은 소름 끼치는 악취미의 농담으로 여겨졌다. 태도를 바꾸라고 요구하는 종교적 선전물이 홍수처럼 나에게 밀려들어왔다.

《시카고 트리뷴》은 『털 없는 원숭이』의 서평이 사주들에게 불쾌감을 주었기 때문에 그 서평이 실린 잡지를 모두 폐기 처분했다. 왜 그들은 그렇게 기분이 상했을까? 문제의 서평에 '페니스'라는 낱말이 들어 있었기 때문이다.

성적인 솔직함은 이 책의 또 다른 결점처럼 보였다. 《시카고 트리뷴》에는 폭력과 살인 사건을 보도하는 기사가 끊임없이 실렸다. '총'이라는 낱말도 자주 등장했다. 당시 내가 지적했듯이, 이처럼 죽음에 대한 이야기는 얼마든지 언급할 준비가 되어 있으면서 생명에 대한 이야기를 꺼리는 것은 야릇한 노릇이었다. 하지만 논리는 여기에 설 자리가 없었다. 나는 물고기와 새를 남자와 여자로 바꾸어, 인간의 편견이라는 잠자는 거인을 만천하에 노출시켰다.

나는 종교적·성적 금기를 깨뜨렸을 뿐 아니라, 인류가 선천적인 강력한 충동에 지배를 받는다고 주장함으로써 '인간을 짐승처럼 만들었다'는 비난까지 받았다. 이것은, 우리가 하는 일은 모두 학습이나 후천적인 조건으로 결정된다고 주장하는 수많은 현대의 심리학 이론과 정면으로 충돌했다.

인류가 잔인한 동물적 본능에 사로잡혀 빠져나오지 못한다는 위험한 생각을 내가 제창했다고 사람들은 주장했다. 이것도 역시 내 글을 잘못 해석한 것이었다. 인간이 '동물적 충동'을 타고났다는 내 주장이 인간을 경멸적인 의미에서 '짐승처럼' 만들 이유는 전혀 없었다.

게다가 정치적인 오해도 있었다. 이것 역시 잘못된 주장이지만, 내가 인류를 원시 상태에 머물도록 운명지어진 존재로 묘사하고 있다는 주장이 제기되었다. 정치적 극단주의자들은 이것을 매우 모욕적이고 괘씸하게 생각했다. 인간은 자기에게 강요된 어떤 정치제도에도 순순히 따를 수 있는 완벽한 순응성을 가진 존재여야 한다고 그들은 생각했다. 모든 인간은 본질적으로 부모에게 물려받은 유전자에 지배될 수 있다는 생각은 정치적 폭군들에게 혐오감을 불러일으킨다. 그것은 이들이 주장하는 극단적인 사회사상이 항상 뿌리 깊은 저항에 부닥친다는 것을 의미하기 때문이다. 그런데 역사가 가르쳐주고 있듯이, 그런 일은 실제로 되풀이하여 일어났다. 폭군들은 등장할 수도 있지만, 사라지기도 한다. 친절하고 협동하는 인간의 본성이 결국에는 자신의 권리를 다시 주장하게 마련이다.

끝으로 인류를 '털 없는 원숭이'라고 부르는 것을 모욕적이고 염세주의적이라고 생각한 사람들이 있었다. 이런 사고만큼 진실과 동떨어진 것도 없을 것이다. 다른 영장류와 나란히 놓고 보면, '털 없는 원숭이'는 타당한 호칭이다. 그것이 모욕적이라고 주장하는 것은 동물 전체에 대한 모욕이다. 또 그것이 염세주의적이라고 주장하는 것은 원래 대단한 존재로 만들어지지도 않은 어느 한 포유류의 놀라운 성공담에 경탄하지 않겠다는 태도다.

1986년에 화보 자료를 넣은 『털 없는 원숭이』가 출판될 때, 나는 본문도 최신식으로 고쳐달라는 요청을 받았다. 그러나 내가 수정할 필요가 있다고 생각한 것은 단지 숫자 하나뿐이었다. 나는 숫자 3을 4로 바꾸어야 했다. 이 책이 처음 출판된 1967년에는 세계 인구가 30억이었는데, 그 사이에 40억으로 늘어났기 때문이다. 이 머리말을 쓰고 있는 1994년에는 세계 인구가 50억을 훨씬 넘어섰다. 2000년에는 60억에 이를 것이다.

나는 이런 엄청난 인구 증가가 인간 생활에 미치는 영향을 걱정했다. 인간이 진화한 수백만 년 동안은 적은 인구가 작은 부족 단위로 모여 살았다. 그 부족 생활이 우리를 형성했고, 우리는 현대의 도시 생활에 전혀 준비가 되어 있지 않았다. '부족 생활을 하는 원숭이'가 어떻게 '도시의 원숭이'로서 현대 생활에 대처해나갈 수 있었을까?

이 의문이 『털 없는 원숭이』 속편의 주제가 되었다. 나는 '도시는 콘크리트 정글'이라는 말을 자주 들었는데, 이 말이 잘못되었다는 것을 알고 있었다. 나는 정글을 연구했지만, 정글은 도시와 전혀 달랐다. 정글은 도시처럼 북적거리지 않았다. 정글은 유기적이었고 아주 서서히 변화했다.

동물학자로서 도시 주민의 행동을 연구하다 보면 연상되는 게 있었다. 비좁은 거처에서 옹색하게 살고 있는 도시 주민들은 정글의 야생동물이 아니라 동물원 우리에 갇힌 동물을 연상시켰다. 도시는 콘크리트 정글이 아니라 '인간 동물원'이라고 나는 결론지었다. 이것이 『털 없는 원숭이』 3부작 제2권의 제목이 되었다.

『인간 동물원』에서 나는 도시 생활의 스트레스와 중압감 속에서 드러나는 우리 인류의 공격적 행동과 성적 행동, 부모로서의 행동을 좀 더 면밀히 관찰했다. 부족이 초(超)부족이 되면 무슨 일이 일어나는가? 지위가 초(超)지위가 되면 무슨 일이 일어나는가? 각자가 수천 명의 낯선 사람에게 둘러싸이게 되면 가족에 바탕을 둔 우리의 성적 특질은 어떻게 살아남을 수 있을까?

도시가 그렇게 스트레스를 준다면, 왜 사람들은 도시로 떼 지어 모여들까? 이 마지막 의문에 대한 해답은 우울한 그림에 유쾌한 요소 하나를 덧붙여준다. 도시는 온갖 결함에도 불구하고 우리의 위대한 창의성이 꽃피고 발전할 수 있는 거대한 자극 중추 역할을 하기 때문이다.

이 3부작의 제3권인 『친교 행동』에서 나는 이 새로운 환경에서 우리의 인간관계가 어떻게 달라졌는가 하는 주제를 다루었다. 지독히 성적이고 사랑이 넘치는 우리의 본성은 현대 생활에 어떻게 반응했을까? 친밀한 관계에서 우리가 잃은 것은 무엇이고 얻은 것은 무엇인가?

많은 점에서 우리는 여전히 우리의 생물학적 기원에 놀랄 만큼 충실하다. 우리의 유전적 프로그램은 유연한 융통성을 갖추고 있지만, 그래도 중요한 변화에는 저항한다. 솔직하고 친밀한 관계를 맺을 수 없는 경우에는 창의성을 발휘하여 우리를 도와줄 대용품을 고안해낸다. 우리가 과학기술의 편리함과 현대 생활의 흥분을 즐기면서 동시에 원시적인 명령에도 복종할 수 있는 것은 인류라는 종이 갖고 있는 창의력 덕분이다.

이것이 우리가 놀라운 성공을 거둔 비결이었고, 운이 좋으면 이 창의력 덕분에 앞으로도 우리는 점점 위험해지는 진화의 줄타기를 계속할 수 있을 것이다. 미래를 황폐하고 오염된 풍경으로 생각하는 것은 잘못이다. 그렇게 생각하는 사람들은 방송 뉴스를 보면서 우리가 저지를 수 있는 최악의 행동에 움찔하고, 그것을 수천 배로 확대하여 우울한 시나리오를 만들어낸다. 하지만 그들은 두 가지 사실을 간과하고 있다. 첫째, 우리에게 전달되는 뉴스는 거의 다 나쁜 뉴스지만, 세상에는 폭력이나 파괴 행위보다 평화롭고 우호적인 행위가 100만 배나 많이 일어난다는 점이다. 둘째, 그들은 미래를 상상할 때 대개 혁명적인 새로운 발명이 이루어질 가능성을 간과하고 있다. 우리는 각 세대마다 놀라운 과학기술의 진보를 이룩했고, 그 진보가 갑자기 멈춰버릴 거라고 생각할 이유는 전혀 없다. 멈추기는커녕 극적으로 확대될 게 거의 확실하다. 우리에게 불가능한 일은 아무것도 없다. 하지만 컴퓨터 본체가 점토판처럼 원시적인 것으로 보이게 되었을 때에도 우리는 여전히 살과 피로 이루어진 '털 없는 원숭이'에 불과할 것이다. 우리가 무자비하게 진보를 추구하면서 가까운 동물 친척을 모조리 파괴한다 해도, 우리는 여전히 생물학적 규칙의 지배를 받는 생물학적 현상으로 남아 있을 것이다.

나는 이것을 염두에 두고, 1967년부터 1971년까지 출판된 『털 없는 원숭이』 3부작이 이제 다시 출간되는 것을 기쁘게 생각한다. 25년이 지난 지금도 내가 보내는 메시지는 마찬가지다. 당신은 지금까지 지구상에 살았던 모든 동물 종 가운데 가장 비범하고 놀라운 종의 일원이라는 것이다. 당신의 동물적 본성을 이해하고 받아들이길 바란다.

1994년 10월
데즈먼드 모리스

차례

감사의 말 • 004
추천사 • 006
어느 열렬한 관찰자의 '호모 사피엔스 동물학 보고서'
50주년 기념 한국어판 서문 • 012
반세기를 꿋꿋이, 진화의 관점에서 인간의 삶을 성찰하다
저자 서문 • 017
우리가 타고난 동물적 특성은 특별하며, 따라서 우리는 특별한 동물이다
머리말 • 023
인간의 편견이라는 잠자는 거인을 깨우며
여는 글 • 034
인간 본성에 대한 새로운 고찰

01 ORIGINS 기원

놀랄 만큼 강렬하고 극적인 진화 • 041

인간은 왜 털을 벗어야만 했을까 | 숲을 떠난 원숭이의 성공담 | '순수한' 영장류와 '순수한' 육식동물의 차이 | 먹고 싸는 문제, 그리고 벼룩의 의미 | 털 없는 원숭이의 극적 진화 | 암수관계에 변화를 맞다 | 사냥하는 원숭이에서 털 없는 원숭이로 | 벌거숭이를 설명하는 흥미로운 이론들

THE NAKED APE

02 SEX 짝짓기
강력하지만 완벽하지 않은 성애 · 087

인간의 성적 자극과 반응 | 인간의 성적 행동의 의미 | 가능한 한 섹시하게 | 지극히 건전한 성적 보상 행위 | 금기와 통제 속으로 들어선 성 | 보다 은밀해진 성행위 | 너무도 자연스런 동성연애 | 출생률과 사망률의 저울

03 REARING 아이 기르기
가르치고 모방하는 탁월한 능력 · 147

젖가슴은 수유 기관인가, 성적 장치인가 | 어머니 심장의 고동 소리 | 아이에서 인간으로 | 눈물과 웃음의 신호 체계 | 특별한 시각적 자극, 미소 | 털 없는 원숭이는 가르치는 원숭이다

04 EXPLORATION 탐험
새것 좋아하기와 새것 싫어하기 · 179

감동적인 '새것 좋아하기' | 놀이 규칙 | '네오필리아' 충동과 '네오포비아' 충동의 갈등 | 모험은 균형 있게

05 FIGHTING 싸움
달아나고 달려들려는 충동 • 201

자율신경계의 신호 | 전이활동 | 위협 신호와 항복 신호 | 문화적 신호 | 전이활동의 진실 | 공격의 목표는 파괴 아닌 지배 | 종교라는 이상한 행동양식 | 가족과 개인을 위한 공격

06 FEEDING 먹기
결코 변하지 않는 식습관 • 249

도시인의 사냥 충동 | 변하지 않는 영장류의 입맛 | 기회주의적 식습관

07 COMFORT 몸손질
털손질의 독특한 대용품 • 265

몸손질은 우호적 신호체계 | 말하기의 행동양식 | 벗어날 수 없는 원시적 욕구 | 체온 반응

THE NAKED APE

08 ANIMALS 다른 동물들과의 관계

공생과 경쟁, 애정과 증오심 · 287

가장 오래된 공생 동물, 개 | 먹이, 공생자, 경쟁자, 기생충, 약탈자 | 왜 사랑하고 왜 혐오하는가 | 동물의 의인화 | 뱀과 거미가 싫은 이유 | 동물에 대한 일곱 단계 반응 | 인간의 본성과 한계를 인정하자

옮긴이의 덧붙임 · 318
50주년 기념판 저자 인터뷰 · 322
참고문헌 · 338

여는 글

인간 본성에 대한
새로운 고찰

오늘날 지구상에는 193종의 원숭이와 유인원이 살고 있다. 그 가운데 192종은 온몸이 털로 덮여 있고, 단 한 가지 별종이 있으니, 이른바 '호모 사피엔스'라고 자처하는 털 없는 원숭이가 그것이다.

지구상에서 유례가 없을 만큼 대성공을 거둔 이 별종은 보다 고상한 욕구를 충족시키느라 많은 시간을 보내고 있으며, 기본적인 욕구를 무시하는 데에도 똑같은 양의 시간을 소비한다. 그는 모든 영장류 중에서 가장 큰 두뇌를 가졌다고 자랑하지만, 두뇌만이 아니라 성기도 가장 크다는 사실은 애써 감추면서 이 영광을 힘센 고릴라에게 떠넘기려고 한다. 그는 무척 말이 많고 탐구적이며 번식력이 왕성한 원숭이다. 지금이야말로 이 원숭이의 기본 행동을 검토해야 할 적기이다.

나는 동물학자이고, 털 없는 원숭이는 동물이다. 따라서 털 없는 원숭이는 내 글감으로 나무랄 데가 없다. 그의 행동양식이 약간 복잡하고 인상적이라고 해서, 그를 연구 대상으로 다루는 것을 더 이상 회피하지는 않겠다. '호모 사피엔스'는 아주 박식해졌지만 그래도 여전히 털 없는 원숭이이고, 숭고한 본능을 새로 얻었지만 옛날부터 갖고 있던 세속적인 본능도 여전히 간직하고 있기 때문이다.

이것은 '호모 사피엔스'를 당황하게 할 때가 많지만, 오래된 충동은 수백만 년 동안 그와 함께 존재해왔고 새로운 충동은 기껏해야 수천 년 전에 획득했을 뿐이다. 수백만 년 동안 진화를 거듭하면서 축적된 발생론적 유산을 단번에 벗어던질 가망은 전혀 없다. 이 사실을 회피하지 말고 직면하기만 한다면, '호모 사피엔스'는 훨씬 느긋해지고 좀 더 많은 것을 성취하는 동물이 될 것이다. 이것이 바로 동물학자가 이바지할 수 있는 영역이다.

지금까지 털 없는 원숭이의 행동을 조사한 연구서들은 아주 이상한 특징을 갖고 있다. 너무나 명백한 사실을 거의 어김없이 회피하고 있다는 점이다. 초기의 인류학자들은 우리의 본성이 갖고 있는 기본적인 진리를 해명하기 위해 세계에서 가장 엉뚱한 곳만 찾아다녔다. 그들이 부지런히 달려간 곳은, 이를테면 전형적인 것과는 거리가 멀 뿐 아니라 성과가 나빠서 거의 소멸해버린 문화의 오지들이었다. 세계의 구석구석으로 흩어졌던 그들은 그 미개한 부족들의 괴상한 짝짓기 관습과 이상한 친족제도, 또는 기괴한 의식 절차에 대한 놀라운 사실들을 모아서 문명

세계로 돌아왔다. 그리고 이 자료들이 마치 '호모 사피엔스'라는 종(種) 전체의 행동에 가장 중요한 자료인 양 거기에 매달렸다. 그들이 한 일은 물론 흥미롭고, 털 없는 원숭이 집단이 문화적 혜택을 받을 수 없는 막다른 골목으로 잘못 들어갈 때 어떤 일이 일어날 수 있는가를 보여준다는 점에서 귀중한 가치를 지니고 있었다. 그들의 연구는 우리의 행동양식이 사회를 완전히 붕괴시키지 않고도 얼마나 정상에서 멀리 벗어날 수 있는가를 보여주었다. 그러나 그것은 전형적인 털 없는 원숭이의 전형적인 행동에 대해서는 아무것도 말해주지 않는다. 이것은 주요 문명권에 속해 있는 정상적이고 성공적인 개체들 ─ 즉, 절대 다수를 대표하는 표본들 ─ 이 모두 공유하고 있는 공통된 행동양식을 조사해야만 알 수 있다. 생물학적으로 볼 때, 건전한 접근방식은 오직 이것뿐이다. 여기에 대하여 고루한 인류학자들은 단순한 기술을 가진 부족 집단이 선진 문명인보다 문제의 핵심에 더 가까이 있다고 주장할 것이다. 그러나 결코 그렇지 않다고 나는 주장한다.

오늘날 이 지구상에 살고 있는 단순한 부족 집단은 원시적이 아니라, 무능력하다는 것을 스스로 증명하고 있을 뿐이다. 진정한 원시부족은 이미 수천 년 전에 사라졌다. 털 없는 원숭이는 본래 탐구적인 종이고, 진보하지 못한 사회는 어떤 의미에서는 쇠퇴하여 더 나빠졌다. 그런 사회에는 진보를 방해하는 일, 주변 세계를 탐험하고 조사하는 '호모 사피엔스'의 타고난 성향을 억제하는 일이 일어났다. 초기의 인류학자들이 이런 부족들에게서 발견한 특징은 그 부족 집단의 진보를 방해한 바로 그 특징일지도 모른다. 따라서 이런 정보를 '호모 사피엔스'라는 종 전체의 행동양식을 정립하기 위한 근거로 이용하는 것은 위험하기 짝이 없다.

이와는 대조적으로, 정신과 의사와 정신분석학자들은 집 근처에 머무른 채 '호모 사피엔스'의 주류를 이루는 표본들을 임상적으로 연구하는 작업에 몰두했다. 그러나 그들이 초기에 얻은 자료는 비록 인류학자의 정보와 같은 약점을 갖고 있지 않았지만, 불운하게도 역시 한쪽으로 치우쳐 있다. 그들이 이론의 근거로 삼은 개체들은 주류에 속해 있지만, 정상에서 벗어난 변종이거나 어떤 의미에서는 실패한 표본일 수밖에 없다. 건강하고 성공적이며 정상적인 사람이었다면 정신과 의사의 도움을 청하지도 않았을 테고, 따라서 정신과 의사에게 정보를 제공하지도 않았을 것이다. 그렇다 해도, 나는 그들의 노력을 낮게 평가하고 싶지는 않다. 그들의 연구는 우리의 행동양식이 어떤 식으로 무너질 수 있는가 하는 중요한 통찰을 우리에게 제공해주었기 때문이다. 그러나 '호모 사피엔스'라는 종이 기본적으로 갖고 있는 생물학적 본성을 논할 때, 초기의 인류학과 정신의학의 연구 결과에 너무 중점을 두는 것은 현명한 일이 못 된다고 나는 생각한다.

(인류학과 정신의학의 상황이 급속히 변화하고 있다는 점을 여기에 덧붙여두어야겠다. 이 분야에 종사하는 오늘날의 많은 연구자들은 초기의 조사가 갖고 있는 한계를 인식하고, 전형적이고 건강한 개체에 점점 더 많이 의존하고 있다. 한 연구자는 최근에 이렇게 설명했다. "지금까지는 주객이 뒤바뀌어 있었다. 우리는 줄곧 비정상적인 개체만을 다루어왔고, 이제야 뒤늦게 정상적인 개체를 집중적으로 연구하기 시작했을 뿐이다.")

내가 이 책에서 사용하고자 하는 접근방식은 다음 세 가지의 주요 출처에서 자료를 얻고 있다.

① 고생물학자들이 발굴한 우리의 과거에 대한 정보, 즉 우리의 고대 조상들

의 화석과 유물에 근거를 둔 정보.
② 비교행동학자들의 동물 행동 연구에서 얻은 정보, 즉 광범위한 동물들, 특히 우리와 가장 가까운 친척인 원숭이와 유인원을 자세히 관찰한 결과에 바탕을 둔 정보.
③ 오늘날 털 없는 원숭이의 주요 문명권에 속해 있는 성공적인 표본들이 널리 공유하고 있는 가장 기본적인 행동양식을 직접 관찰함으로써 얻을 수 있는 정보.

이 작업은 너무나 방대하기 때문에, 몇 가지 점에서는 단순화할 필요가 있을 것이다. 나는 과학기술과 관련된 세세한 문제나 장황한 표현을 되도록 무시하고, 그 대신 다른 동물들도 하고 있는 일들, 예를 들면 음식을 먹고 몸을 손질하고 잠자고 싸우고 짝짓고 새끼를 돌보는 활동에 중점을 둘 작정이다. 이런 기본적인 문제에 부닥쳤을 때, 털 없는 원숭이는 어떤 반응을 보이는가? 그의 반응은 다른 원숭이나 유인원의 반응과 얼마나 비슷한가? 털 없는 원숭이는 어떤 점에서 독특하고, 그 독특함은 털 없는 원숭이가 걸어온 특별한 진화의 역사와 어떤 관계를 가지고 있는가?

이런 문제들을 다루다 보면 많은 사람들의 분노를 살 수도 있을 것이다. 자신의 동물적 본성을 생각하고 싶어하지 않는 사람도 있을 테니까. 그들은 내가 '호모 사피엔스'를 순전히 동물의 각도에서 논함으로써 우리 종의 품위를 떨어뜨렸다고 생각할지도 모른다. 그러나 이것은 절대로 내 본뜻이 아니다. 동물학자가 감히 자신의 전문 분야를 침범했다고 분개하는 사람도 있을 것이다. 그러나 이런 접근방식은 큰 가치를 지닐 수 있고, 그 결점이 무엇이든 '호모 사피엔스'라는 놀라운 종이 갖고 있는 복잡한 본성에 새로운 (그리고 어떤 점에서는 예기치 않은) 빛을 던져주리라고 나는 믿는다.

놀랄 만큼 강렬하고 극적인 진화

ORIGINS

01

기원

직립 원숭이에서 영리한 원숭이까지, 혈통은 영장류지만 육식동물의 생활방식을 채택한 '털 없는 원숭이'는 세계를 정복할 준비를 갖추고 그곳에 서 있다. 그러나 그는 새로운 실험적 단계에 있었고, 새로운 모델은 결함을 갖는 경우가 많다. 그의 가장 큰 문제는 문화적 진보가 유전학적 진보보다 앞서간다는 사실에서 비롯할 것이다. 그는 새로운 환경을 만들어냈지만, 아직도 속마음은 털 없는 원숭이이기 때문이다.

01

ORIGINS

기원

•

놀랄 만큼 강렬하고 극적인 진화

어떤 동물원의 어느 우리에는 그저 "이 동물은 과학계에 아직 알려지지 않은 새로운 종(種)임"이라고만 적힌 팻말이 붙어 있다. 우리 안에는 작은 다람쥐가 앉아 있다. 발은 까맣고, 아프리카 원산이다. 검은 발을 가진 다람쥐는 아프리카 대륙에서는 이제까지 한 번도 발견된 적이 없었다. 이 다람쥐에 대해서는 아무것도 알려져 있지 않다. 심지어는 이름조차 없다.

이 다람쥐는 동물학자에게 당장 어려운 문제를 제기한다. 검은 발을 가진 다람쥐는 이미 알려지고 설명된 366종의 다람쥐와 어떻게 다른가? 다람쥐과 동물이 진화하는 과정에서 이 동물의 조상들은 나머지 다람쥐에서 갈라져 나와 독자적인 번식 집단을 형성했을 게 분명하다. 이 동물이 다른 다람쥐과 동물과 따로 떨어져 새로운 생명체로 발전할 수 있었던 것은 어떤 환경 덕분이었을까? 새로 나타난 성향은 처음에는 소규모로 시작했을 것이다. 다시 말하면, 어떤 지역에 사는 다람쥐 집단이 약간 변화하여 그 지역의 독특한 환경 조건에 보다 잘 적응하게 된 것이 이런 진화의 첫걸음이었던 게 분명하다. 그러나 이 단계에서는 아직도 이웃에 사는 친척들과 교미하여 새끼를 낳을 수 있을 것이다. 이 새로운 생명체는 특정한 지역에서는 약간의 이점을 갖고 있지만, 기본 종의 변종에 불과하기 때문에 언제라도 주류에 다시 흡수되어 소멸해버릴 수 있을 것이다.

세월이 흐름에 따라 새로운 다람쥐가 특정한 환경에 점점 더 완벽하게 적응하면, 결국 이웃 다람쥐들과 왕래를 끊고 그들에게서 오염될 가능성을 완전히 차단하는 것이 더 유리해질 때가 온다. 이 단계에 이르면 새로운 다람쥐의 사회적 행동과 성적 행동은 특수한 변화를 겪기 때문에, 다른 종류의 다람쥐들과 교미하는 일이 드물어지고 마침내는 아예 불가능해진다. 처음에는 그 지역의 특수한 먹이를 보다 잘 소화할 수 있도록 신체구조가 변화했을지 모르지만, 나중에는 새로운 유형의 배우자만 매혹시킬 수 있도록 짝을 부르는 소리와 몸짓도 변화할 것이다. 그리하여 마침내 이 다람쥐 집단은 다른 다람쥐들과는 구별되는 독특한 새로운 종으로 진화하고, 367번째의 다람쥐 종류가 생겨났을 것이다.

동물원 우리 속에 앉아 있는 정체불명의 다람쥐를 관찰해봐도, 우리가 짐작할 수 있는 것은 이런 것들뿐이다. 털의 독특한 무늬 – 검은 발 – 는 그것이 새로운 형태에 속한다는 것을 나타내고 있다. 우리가 확신할 수 있는 것은 그것뿐이다. 그러나 이것은 하나의 증상에 불과하다. 환자의 얼굴이나 몸에 발진이 나타나면, 의사가 그것을 보고 환자의 질병에 대한 한 가지 실마리를 얻는 것과 마찬가지다. 우리가 이 새로운 종을 정말로 이해하려면 이 실마리들을 출발점으로만 이용해야 한다. 겉으로 나타난 증상은 그 속에 추적할 만한 무언가가 있다는 것을 우리에게 알려주는 출발점일 뿐이다. 그 동물의 내력을 추측해보려고 애쓸 수도 있지만, 그것은 주제넘고 위험한 짓이다.

여기서는 우선 그 다람쥐에게 단순하고 명백한 꼬리표를 붙여주는 데 만족하면서 겸손하게 출발하자. 그 다람쥐를 '아프리카 검은발 다람쥐'라고 부르는 게 가장 온당할 것이다. 이제는 그 다람쥐의 행동양식과 신체구조의 모든 측면을 관찰하고 기록하여, 그것이 다른 다람쥐들과 어떤 점이 다르고 어떤 점이 비슷한가를 알아야 한다. 그렇게 하면 그 다람쥐의 내력을 조금씩이나마 재구성할 수 있다.

이런 동물을 연구할 때 우리가 갖고 있는 커다란 이점은 우리가 검은발 다람쥐가 아니라는 점이다. 따라서 우리는 겸허한 태도를 취할 수밖에 없고, 이런 태도야말로 진정한 과학적 조사에 어울리는 태도이다.

그러나 인간이라는 동물을 연구하고자 할 때는 불행히도 사정이 전혀 달라진다. 동물을 동물이라고 부르는 데 익숙해져 있는 동물학자들조차 인간을 연구할 때는 주관을 개입시키는 오만함을 피하기 어렵다. 인간이 마치 우리와는 다른 종인 것처럼, 즉 메스가 닿기를 기다리며 해부대 위에 누워 있는 낯선 생명체인 것처럼 신중하고 조심스럽게 접근하면, 이런 어려움을 어느 정도는 극복할 수 있다. 그러면 우리는 우선 무엇을 할 수 있을까?

인간은 왜 털을 벗어야만 했을까
・・・

새로운 종류의 다람쥐를 연구할 때처럼, 겉보기에 가장 밀접한 관계를 가진 것처럼 보이는 다른 종과 비교하는 일부터 시작해보자. 인간의 이와 손, 눈을 비롯한 여러 가지 해부학적 특징으로 미루어보아, 인간이 일종의 영장류인 것만은 분명하다. 그러나 아주 기묘한 종류의 영장류이다. 192종의 원숭이와 유인원의 가죽을 한 줄로 길게 늘어놓고 인간의 피부를 어딘가 적당한 위치에 끼워 넣으려고 해보면, 인간이 얼마나 괴상한 영장류인가를 분명히 알 수 있다. 어디에 집어넣어도 인간의 피부는 잘못 놓인 것처럼 동떨어져 보인다. 결국 우리는 인간의 피부를 그 줄의 맨 끝에, 침팬지나 고릴라 같은 꼬리 없는 유인원의 가죽 옆에 놓을 수밖에 없다.

  이 자리에 놓아도 인간의 피부는 두드러지게 다르다. 다리는 너무 길고, 팔은 너무 짧고, 발은 약간 이상하다. 이 영장류는 독특한 이동방법을 개발했고, 그것이 기본 형태에 변화를 가져온 것이 분명하다. 그러나 그 밖에도 관심을 가져달라고 아우성치는 또 한 가지 특징이 있다. 그 피부가 사실상 털이 없는 벌거숭이라는 점이다. 머리와 겨드랑이와 생식기 주변에 눈길을 끄는 이채로운 털이 나 있는 것을 제외하면, 인간의 피부는 완전히 노출되어 있다. 다른 영장류와 비교하면 현저한 대조를 이룬다. 사실, 일부 원숭이와 유인원은 엉덩이나 얼굴이나 가슴에 조그맣게 노출된 피부를 갖고 있지만, 인간과는 비교도 되지 않는다. 192종 가운데 어떤 것도 인간의 조건에는 감히 접근조차 하지 못한다.

  더 이상 조사할 필요도 없이 이 시점에서 우리는 이 새로운 종을 '털 없는 원숭이'라고 이름 지을 수 있다. '털 없는 원숭이'는 단순한 관찰에 바탕을 둔 단순하고 묘사적인 호칭이며, 주제넘은 가정은 전혀 포함되어 있지 않다. 인간을 '털 없는 원숭이'라고 부르면, 우리가 균형감각과 객관성을 유지하는 데 도움이 될 것이다.

  이 괴상한 동물을 열심히 바라보고 그 독특한 특징이 갖는 의미가 궁

금해지면, 동물학자는 이제 비교 작업을 시작해야 한다. 인간 이외에 벌거숭이 동물은 또 어디 있는가? 다른 영장류에서는 찾을 수 없으니, 더욱 멀리까지 찾아보게 된다. 오늘날 지구상에 살고 있는 모든 포유류를 대충 훑어보면, 그것들은 몸을 보호해주는 털가죽에 깊은 애착을 가지고 있으며, 4237종의 포유류 가운데 털가죽이 없이도 생존할 수 있는 동물은 거의 없다는 사실이 곧 분명해진다.

포유류는 조상인 파충류와는 달리, 항상 높은 체온을 유지할 수 있는 생리적인 이점을 얻었다. 체온이 항상 따뜻하면, 신체조직이라는 섬세한 기계가 언제나 최고의 성능을 발휘할 수 있다. 이것은 함부로 훼손하거나 가볍게 포기할 수 있는 부가 기능이 아니다. 이 체온 조절 장치는 그만큼 중요하고, 털로 덮인 두꺼운 단열 피부를 갖고 있다는 것은 분명 열 손실을 막는 데 중요한 역할을 한다. 뜨거운 햇살이 내리쬐면, 두꺼운 털가죽은 피부가 햇살에 직접 노출되어 지나치게 뜨거워지거나 손상되는 것을 막아준다.

따라서 털이 없어져야 한다면, 털을 없애야 할 강력한 이유가 있어야 한다. 몇 가지 예외는 있지만, 포유류는 완전히 새로운 생활방식을 갖기 시작했을 때에만 이런 극적인 조치를 취했다. 날아다니는 포유류인 박쥐는 날개 부분의 털을 벗어던질 수밖에 없었지만 나머지 부위의 털은 그대로 간직하고 있기 때문에 벌거숭이 동물이라고 할 수는 없다. 굴속에 사는 일부 포유류 - 예를 들면 벌거숭이 뻐드렁니쥐, 땅돼지, 아르마딜로 - 는 피부에 덮인 털을 줄였다. 고래와 돌고래, 거북, 듀공, 매너티, 하마 같은 수생 포유류도 전반적으로 유선형이 되는 과정에서 털을 벗었다. 그러나 육지에 사는 보다 전형적인 포유류는 땅 위를 뛰어다니는 동물이든 나무 위로 기어 올라가는 동물이든, 모두 빽빽한 털로 덮인 가죽을 갖고 있는 것이 기본 원칙이다. 코뿔소나 코끼리(이 동물들은 몸을 데우고 식혀야 하는 특유의 문제를 갖고 있다)처럼 몸이 비정상적으로 크고 무거운 동물들을 제외하면, 털 없는 원숭이는 털로 덮여 있는 수천 종의 육상 포유류와 뚜렷이 구별되는 털 없는 벌거숭이 모습으로 혼자 서 있다.

이렇게 되면, 동물학자는 털 없는 원숭이가 굴을 파는 포유류나 수생 포유류와 같은 부류에 속한다는 결론을 내리거나, 아니면 털 없는 원숭이의 진화 역사에는 매우 기묘하고 독특한 무언가가 있다는 결론에 도달할 수밖에 없다. 그렇다면 오늘날의 털 없는 원숭이를 관찰하러 현장 조사를 떠나기 전에 우선 해야 할 일은, 그 동물의 과거로 깊이 파고들어가 직접적인 조상을 되도록 면밀하게 조사하는 것이다. 화석과 그 밖의 유물을 검토하고 오늘날 살아 있는 가장 가까운 친척들을 관찰하면, 이 새로운 유형의 영장류가 나타나 다른 친척들과 갈라질 때 무슨 일이 일어났는가를 대충 짐작할 수 있을 것이다.

지난 19세기 동안 수많은 사람들이 힘들여 모은 단편적인 증거들을 여기에 모두 제시하려면 시간이 너무 많이 걸릴 것이다. 그러니 그 일은 이미 한 것으로 치고, 여기서는 화석에 굶주린 고생물학자들이 얻어낸 정보와 끈기 있게 원숭이를 관찰한 비교행동학자들이 수집한 사실들을 결합하여, 거기서 끌어낼 수 있는 결론만 간단히 요약하기로 하겠다.

우리 털 없는 원숭이가 속해 있는 영장류는 원래 원시적인 식충류(食蟲類)에서 생겨났다. 이 초기의 포유류는 안전한 숲속을 성급하게 뛰어다니는 조그맣고 하찮은 동물이었고, 동물 세계를 지배하는 것은 거대한 파충류였다. 8000만~5000만 년 전에 파충류 시대가 무너진 뒤, 곤충을 잡아먹는 이 작은 동물들은 위험을 무릅쓰고 새로운 영토로 과감하게 진출하기 시작했다. 그들은 그곳에 널리 흩어져, 수많은 이상한 모양으로 진화했다. 일부는 초식동물이 되어, 몸을 지키기 위해 땅 밑에 굴을 파거나 적으로부터 재빨리 도망칠 수 있도록 기다란 다리를 갖게 되었다. 동물 세계의 왕이었던 파충류는 왕좌에서 쫓겨나 무대를 떠났고, 탁 트인 들판은 다시금 전쟁터가 되었다.

한편, 숲속에서는 아직도 작은 동물들이 안전한 나무에 바싹 매달려 있었다. 그러나 여기서도 진보는 이루어지고 있었다. 곤충만 먹던 식충류는 먹이의 범위를 넓히기 시작하여 과일과 견과류, 딸기류, 식물의 싹과 나뭇잎을 소화하는 문제를 조금씩 해결해 나갔다. 이들이 가장 열등한 형태의 영장류로 진화하자, 눈이 얼굴 앞쪽으로 나오면서 시력이 좋아졌고, 두 손은 먹이를 잡는 도구로 발전했다. 3차원적인 시야와 마음대로 조종할 수 있는 팔다리를 갖게 된 이 동물은 두뇌가 서서히 커지면서 차츰 숲속의 세계를 지배하게 되었다.

3500만~2500만 년 전에 이 조상 원숭이는 어느덧 진짜 원숭이로 진화하기 시작했다. 몸의 균형을 잡는 기다란 꼬리가 발달하기 시작했고, 몸의 크기도 상당히 커지고 있었다. 일부는 나뭇잎만 전문으로 먹는 초식동물이 되어가고 있었지만, 대부분은 먹이를 가리지 않는 잡식성을 유지했다. 세월이 흐름에 따라, 이 원숭이 비슷한 동물들 가운데 일부는 몸이 더 커지고 무거워졌다. 이들은 깡충깡충 뛰어다니는 대신, 두 손으로 번갈아 나뭇가지에 매달려 이동하게 되었다. 그러자 꼬리는 쓸모가 없어졌다. 몸이 커졌기 때문에 숲속에서 움직이기가 훨씬 거추장스러워졌지만, 땅 위를 돌아다니는 육식동물들의 공격을 경계해야 할 필요성은 줄어들었다.

그러나 이 단계 - 유인원 단계 - 에서도, 나무와 풀이 우거져 안락하고 먹이를 쉽게 구할 수 있는 숲은 그들에게는 에덴 동산이었다. 이 에덴 동산에 머무는 것에는 좋은 점이 너무 많았다. 주위 환경 때문에 어쩔 수 없이 넓은 들판으로 밀려나야 하는 경우가 아니면, 그들은 거기서 꿈쩍도 하지 않을 것 같았다. 모험심이 왕성한 초기의 탐험가 포유류들과는 달리, 그들은 숲속 생활의 전문가가 되었다. 수백만 년 동안 진화하면서 이 숲속의 귀족계급은 점점 완전해졌고, 이제 와서 숲을 떠난다면 이미 고도로 발달한 초식동물이나 육식동물과 경쟁해야 할 터였다. 그래서 그들은 숲에 머물면서 과일을 따 먹고 조용히 자기 일에만 신경을 썼다.

여기서 강조해둘 점은, 이런 부류의 유인원이 몇 가지 이유 때문에 구대륙에만 존재했다는 사실이다. 원숭이는 구대륙과 신대륙에서 따로따로 진화하여 고도로 발달한 나무 거주자가 되었지만, 아메리카 대륙의 영장류는 결코 유인원 등급으로 올라가지 못한 반면, 구대륙에서는 조상 유인원들이 서부아프리카에서 동남아시아에 이르는 넓은 삼림지대에 널리 퍼져 있었다. 오늘날에도 아프리카 침팬지와 고릴라, 그리고 아시아의 긴팔원숭이와 오랑우탄에게서 이런 조상 유인원의 흔적을 찾아볼 수 있다. 오늘날 아프리카와 아시아를 제외하고는 세계 어디에도 털난 유인원을 찾아볼 수 없다. 싱그러운 녹음이 우거진 숲은 사라져버린 것이다.

그러면 초기 유인원에게는 무슨 일이 일어났을까? 기후가 그들에게 불리하게 작용하기 시작하여, 약 1500만 년 전에는 그들의 본거지인 숲이 크게 줄어들었다는 사실을 우리는 알고 있다. 그래서 조상 유인원들은 비좁아진 숲속의 요새를 고수하든가, 아니면 『성서』에도 쓰여 있듯이 에덴 동산에서 추방당하는 것을 감수하든가, 둘 중 하나를 택할 수밖에 없었다. 침팬지와 고릴라, 긴팔원숭이, 오랑우탄의 조상들은 숲속에 남았고, 그때부터 그들의 수는 서서히 줄어들기 시작했다. 그들 이외에 살아남은 유일한 유인원 - 털 없는 원숭이 - 의 조상들은 숲을 떠나, 이미 오래전부터 땅 위에서의 삶에 효율적으로 적응한 동물들과의 경쟁에 뛰어들었다. 그것은 위험한 일이었지만, 성공적인 진화라는 관점에서 보면 그 모험은 탐스러운 열매를 맺었다.

숲을 떠난 원숭이의 성공담

• • •

털 없는 원숭이가 숲을 떠난 뒤부터 이룩한 성공담은 잘 알려져 있지만, 간단히 요약해보는 것도 도움이 될 것이다. 털 없는 원숭이의 오늘날의 행동을 객관적으로 이해하려면, 그 후에 일어난 사건을 마음에 새겨둘 필요가 있기 때문이다.

새로운 환경에 직면했을 때, 우리 조상들의 앞날은 암담했다. 그들은 오래전부터 생존해온 육식동물들보다 더 뛰어난 육식동물이 되거나, 아니면 오래전부터 생존해온 초식동물보다 더 뛰어난 초식동물이 되어야 했다. 오늘날 우리가 알고 있다시피, 우리 조상들은 어떤 의미에서는 육식동물로도 성공했고 초식동물로도 성공을 거두었다. 그러나 농업은 고작 수천 년 전에 시작되었을 뿐이고, 우리는 지금 수백만 년의 시간을 다루고 있는 것이다. 밭을 일구고 식물을 재배하는 것은 우리 조상들의 능력을 넘어서는 일이었기 때문에, 오늘날과 같은 선진 기술이 발달할 때까지 오랜 시간을 기다려야 했다.

들판에 널려 있는 식량을 그대로 먹는 데 필요한 소화기관도 갖고 있지 않았다. 숲속의 과일과 견과류 대신 식물의 뿌리와 구근을 먹을 수는 있었지만, 제약 조건이 너무나 많았다. 숲속에 있을 때는 나뭇가지를 향해 느긋하게 팔을 뻗기만 하면 맛있게 익은 과일을 따 먹을 수 있었지만,

숲에서 나와 지상으로 내려온 뒤에는 귀중한 식량을 얻기 위해 딱딱한 땅을 힘들여 파고 손톱으로 긁어야 했을 것이다.

그러나 그가 숲속에서 먹던 먹이는 과일과 견과류만이 아니었다. 동물성 단백질도 그에게는 아주 중요했을 게 틀림없다. 그는 원래 식충류 출신이었고, 조상들의 고향인 숲속에는 곤충이 풍부했다. 즙이 많은 벌레, 새알, 자신을 방어할 힘이 없는 새 새끼, 산청개구리와 작은 파충류도 모두 그의 식량이었다. 게다가 이런 먹이들은 거의 무엇이든 다 소화시키는 그의 소화기관에 별다른 문제를 일으키지도 않았다. 땅 위에도 이런 종류의 식량은 결코 부족하지 않았고, 그가 동물성 먹이의 양을 늘리지 못하게 방해하는 것은 아무것도 없었다.

처음에는 물론 육식동물 세계의 살상 전문가들과는 상대가 되지 못했다. 사자나 호랑이처럼 몸집이 큰 고양이과 동물들은 물론이고, 몸집이 작은 몽구스조차도 그를 죽일 수 있었다. 그러나 새끼들과 무력하고 병든 짐승은 얼마든지 있었기 때문에, 주요한 육식동물로 가는 첫걸음은 아주 순조로웠다. 그러나 정말로 큰 사냥감들은 긴 다리를 갖고, 언제라도 믿을 수 없을 만큼 빠른 속도로 달아날 태세를 갖추고 있었다. 동물성 단백질이 풍부한 유제류(有蹄類)는 너무 재빨라서 그로서는 도저히 잡을 수가 없었다.

이 무렵부터 놀랄 만큼 강렬하고 극적인 일련의 진화가 시작된다. 이것은 털 없는 원숭이의 조상들이 걸어온 역사 가운데 마지막 100만 년에 해당한다. 이 시기에는 몇 가지 일들이 한꺼번에 일어났는데, 이 사실을 이해하는 것은 매우 중요하다. 이 이야기를 할 때면 마치 하나의 중요한 진화가 다른 진화를 불러일으킨 것처럼 진화의 각 부분들을 따로따로 늘어놓는 경우가 많지만, 이것은 자칫 오해를 불러일으킬 수 있다. 지상으로 내려온 조상 유인원들은 이미 크고 발달한 두뇌를 갖고 있었다. 그들은 좋은 눈과 물건을 잡을 때 효율적인 손을 갖고 있었다. 게다가 그들은 영장류이기 때문에 어느 정도의 사회조직도 갖고 있었다.

사냥감을 잡는 솜씨를 늘려야 할 필요성이 커지자 중요한 변화가 일어나기 시작했다. 그들은 더욱 똑바로 서게 되었고, 그 결과 더 빨리 더 잘 달릴 수 있게 되었다. 이동할 때 손을 사용할 필요가 없어졌기 때문에, 그 의무에서 해방된 손에 무기를 든 그들은 강하고 효율적인 무기 사용자가 되었다. 그들의 두뇌는 한층 더 복잡해졌고, 그 결과 그들은 보다 영리한 결정을 보다 신속하게 내릴 수 있게 되었다. 이런 일들은 차례로 일어난 것이 아니라 한꺼번에 이루어졌다. 우선 한 가지 자질에 사소한 변화가 일어나고, 이어서 다른 자질에 사소한 변화가 일어나, 그것들이 서로 상승작용을 일으켰다. 사냥하는 유인원, 동물을 죽이는 유인원이 형성되고 있었다.

어쩌면 그만큼 격렬하지 않은 진화, 예를 들면 이빨과 손톱이 뾰족한 엄니와 날카로운 발톱 같은 무기로 발달하여 고양이과나 개과의 육식동물과 비슷한 고양이원숭이나 개원숭이로 진화하는 것이 보다 유리했을지 모른다고 주장할 수도 있다. 그러나 이렇게 되면 지상으로 내려온 조상 유인원들은 이미 살상 전문가가 된 고양이과나 개과의 육식동물들과 직접 경쟁해야만 했을 것이고, 그런 동물들의 본거지에서 그들이 내세운 조건에 따라 경쟁을 벌였다면, 조상 유인원들은 끔찍한 재난을 당할 수밖에 없었을 것이다. (어쩌면 실제로 그런 시도가 이루어졌을지도 모른다. 그러나 그 증거가 남아 있지 않은 것을 보면, 고양이원숭이나 개원숭이로 진화한 조상 유인원들은 뼈도 추리지 못할 만큼 참담한 실패를 맛보았을지도 모른다.) 우리의 먼 조상들은 타고난 무기 대신 인공 무기를 사용하는 새로운 접근방식을 채택했고, 그것은 멋진 성공을 거두었다.

다음 단계는 연장을 사용하는 동물에서 연장을 만드는 동물로 진화한 것이었다. 그리고 이 발전과 더불어, 무기만이 아니라 사회적 협동이라는 측면에서도 사냥 기술이 향상되었다. 사냥하는 원숭이는 떼를 지어 사냥하는 집단 사냥꾼이었고, 살상 기술이 발달함에 따라 사회를 조직하는 방법도 발달했다. 늑대들은 떼를 지어 살지만, 다른 무리와는 교류가 없다. 그러나 사냥하는 원숭이는 이미 늑대보다 훨씬 우수한 두뇌를 갖고 있었기 때문에, 집단끼리 의사를 소통하고 협동하는 문제에도 머리를 쓸 수 있었다. 날이 갈수록 복잡한 작전이 개발되었고, 그에 따라 두뇌도 계속 발달했다.

이것은 본질적으로 수컷의 사냥 집단이었다. 암컷은 새끼를 키우느라 바쁜 나머지 사냥감을 추적하여 잡는 일에서는 중요한 역할을 맡을 수가 없었다. 사냥이 점점 더 복잡해지고 사냥 기간도 길어지자, 사냥하는 원숭이는 정처 없이 돌아다니는 조상들의 생활방식을 포기할 수밖에 없었다. 그리고 수컷이 전리품을 갖고 돌아올 수 있는 곳, 암컷과 새끼들이 수컷을 기다리고 먹이를 분배할 수 있는 곳, 말하자면 일종의 기지가 필요해졌다. 뒤에서도 살펴보겠지만, 이 단계는 가장 세련된 오늘날의 털 없는 원숭이의 행동양식에도 깊은 영향을 주었다.

이리하여 사냥하는 원숭이는 텃세권을 가진 원숭이가 되었다. 이것은 짝을 짓고 새끼를 키우는 방식과 사회 유형에도 영향을 미치기 시작했다. 정처 없이 돌아다니며 과일을 따 먹던 옛날의 생활방식은 순식간에 사라져가고 있었다. 그는 이제 정말로 에덴 동산을 떠난 것이다. 그는 책임을 가진 원숭이였다. 그는 선사시대의 세탁기와 냉장고에 관심을 갖기 시작했다. 그는 가정생활을 편하게 해주는 것들 - 불, 식량 창고, 인공적인 피난처 – 을 개발하기 시작했다. 그러나 우리는 지금 생물학의 영역을 넘어서서 문화의 영역으로 들어가고 있기 때문에, 지금 당장은 여기서 멈추어야 한다. 사냥하는 원숭이가 이 단계로 넘어올 수 있었던 생물학적 근거는 두뇌가 커지고 복잡해졌기 때문이지만, 이 단계는 더 이상 유전학이 다룰 문제가 아니다. 숲속의 원숭이는 땅 위로 내려와 지상 원숭이가 되었고, 지상 원숭이는 사냥하는 원숭이가 되었으며, 사냥꾼 원숭이는 영역을 가진 원숭이가 되었고, 이 원숭이는 다시 문화적 원숭이가 되었다. 그리고 우리는 여기서 잠시 행진을 멈추어야 한다.

여기서 다시 한번 강조해두지만, 이 책은 오늘날의 털 없는 원숭이가 그토록 자랑스럽게 여기는 거대한 문화적 폭발 – 털 없는 원숭이를 불과 50만 년 사이에 불을 피울 줄 아는 동물에서 우주선을 만들 줄 아는 동물로 만들어준 극적인 진보 – 에는 관심이 없다. 그것은 물론 흥미진진한 이야기지만, 털 없는 원숭이는 거기에 현혹되어, 그 번지르르한 껍데기 밑에는 아직도 영장류의 본성이 많이 남아 있다는 사실을 잊어버릴 우려가 있다. (아무리 진홍빛 비단옷을 걸쳐도 원숭이는 원숭이이고, 망나니는 망나니이다.) 제아무리 우주 원숭이라도 똥은 싸야 한다.

우리가 생겨난 과정을 날카롭게 관찰한 다음에 오늘날 우리의 행동양식이 갖고 있는 생물학적 측면을 연구해야만, 우리는 유별난 우리 존재에 대하여 진실로 객관적이고 균형 잡힌 인식을 얻을 수 있다.

'순수한' 영장류와 '순수한' 육식동물의 차이

•••

우리가 진화해온 역사를 앞에서 대충 설명한 대로 받아들인다면, 한

가지 사실이 분명히 드러난다. 즉, 우리는 본질적으로 고기를 먹는 영장류로 등장했다는 사실이다. 오늘날 존재하는 원숭이와 유인원들 가운데 고기를 먹는 것은 하나도 없다. 그러나 다른 동물 집단에서는 이런 종류의 중대한 변화가 일어난 경우도 없지 않다.

예를 들어 자이언트 판다는 완전히 반대로 변화한 본보기다. 우리는 초식동물에서 육식동물로 바뀌었지만, 판다는 육식동물에서 초식동물로 바뀌었다. 그리고 판다는 우리와 마찬가지로 여러 가지 점에서 유별나고 독특한 생물이다. 요컨대 이런 식의 중대한 변화는 이중인격을 가진 동물을 만들어내게 마련이다. 일단 문지방을 넘어서면, 그 동물은 막대한 진화 에너지를 가지고 새롭게 주어진 역할 속으로 힘차게 뛰어든다. 그 과정이 너무 급격하기 때문에, 옛날에 갖고 있던 특성들을 내버릴 여유도 없다. 서둘러 새 옷을 입느라, 낡은 옷들을 모조리 벗어던질 시간이 충분치 못했다. 고대의 물고기들이 처음으로 마른땅을 정복했을 때, 그들은 물속에 살던 때의 속성들을 그대로 질질 끌고 다니면서 땅 위에서 사는 데 필요한 새로운 자질들을 황급히 개발했다. 완전히 새로운 동물 형태가 완성되기까지는 수백만 년의 세월이 걸리고, 따라서 초기의 형태는 기묘한 혼합형인 경우가 많다.

털 없는 원숭이도 바로 그런 이상야릇한 혼합형이다. 그의 신체구조와 생활방식은 숲속 생활에 적합하게 조정되었는데, 느닷없이(진화론의 관점에서 보면 돌연히) 무기를 가진 영리한 늑대처럼 굴어야만 살아남을 수 있는 세계 속으로 내던져진 것이다. 우리는 이것이 그의 신체구조와 행동양식에 어떤 영향을 미쳤으며, 오늘날 우리는 어떤 형태로 이 유산의 영향을 받고 있는가를 조사해야 한다.

이것을 조사하는 한 가지 방법은 열매를 따 먹는 '순수한' 영장류와

'순수한' 육식동물의 신체구조 및 생활방식을 비교하는 것이다. 그 대조적인 식사 방법의 근본적인 차이점을 분명히 해두면, 털 없는 원숭이의 상황을 다시 검토하여 대조적인 두 가지 식사 방법이 어떻게 뒤섞였는가를 알 수 있다.

육식동물의 은하계 한쪽에서 가장 찬란하게 반짝이는 별들은 들개와 늑대이고, 반대쪽에는 사자·호랑이·표범 같은 커다란 고양이과 동물들이 자리 잡고 있다. 이들은 민감한 감각기관으로 아름답게 치장하고 있다. 그들의 청각은 예민하고, 겉귀는 이쪽저쪽으로 움직이면서 나뭇잎이 바스락거리는 소리나 숨소리까지도 잡아낸다. 그들의 눈은 정지해 있는 물체의 세부적인 면이나 색깔에는 약하지만, 움직이는 물체에 대해서는 믿을 수 없을 만큼 민감하다. 후각은 너무 발달해서, 우리로서는 이해하기가 어려울 정도다. 그들은 형태나 색깔보다는 냄새로 풍경을 파악해낸다. 그들은 개별적인 냄새를 정확하게 찾아낼 수 있을 뿐 아니라, 복합적인 냄새를 구성하고 있는 여러 가지 냄새를 하나씩 식별할 수도 있다.

1953년에는 개들을 대상으로 실험한 결과, 개의 후각은 우리보다 100만~10억 배나 정확하다는 사실이 밝혀졌다. 이 놀라운 결과는 그 후 줄곧 논란의 대상이 되었고, 좀 더 신중한 실험에서도 이 결과를 확인하지는 못했지만, 아무리 줄잡아도 개의 후각은 우리보다 100배는 더 민감하다.

들개나 늑대 같은 야생 개과 동물 및 사자나 호랑이 같은 커다란 고양이과 동물은 이런 일급 감각기관을 갖추고 있을 뿐 아니라, 운동선수 같은 멋진 몸매를 갖고 있다. 고양이과 동물은 번개처럼 빠른 단거리 선수들이고, 개과 동물은 놀라운 지구력을 가진 장거리 선수들이다. 사냥감을 죽일 때 그들은 힘센 턱과 날카롭고 잔인한 이빨을 동원할 수 있으며, 특히 고양이과 동물은 큼직하고 창처럼 뾰족한 발톱으로 무장한 앞발을 갖고 있을 뿐 아니라 앞발 자체도 근육이 잘 발달해서 크고 억세다.

이런 동물들에게는 죽이는 행위 자체가 목적이 되었고, 죽이면 그것으로 목적을 달성한 셈이 된다. 그들이 장난삼아서 쓸데없이 다른 동물을 죽이는 경우가 드문 것은 사실이지만, 우리 속에 갇혀 있는 육식동물에게 죽은 먹이를 주어도 사냥하고 싶은 욕구는 결코 충족되지 않는다. 집에서 기르는 개를 데리고 산책하러 나갈 때마다, 또는 막대기를 던지고 쫓아가서 가져오라고 시킬 때마다, 통조림에 든 개밥 따위로는 억누를 수 없는 사냥의 충동을 만족시킬 수 있는 것이다. 집에서 아무리 배불리 먹는 고양이도 밤이 되면 사냥감을 찾아 헤매고 싶어하고, 방심한 상태로 앉아 있는 새를 덮치려고 호시탐탐 기회를 노린다.

그들의 소화기관은 한꺼번에 배가 터지도록 포식한 다음 비교적 오랫동안 굶어도 견딜 수 있도록 조정되어 있다. (예를 들어 늑대는 한 번에 자기 몸무게의 5분의 1이나 되는 음식을 먹을 수 있다. 사람으로 치면, 앉은자리에서 15~18킬로그램의 음식을 먹어치우는 셈이다.) 그들의 먹이는 영양가가 높고, 손실되는 영양분이 거의 없다. 그러나 그들의 똥은 지저분하고 냄새가 나며, 배설할 때는 독특한 행동양식을 보인다. 어떤 동물은 똥을 땅속에 묻은 다음 그 자리를 조심스럽게 흙으로 덮는다. 본거지에서 상당히 멀리 떨어진 곳에서만 배설하는 동물도 있다. 새끼가 굴을 똥으로 더럽히면 어미가 그 배설물을 먹어치우기 때문에, 집은 항상 깨끗하다.

그들은 간단한 방법으로 식량을 저장하기도 한다. 일부 고양이과 동물은 잡은 먹이의 시체나 시체의 일부를 땅속에 묻어둔다. 표범은 나무 위의 식료품 저장실로 남은 먹이를 운반한다. 이들은 먹이를 사냥하고 죽이는 동안에는 격렬한 운동을 하지만, 나머지 시간에는 느긋하게 게으름을 피우면서 휴식을 취한다.

그런데 이들 사이에 사교적인 만남이 이루어질 경우, 사냥감을 죽이는 데 필요한 무기는 사냥감뿐 아니라 이들 자신의 목숨과 신체에도 잠재적인 위협이 된다. 아무리 사소한 말다툼이나 경쟁이라도 이들에게는 치명적이 될 수 있다. 늑대 두 마리나 사자 두 마리가 우연히 만났을 경우, 그들은 둘 다 중무장을 하고 있기 때문에 싸움이 벌어지면 순식간에 부상을 당하거나 목숨을 잃을 수 있다. 이것은 그 종의 생존을 심각한 위기에 빠뜨릴 수 있기 때문에, 그들은 오랜 진화과정을 거치면서 사냥감을 죽이는 치명적인 무기를 개발하는 한편, 자기와 같은 종에 대해서는 절대로 그 무기를 사용하지 않는다는 강력한 원칙도 개발했다. 이런 금지는 특수한 유전학적 근거를 갖고 있는 듯하다. 그들은 굳이 배우지 않아도 그 원칙을 터득하기 때문이다. 복종을 나타내는 특정한 자세도 개발되었는데, 이런 자세는 보다 힘센 동물을 달래어 자동적으로 공격을 억제하는 효과를 갖고 있다. 이런 신호들은 '순수한' 육식동물의 생활방식에서 사활적일 만큼 중요한 부분이다.

사냥하는 방법은 동물에 따라 다양하다. 표범은 혼자서 사냥감에게 살금살금 다가가거나 적당한 곳에 숨어 있다가, 결정적인 순간에 갑자기 덤벼든다. 치타는 조심스럽게 돌아다니다가 사냥감을 발견하면 전속력으로 추적한다. 사자는 대개 집단행동을 하는데, 한 마리가 공포에 사로잡힌 사냥감을 숨어 있는 다른 사자들 쪽으로 몰아서 잡는다. 늑대들은 포위 작전을 써서 사냥감을 한가운데로 몰아넣은 다음, 집단으로 죽인다. 아프리카 들개들은 무자비한 몰이 사냥꾼의 전형적인 본보기다. 이들은 사냥감이 도망치면서 피를 흘리다가 마침내 더 이상 달아나지 못하고 쓰러질 때까지 한 마리씩 차례로 공격에 나선다.

최근 아프리카에서 이루어진 연구 결과, 점박이 하이에나도 지금까지 알려진 것처럼 주로 썩은 고기를 먹어치우는 청소부가 아니라 떼를 지어 사냥하는 잔인한 몰이 사냥꾼이라는 사실이 밝혀졌다. 하이에나는 항상 밤에만 떼를 지어 사냥하는데, 낮에 썩은 고기를 먹는 모습만 목격되었기 때문에 이런 오해가 빚어진 것이다. 어둠이 깔리면, 하이에나는 한낮의 들개 떼처럼 유능하고 무자비한 사냥꾼이 된다. 한꺼번에 30마리나 사냥할 수도 있다. 사냥감은 낮처럼 전속력으로 달릴 수가 없기 때문에, 이들은 도망치는 얼룩말이나 영양을 쉽게 따라잡을 수 있다. 하이에나는 사냥감 한 마리가 사정거리 안에 들어오면 우선 다리를 물어뜯어, 그 사냥감이 도망치는 무리에서 낙오할 때까지 공격을 계속한다. 그런 다음에는 모든 하이에나가 이 한 마리를 집중 공격하여 부드러운 부분을 잡아 찢는다. 사냥감은 결국 쓰러져 죽는다. 하이에나는 굴에서 공동생활을 하는데, 이 기지를 사용하는 집단이나 '한패'의 수는 10~100마리에 이른다. 암컷은 기지 주위를 떠나지 않지만, 수컷은 보다 활동적이어서 때로는 다른 집단의 영역으로 잘못 들어가기도 한다. 한 마리가 정처 없이 헤매다가 다른 집단의 텃세권 안으로 잘못 들어가면 패싸움이 벌어지지만, 같은 패거리끼리 공격하는 경우는 드물다.

먹이 분배는 많은 동물들 사이에서 이루어지는 것으로 알려져 있다. 물론 큰 사냥감을 잡은 경우에는 모든 사냥꾼이 고기를 충분히 먹을 수 있기 때문에 서로 많이 먹으려고 다툴 필요가 없지만, 어떤 경우에는 먹이 분배가 단순히 먹이를 나누어 먹는 것으로 끝나지 않는다. 예컨대 아프리카 들개는 사냥이 끝나면 먹은 것을 도로 게워서, 고기를 먹지 못한 동료에게 나누어 주는 것으로 알려져 있다. 어떤 경우에는 그 정도가 너무 심해서, 아프리카 들개는 '공동 위장'을 갖고 있다고 말하기까지 한다.

새끼를 거느린 육식동물은 자라나는 새끼에게 먹이를 공급하느라 상당한 어려움을 겪는다. 암사자는 사냥감을 잡으면 고기를 굴로 가져오거나, 사냥한 자리에서 큼직한 고깃덩어리를 삼킨 다음 굴로 돌아와 새끼들에게 그것을 도로 게워 준다. 수사자도 이따금 암사자를 도와주는 것으로 알려져 있지만, 자주 그러지는 않는 것 같다. 반면에 늑대 수컷은 암컷과 새끼의 먹이를 구하기 위해 20킬로미터가 넘는 길을 여행하는 경우도 있다. 늑대는 고기가 붙은 커다란 뼈를 새끼에게 가져다주거나, 사냥감을 잡은 자리에서 큼직한 고깃덩어리를 삼킨 다음 굴로 돌아와 입구에 게워놓기도 한다.

이런 것들은 사냥으로 먹고사는 전문적인 육식동물들의 가장 중요한 특징이다. 그렇다면 이런 특징은 과일을 따 먹는 전형적인 원숭이나 유인원의 특징과 어떻게 다른가?

먹고 싸는 문제, 그리고 벼룩의 의미
•••

고등 영장류의 감각기관에서는 후각보다 시각이 훨씬 발달해 있다. 나무로 기어오르는 생활에서는 잘 보는 것이 냄새를 잘 맡는 것보다 훨씬 중요하기 때문에, 후각은 상당히 약해진 반면 눈은 훨씬 좋은 시력을 갖게 되었다. 먹이를 찾을 때는 과일의 색깔이 좋은 단서가 된다. 그래서 영장류는 육식동물과는 달리 색깔을 구별하는 시각을 발달시켰다. 또한 그들의 눈은 움직이지 않는 물체의 세세한 부분도 육식동물보다 잘 분간할 수 있다. 그들의 먹이는 대개 움직이지 않기 때문에, 미세한 움직임을 포착하는 것보다는 모양과 감촉의 미묘한 차이를 알아보는 것이 더 중요하다. 청각도 중요하지만, 사냥감을 추적하는 육식동물에게만큼 중요하지는 않다. 그들의 겉귀는 육식동물보다 작고, 이쪽저쪽으로 재빨리 움직이지도 않는다. 미각은 육식동물보다 훨씬 세련되어 있다. 먹이의 종류는 보다 다양하고 풍미가 있다. 따라서 맛을 느낄 기회가 더 많다. 특히 단맛이 나는 먹이에 대해서는 대단히 적극적인 반응을 보인다.

영장류의 체격은 나무로 기어오르기에는 적합하지만, 땅 위를 전속력으로 달리거나 지구력을 필요로 하는 일에는 적합하지 않다. 영장류는 힘센 운동선수의 우람한 체격이 아니라 곡예사처럼 민첩한 몸을 갖고 있다. 손은 물건을 잡기에는 적합하지만, 잡아 찢거나 후려치기에는 적합하지 않다. 턱과 이빨은 비교적 튼튼하지만, 육식동물의 이빨처럼 사냥감을 꽉 죄거나 질긴 고기를 아작아작 씹어 먹는 억센 기관은 결코 아니다. 이따금 작고 하찮은 동물을 죽이는 경우가 있지만, 이것은 누워서 떡 먹기처럼 쉬운 일이다. 사실, 죽이는 것은 영장류의 생활방식에서 별로 중요한 부분이 아니다.

영장류는 거의 온종일 먹는 데 시간을 보낸다. 배가 터지도록 포식한 다음 오랫동안 굶는 육식동물과는 달리, 원숭이와 유인원은 줄곧 먹어댄다. 말하자면 쉴 새 없이 군것질하는 생활이다. 물론 쉴 때도 있다. 특히 한낮이나 밤중에는 휴식을 취한다. 그래도 역시 육식동물과는 너무나 대조적이다. 움직이지 않는 먹이는 누군가가 따서 먹어주기를 기다리며 항상 거기에 있다. 원숭이나 유인원이 해야 할 일은 입맛이 바뀔 때마다, 또는 제철에 나는 과일을 찾아 이곳에서 저곳으로 이동하는 것뿐이다. 일부 원숭이의 경우에는 볼주머니에 임시로 음식을 저장해놓기도 하지만, 대개는 음식을 저장해두지 않는다.

똥은 고기를 먹는 육식동물보다 냄새가 덜 나고, 나무 위에서 누면 땅으로 뚝뚝 떨어져 몸 주변에 남아 있지 않기 때문에, 배설물을 처리하는 특수한 행동양식도 발달하지 않았다. 집단은 항상 이동하고 있기 때문에, 어떤 지역이 지나치게 더러워지거나 냄새날 우려도 거의 없다. 특별히 만든 침대에서 잠을 자는 유인원들조차도 밤마다 새로운 자리에 새로운 침대를 만들기 때문에, 보금자리의 위생 문제를 걱정해야 할 필요는 거의 없다. (아무리 그렇다 해도, 아프리카의 한 지역에서 고릴라가 잠을 자고 떠난 보금자리를 조사해봤더니, 그 가운데 99%가 고릴라의 똥으로 더럽혀져 있었고, 73%의 보금자리에서는 고릴라가 실제로 똥 위에 누워 잠을 잔 흔적이 발견되었다는 것은 그저 놀라울 뿐이다. 똥과 접촉하면 재감염될 가능성이 높아지기 때문에 질병에 걸릴 위험도 그만큼 많아진다. 이것은 영장류가 근본적으로 똥에 무관심하다는 사실을 보여주는 좋은 본보기다.)

먹이가 풍부하고 게다가 움직이지 않기 때문에, 영장류 집단은 먹이를 찾아 뿔뿔이 흩어질 필요가 전혀 없다. 그들은 긴밀한 공동체를 이루어 함께 이동하고 도망치고 휴식하고 잠을 잘 수 있다. 공동체 구성원들은 서로의 움직임과 행동에서 잠시도 눈을 떼지 않는다. 집단의 각 구성원들은 항상 다른 구성원들이 무엇을 하고 있는가를 잘 알고 있다. 이것은 육식동물에서는 찾아볼 수 없는 생활방식이다. 이따금 작은 집단으로 분열하는 영장류조차도 한 마리씩 뿔뿔이 흩어지는 경우는 없다. 아무리 작은 집단도 한 마리만으로 이루어지지는 않는다. 혼자 다니는 원숭이나 유인원은 공격받기 쉬운 생물이다. 이들은 육식동물처럼 강력한 무기를 갖고 태어나지 않았기 때문에, 혼자 있으면 먹이를 찾아다니는 육식동물의 밥이 되기 십상이다.

영장류의 세계에는 늑대처럼 떼를 지어 사냥하는 육식동물의 협동정신이 별로 존재하지 않는다. 경쟁과 지배는 영장류 세계의 독특한 풍조다. 물론 사회에서 높은 계급으로 올라가려는 경쟁은 영장류와 육식동물의 세계에 모두 존재하지만, 원숭이와 유인원의 경우에는 그 경쟁이 협동활동으로 누그러지지 않는다. 복잡하고 조직적인 작전도 필요 없다. 하루 종일 줄곧 과일이나 따 먹고 있는데, 그처럼 복잡한 작전을 짜서 공동 전선을 펴야 할 필요가 어디 있겠는가. 영장류는 장래를 대비하지 않아도 손으로 먹이를 따서 입으로 가져가기만 하면 얼마든지 살아갈 수 있다.

영장류의 식량은 어서 따 먹어달라는 듯이 사방에 널려 있기 때문에, 먹이를 찾아서 멀리까지 가야 할 필요도 거의 없다. 오늘날 존재하는 영장류 가운데 가장 큰 야생 고릴라 집단을 주의 깊게 연구하고 그들의 움직임을 추적한 결과, 그들이 하루에 평균 500미터쯤 이동한다는 사실을 알아냈다. 때로는 하루에 고작 수십 미터밖에 이동하지 않는다. 반면에 육식동물은 한 번 사냥 여행에 나서면 수십 킬로미터를 달려야 할 때도 많다. 한 번의 사냥 여행에서 80킬로미터를 이동한 사례도 알려져 있다. 그들이 사냥을 끝내고 기지로 돌아오려면 며칠이 걸린다.

이처럼 일정한 기지로 돌아오는 행위는 육식동물의 전형적인 특징이고, 원숭이나 유인원에게서는 거의 찾아볼 수 없다. 사실 영장류 집단은 분명히 한정된 행동권 안에서 살고 있지만, 밤이 되어 그날의 산책이 끝나면 아무데나 드러누워 잠을 잔다. 그 집단은 한정된 행동권 안에서만 오락가락하기 때문에 그 집단이 살고 있는 지역을 대충 알 수는 있지만, 그 생활 영역을 이용하는 방식은 육식동물보다 훨씬 제멋대로다. 또한 이웃한 집단들 사이의 상호작용은 육식동물보다 덜 방어적이고 덜 공격적이다. 텃세권은 어떤 동물의 개체나 무리가 지키고 있는 생활권을 의미하기 때문에, 영장류는 일반적으로 텃세권을 가진 동물이 아니다.

여기서 한 가지 짚고 넘어가야 할 점은 육식동물에게는 벼룩이 있지만 영장류에게는 벼룩이 없다는 것이다. 원숭이와 유인원은 이를 비롯한 외부의 기생충 때문에 시달림을 받지만, 널리 퍼져 있는 견해와는 달리 벼룩은 전혀 갖고 있지 않다. 거기에는 충분한 이유가 있다. 이 사실을 이해하기 위해서는 벼룩의 생활 주기를 조사할 필요가 있다.

이 기생충은 숙주의 몸 위에 알을 낳지 않고, 숙주가 잠자는 곳의 유기 퇴적물에다 알을 낳는다. 알은 사흘 만에 부화하여 꼬물꼬물 기어 다니는 작은 구더기가 된다. 이 애벌레는 동물의 피를 먹지 않고, 굴속에 쌓여 있는 배설물을 먹고 자란다. 2주일이 지나면 애벌레는 고치를 만들고 번데기가 된다. 번데기는 고치 속에서 약 2주일 동안 잠을 자다가, 성충이 되어 나온다. 이 성충은 적당한 숙주의 몸에 언제라도 달라붙을 태세를 갖추고 있다. 따라서 벼룩은 알에서 성충이 되기까지 적어도 한 달 동안은 숙주와 단절되어 있다.

원숭이나 유인원처럼 일정한 잠자리가 없는 포유동물이 벼룩에게 시달림을 받지 않는 이유는 이것으로도 분명해진다. 길을 잃은 벼룩이 어쩌다 이런 포유동물에 달라붙어 교미에 성공했다 해도, 영장류 집단이 다른 곳으로 이동하면 그들이 낳은 알은 뒤에 외로이 남겨질 것이다. 그리고 그곳에서 번데기가 부화했을 때, '집'에는 그 새끼 벼룩과 관계를 계속할 집주인이 떠나고 없을 것이다. 따라서 벼룩은 전형적인 육식동물처럼 일정한 기지를 갖고 있는 동물에게만 붙어살 수 있는 기생충이다. 이 사실이 갖는 의미는 이제 곧 분명해질 것이다.

지금까지 나는 육식동물과 영장류의 서로 다른 생활방식을 비교하면서, 탁 트인 들판에서 사냥을 하는 전형적인 육식동물과 숲속에 살면서 과일을 따 먹는 전형적인 영장류를 주로 다루었다. 양쪽의 일반 원칙에서 벗어나는 사소한 예외도 물론 있겠지만, 이제는 한 가지 중요한 예외를 다루어야 할 때다. 그 예외란 바로 털 없는 원숭이다. 털 없는 원숭이는 조상으로부터 물려받은 초식성과 새로 획득한 육식성을 혼합하기 위해 어느 정도까지 자신을 변화시킬 수 있었는가? 그 결과, 털 없는 원숭이는 정확히 어떤 종류의 동물이 되었는가?

털 없는 원숭이의 극적 진화

• • •

우선 그는 지상에서의 생활에는 적합하지 않은 감각기관을 갖고 있었다. 후각은 너무 약했고, 청각도 별로 예민하지 못했다. 체격은 끈질긴 지구력을 요구하는 일에도, 번개처럼 빠른 단거리 경주에도 전혀 적합하지 못했다. 성격은 협동적이라기보다 경쟁적이었고, 계획을 세워 거기에 모든 노력을 집중하는 능력도 분명 부족했을 것이다. 그러나 다행히 그는 뛰어난 두뇌를 갖고 있었다. 그의 두뇌는 이미 경쟁자인 육식동물보다 우수했기 때문에, 그는 대체로 육식동물보다 영리했다. 뿐만 아니라 몸을 수직 자세로 세워 손과 발을 서로 다른 방식으로 개조했고, 두뇌를 더욱 개발하여 되도록 열심히 머리를 쓴 덕분에 그는 살아남을 수 있는 기회를 갖게 되었다.

이것은 말하기는 쉽지만 그런 개조 작업에는 오랜 시간이 걸렸고, 나중에 다시 살펴보겠지만 일상생활의 다른 측면에도 갖가지 영향을 주었다. 그러나 지금 당장은 그 개조 작업이 이루어진 과정과 그것이 털 없는 원숭이의 사냥활동 및 먹이를 먹는 행동에 미친 영향에만 관심을 가지면 된다.

억센 근육이 아니라 두뇌로 전투에서 이겨야 했기 때문에, 털 없는 원숭이는 지능을 크게 높이기 위하여 극적인 진화를 거쳐야 했다. 이 단계에서 일어난 일은 약간 기묘하다. 사냥하는 원숭이가 어린애 같은 원숭이로 진화한 것이다. 진화 과정에서 이런 요술 같은 일이 일어난 경우는 결코 드물지 않다. 털 없는 원숭이 이외에도 수많은 동물에게 이런 일이 일어났다. 간단히 말하면 그것은 유아기의 어떤 특성을 어른이 된 뒤에도 그대로 계속 간직하고 있는 것으로서, 전문용어로는 유태보존(幼態保存)이라고 한다. (유명한 본보기는 도롱뇽의 일종인 아홀로틀이다. 이 동물은 평생 동안 올챙이로 남아 있을 수 있고, 이런 상태에서 새끼를 낳을 수도 있다.)

    이런 유태보존이 영장류의 두뇌 성장과 개발에 도움이 된다는 사실은 전형적인 원숭이의 뱃속에 들어 있는 새끼를 생각해보면 가장 잘 이해할 수 있다. 원숭이 태아의 두뇌는 태어나기 전에 급속히 커지고 복잡해진다. 갓 태어난 원숭이 두뇌의 크기는 다 자란 원숭이 두뇌의 70%에 이른다. 그리고 나머지 30%는 태어난 지 6개월 만에 재빨리 완성되어버린다. 어린 침팬지도 태어난 지 12개월 만에 두뇌 성장을 끝낸다. 반면에 갓 태어난 '호모 사피엔스'의 두뇌 크기는 완전히 자란 성인 두뇌의 23%밖에 되지 않는다. 태어난 지 6년 동안은 급속한 성장이 계속되고, 태어난 지 23년이 지난 뒤에야 겨우 성장 과정이 완전히 끝난다.

    그렇다면 성적으로 성숙한 '뒤'에도 약 10년 동안 우리 두뇌는 성장을 계속하는 셈이다. 반면에 침팬지는 생식능력을 갖게 되기 6년이나 7년 '전'에 두뇌 성장이 완전히 끝난다. 우리가 어린애 같은 원숭이가 되었다는 말의 의미는 이것으로도 분명히 설명되지만, 이 말의 범위는 한정할 필요가 있다.

    우리(또는 우리의 조상인 사냥하는 원숭이)는 어떤 점에서는 어린애처럼 되었지만, 다른 점에서는 그렇게 되지 않았다. 우리의 다양한 자질들이 발달하는 속도는 서로 일치하지 않았다. 생식기관은 저만치 앞서서 달려갔지만, 두뇌 성장은 뒤에 처져서 꾸물거렸다. 우리 몸을 이루고 있는 다른 신체기관들도 마찬가지였다. 어떤 것은 발달 속도가 크게 느려졌고, 다른 것은 약간 느려졌으며, 나머지는 전혀 느려지지 않았다. 다시 말하면, 유아 상태로 머무는 신체기관들 사이에 정도 차이가 있었다.

이런 경향이 일단 시작되면, 어떤 동물의 신체기관 가운데 적대적이고 살기 어려운 새로운 환경 속에서 살아남는 데 도움이 되는 부분의 성장은 느려진다. 이것이 자연도태의 원칙이다. 두뇌만이 자연도태의 영향을 받은 것은 아니었다. 몸의 자세도 똑같이 영향을 받았다. 아직 태어나지 않은 포유류는 머리의 축이 몸통의 축과 직각을 이루고 있다. 이런 상태로 태어나면, 네 발로 기어 다닐 때 머리는 땅 쪽을 가리킬 것이다. 그러나 태어나기 직전에 머리가 뒤쪽으로 회전하여, 머리의 축이 몸통의 축과 일직선을 이룬다. 그래서 태어나 기어 다닐 때는 머리가 제대로 앞을 향하게 된다. 그런 동물이 수직 자세로 일어나서 뒷다리로 걸어 다니기 시작하면, 머리는 위쪽을 향하고 눈은 하늘을 쳐다보게 될 것이다. 따라서 사냥하는 원숭이처럼 직립하는 동물에게는 머리의 축이 몸통의 축과 직각을 이루도록 머리를 태아 때의 각도로 유지하는 것이 매우 중요하다. 그러면 이동 자세가 바뀌어도 얼굴은 여전히 앞을 향할 수 있게 된다. 이것은 물론 실제로 일어난 일이고, 태어나기 전의 상태가 태어난 뒤는 물론 완전히 성장한 뒤까지 유지되는 유태보존의 본보기이다.

그 밖에 사냥하는 원숭이의 독특한 신체적 특징들 – 길고 가느다란 목, 납작한 얼굴, 이가 작을 뿐 아니라 늦게야 돋아나는 것, 눈두덩이 없고 엄지발가락이 돌아가지 않는 것 – 도 대부분 이런 식으로 설명할 수 있다.

태아 시절의 수많은 특징들이 사냥하는 원숭이의 새로운 역할에 귀중한 자질일 수 있다는 사실이야말로 그 원숭이가 찾고 있던 돌파구였다. 단 한 번의 유태보존으로 그는 새로운 역할을 수행하는 데 필요한 두뇌를 얻을 수 있었고, 그 두뇌와 어울리는 몸도 가질 수 있었다. 그는 직립 자세로 두 손에 무기를 든 채 달릴 수 있었고, 이와 동시에 무기를 개발할 수 있는 두뇌도 개발했다. 그는 물건을 훨씬 교묘하게 다룰 수 있게 되었을 뿐 아니라, 어린 시절을 연장하여 부모와 다른 어른들에게서 보다 많은 것을 배울 수 있게 되었다.

어린 원숭이와 침팬지는 장난치기 좋아하고 탐험을 좋아하며 창의성이 풍부하지만, 이 단계는 순식간에 지나가버린다. 이런 점에서 털 없는 원숭이의 유아기는 성적으로 성숙한 뒤에도 알맞게 오랫동안 계속되었다. 그 결과, 그는 조상들이 고안해낸 특별한 기술을 흉내 내고 배울 시간을 충분히 가질 수 있었다. 그는 사냥꾼으로서는 체력도 약하고 타고난 재능도 부족했지만, 지능과 모방 능력으로 이런 약점을 충분히 보완할 수 있었다. 그는 오랜 성장기를 거치는 동안 부모에게서 많은 것을 배웠는데, 이것은 어떤 동물도 일찍이 누려보지 못한 혜택이었다.

그러나 교육만으로는 충분치 않았다. 유전자의 도움도 필요했다. 사냥하는 원숭이의 본성에는 근본적인 생물학적 변화가 일어났을 게 분명하다. 숲속에 살면서 과일을 따 먹는 전형적인 영장류에게 커다란 두뇌와 사냥하는 신체를 준다 해도, 그 영장류가 다른 개조작업을 거치지 않고 사냥하는 원숭이로 성공하기는 어려울 것이다. 그 동물의 기본적인 행동양식은 사냥에 적합하지 않을 것이다. 그 동물이 아주 영리하게 사물을 생각하고 계획을 세울 수 있을지는 모르지만, 보다 근본적인 동물적 충동은 사냥하는 원숭이가 되기에는 적합하지 않을 것이다.

교육은 먹는 행위만이 아니라 사회적 행동과 성적 행동, 그 밖에 영장류로 살 때의 모든 기본적인 행동에 담겨 있는 그 동물의 타고난 성향에 오히려 불리하게 작용할 것이다. 여기에서도 유전학적인 변화가 일어나지 않는다면, 사냥하는 원숭이 새끼를 새로 교육하는 일은 믿을 수 없을 만큼 힘겨운 일이 될 것이다. 문화적 훈련은 많은 성과를 올릴 수 있지만, 두뇌의 위쪽 중심부에 있는 기계장치가 아무리 훌륭하다 해도 아래쪽에서 상당한 뒷받침을 해주어야 할 필요가 있다.

전형적인 '순수한' 육식동물과 전형적인 '순수한' 영장류의 차이점을 돌이켜보면, 이런 일이 어떻게 일어났는가를 대충 짐작할 수 있다. 고등 육식동물은 먹이를 찾는 행동(사냥하고 죽이는 행동)과 먹는 행동을 구별한다. 이 두 가지 행동은 서로 다른 별개의 계통을 통하여 동기를 부여받게 되었고, 두 가지 계통의 상호의존관계는 부분적인 것에 불과하다. 이런 일이 일어난 이유는 먹이를 찾아서 먹기까지의 과정이 너무 힘들고 시간도 오래 걸리기 때문이다. 먹이를 먹는 행위는 먼 장래의 일이기 때문에, 죽이는 행위 자체가 하나의 보상이 되어야 한다. 고양이과 동물을 연구해본 결과, 먹이를 잡아서 먹는 과정이 더욱 세분되었다는 사실이 밝혀졌다. 먹이를 잡아서, 죽이고, 준비하고(털을 뽑고), 먹는 행위는 제각기 별개의 동기부여 체제를 갖고 있다. 이런 행동양식 가운데 하나가 충족된다 해도 다른 욕구들까지 자동적으로 충족되지는 않는다.

과일을 따 먹는 영장류의 경우에는 상황이 전혀 다르다. 영장류는 먹이를 찾아서 바로바로 따 먹기만 하면 되기 때문에, 먹이를 찾아서 먹기까지의 과정이 비교적 짧다. 따라서 그 과정을 별개의 동기부여 체제로 분할해야 할 필요는 전혀 없다. 그러나 사냥하는 원숭이의 경우에는 이런 특성이 근본적으로 바뀌어야 할 것이다. 사냥은 그 자체만으로도 보상이 되어야 한다. 사냥은 이제 단순히 먹이를 먹기 위해 식욕을 증진시키는 과정일 수만은 없다. 고양이과 동물의 경우와 마찬가지로, 먹이를 사냥하고 죽이고 준비하는 행위는 각각 별개의 독자적인 목표를 갖게 될 것이고, 그 행위 자체가 목적이 될 것이다. 각각의 욕구는 따로따로 충족시켜야 할 것이고, 한 가지 욕구가 충족되었다고 해서 나머지 욕구가 가라앉지는 않는다. 뒤에도 다시 나오겠지만, 오늘날의 털 없는 원숭이가 음식을 먹는 행위를 살펴보면, 실제로 이런 일이 일어났다는 것을 알려주는 수많은 증거를 볼 수 있다.

암수관계에 변화를 맞다

• • •

사냥하는 원숭이는 생물학적인 살상자(문화적인 살상자와는 대조적인 의미에서)가 되어야 했을 뿐 아니라, 먹이를 먹는 시간도 다시 조정해야 했다. 이제 가벼운 음식을 하루 종일 먹을 수는 없게 되었고, 그 대신 긴 간격을 두고 한꺼번에 많은 음식을 먹어야 했다. 그래서 사냥하는 원숭이는 먹이를 저장하기 시작했다. 일정한 기지로 돌아가는 기본적인 성향도 하나의 행동양식으로 개발되어야 했으며, 그러기 위해서는 방향감각과 집을 찾아가는 능력이 개발되어야 했다. 배설은 공동활동(영장류)이 아니라 개인활동(육식동물)이 되어야 했고, 일정한 공간을 정해둔 뒤 거기에서만 배설을 할 필요가 있었다.

앞에서도 말했듯이, 고정된 기지를 사용하면 벼룩이 기생하게 된다. 그래서 육식동물은 벼룩을 갖고 있지만, 영장류에게는 벼룩이 없다. 사냥하는 원숭이가 고정된 기지를 가진 유일한 영장류라면, 우리는 그 원숭이도 영장류의 원칙을 깨뜨리고 벼룩을 갖게 되었으리라고 짐작할 수 있다. 그리고 이런 일은 실제로 일어난 것 같다. 오늘날 인간이 벼룩에게 시달림을 당하고 있다는 것은 잘 알려진 사실이다. 그리고 우리 인간에게만 기생하는 독특한 종류의 벼룩도 있다. 이 벼룩은 나머지 벼룩과는 다른 종에 속하며, 우리와 함께 진화한 벼룩이다. 이 벼룩이 별개의 종으로 진화할 만큼 충분한 시간을 가졌다면, 아주 오랫동안 우리와 함께 있었을 게 틀림없다. 지금 우리 몸에 기생하는 벼룩은 아마 우리가 사냥하는 원숭이였던 시절부터 달갑지 않은 우리의 동반자였을 것이다.

사회적인 측면에서 보면, 사냥하는 원숭이는 동료들과 의사를 소통하고 협동하고자 하는 욕구를 늘려야 했다. 얼굴 표정과 발성은 더욱 복잡해져야 했다. 새로운 무기를 손에 넣었기 때문에, 사회 집단 내부의 공격행위를 금지하는 강력한 신호를 개발하지 않으면 안 되었다. 그러나 한편으로는 고정된 기지를 지켜야 했기 때문에, 경쟁 집단의 구성원들에 대해서는 더욱 강력한 공격적 반응을 개발해야 했다. 새로운 생활방식의 요구에 따라, 그는 집단 내의 주력으로부터 벗어나지 않는 것이 자신의 안전을 도모하는 데 좋다는 것을 깨닫지 않으면 안 되었다.

새로 발견한 협동성의 일환으로, 그리고 식량 공급이 불안정해졌기 때문에 식량을 분배해야 할 필요가 생겼다. 앞에서 언급한 아비 늑대와 마찬가지로, 사냥하는 원숭이의 수컷은 암컷과 천천히 자라고 있는 새끼를 먹여 살리기 위해 집으로 식량을 날라야 했다. 아비가 이런 종류의 행동을 하는 것은 새로운 발전이었을 게 분명하다. 영장류의 경우에는 사실상 어미 혼자서 새끼를 돌보는 것이 원칙이기 때문이다. (제 아비를 알아보는 영장류는 사냥하는 원숭이처럼 영리한 영장류뿐이다.)

새끼가 어미에게 의존하는 기간이 너무 길 뿐 아니라 어미에게 너무 많은 것을 요구했기 때문에, 암컷은 거의 영원히 기지에 갇혀 있어야 했다. 이 점에서 사냥하는 원숭이의 새로운 생활방식은 전형적인 '순수한' 육식동물에게서는 찾아볼 수 없는 특수한 문제를 일으켰다. 사냥하는 원숭이의 사냥꾼 패거리는 '순수한' 육식동물과는 달리 모두 수컷으로 이루어져야 했다. 영장류의 기질에 맞지 않는 것이 있다면, 바로 이것이었다. 한창 나이의 영장류 수컷이 제 암컷을 우연히 지나가는 수컷의 유혹에 무방비상태로 남겨둔 채 먹이를 구하러 떠난다는 것은 도저히 있을 수 없는 일이었기 때문이다. 아무리 많은 문화적 훈련을 쌓아도 이 기질을 고칠 수는 없었다. 그리하여 사회적 행동에 중대한 변화를 가져올 필요가 생겼다.

해결책은 한 쌍의 암수관계를 발전시키는 것이었다. 사냥하는 원숭이의 수컷과 암컷은 사랑에 빠져 영원히 서로에게 충실해야만 했다. 이것은 다른 많은 동물 집단에서도 흔히 볼 수 있는 경향이지만, 영장류에서는 드물다. 이것은 세 가지 문제를 한꺼번에 해결해주었다.

이제 암컷은 하나의 수컷에 속박되어, 수컷이 사냥하러 떠난 뒤에도 계속 정절을 지켜야 했다. 암컷을 서로 차지하기 위한 수컷들 사이의 심각한 경쟁도 줄어들었다. 이것은 조금씩 발전하고 있는 그들 협동관계에도 도움이 되었다. 함께 힘을 합쳐 사냥을 성공시키려면, 강한 수컷뿐 아니라 약한 수컷도 제 몫을 해야만 했다. 수컷은 많은 영장류 집단에서 볼 수 있듯이 공동체의 핵심 역할을 맡아야 했고, 사회의 변두리로 밀려날 수는 없는 입장이었다. 게다가 새로 개발한 치명적인 가공 무기로 무장했기 때문에, 사냥하는 원숭이의 수컷은 부족 내부의 불화 요인을 줄여야 한다는 절박한 필요성에 쫓기고 있었다. 세 번째로 한 쌍의 암수관계를 발전시키는 것은 새끼에게도 이로웠다. 천천히 자라는 새끼를 기르고 훈련하는 어려운 일은 응집력 있는 가족관계를 필요로 했다. 어류나 조류나 포유류의 다른 동물 집단에서도 부모의 한쪽이 혼자 새끼를 키우기가 너무 힘들 때는 강력한 한 쌍의 암수관계를 발전시켜, 번식기가 끝날 때까지 암컷과 수컷이 함께 새끼를 키우는 것을 볼 수 있다. 사냥하는 원숭이의 경우에도 바로 이런 일이 일어났다.

이리하여 암컷은 수컷이 먹여 살려주리라는 것을 확신하고, 어미로서 새끼를 보살피는 의무에 전념할 수 있었다. 수컷은 암컷의 충성을 확신하고 언제라도 기꺼이 암컷을 놓아둔 채 사냥하러 떠날 태세를 갖추었으며, 암컷을 서로 차지하려 다투는 일도 피했다. 그리고 새끼는 최대한의 보살핌과 관심을 받을 수 있었다. 이것은 확실히 이상적인 해결책처럼 보이지만, 이 해결책을 채택하려면 영장류의 사회적 행동 및 성적 행동에 커다란 변화가 일어나야 할 필요가 있었다. 나중에 다시 살펴보겠지만, 이 변화 과정은 아직도 완전히 끝나지 않았다. 오늘날 우리 인간의 행동을 보면 이런 변화가 부분적으로만 완성되었다는 것을 분명히 알 수 있다. 우리가 오래전부터 갖고 있던 영장류로서의 충동들은 사소한 형태로나마 지금도 계속 나타나고 있기 때문이다.

사냥하는 원숭이는 이런 방식으로 육식동물의 역할을 받아들였고, 그에 따라 영장류로서의 생활방식을 바꾸었다. 이런 변화는 단순한 문화적 변화라기보다는 근본적인 생물학적 변화였을 것이다. 그리고 새로운 종은 이런 식으로 유전학적 변화를 일으켰다고 생각된다. 여러분은 이것이 터무니없는 가설이라고 생각할지도 모른다. 문화적 가르침의 힘은 워낙 막강하기 때문에, 그런 개조작업은 훈련과 새로운 전통의 발전을 통하여 쉽게 이루어질 수 있었을 거라고 여러분은 생각할 것이다.

그러나 나는 그렇게 생각지 않는다. 오늘날 우리 인간의 행동만 보아도 그렇지 않다는 것을 금방 알 수 있다. 문화 발전은 우리에게 과학기술의 대단한 진보를 가져다주었지만, 이것이 우리의 기본적인 생물학적 자질과 충돌할 경우에는 항상 강력한 반발이 일어나곤 했다. 우리가 사냥하는 원숭이였던 시절에 이미 내버린 근본적인 행동양식들은 우리 인간이 하는 모든 일에 아직도 뚜렷이 남아 있어, 아무리 고상한 일이라 해도, 잘 살펴보면 그 밑바닥에는 영장류의 행동양식이 깔려 있다. 우리의 세속적 행위들, 그러니까 먹고 싸우고 짝짓고 새끼를 기르고 하는 행위들의 조직화가 오로지 문화적 수단을 통해서만 이뤄졌다면, 지금쯤은 그것을 좀 더 잘 통제할 수 있어야 할 테고, 과학기술의 진보가 제시하는 별난 요구사항에 맞추어 이쪽이나 저쪽으로 자유롭게 바꾸었을 게 틀림없다. 그러나 우리는 그렇게 하지 않았다.

우리는 우리의 동물적 본성에 계속 굴복해왔고, 우리 몸속에서 꿈틀거리는 복합적인 짐승의 존재를 암암리에 인정해왔다. 그것을 바꾸려면 수백만 년의 세월과 또 그만큼의 자연도태라는 유전학적 과정이 필요하다고 인정하는 게 솔직한 태도다. 한편, 믿을 수 없을 만큼 복잡해진 우리 문명은 우리가 동물로서 기본적으로 갖고 있는 욕구와 충돌하거나 그 욕구를 억누르지 말아야만 화려하게 꽃을 피울 수 있을 것이다. 불행히도 우리의 생각하는 두뇌는 느끼는 두뇌와 항상 조화를 이루지는 않는다. 일이 틀어져서 인간 사회가 와르르 무너지거나 기능을 잃어버린 사례는 너무나 많다.

사냥하는 원숭이에서 털 없는 원숭이로

• • •

이런 일이 어떻게 일어났는지는 나중에 살펴볼 작정이지만, 우선 대답해두어야 할 문제가 한 가지 있다. 이 책의 서두에서 제기된 의문이 바로 그것이다. 우리가 '호모 사피엔스'라는 괴상한 종을 처음 만났을 때, 우리는 그것이 다른 영장류의 표본과는 전혀 다른 두드러진 특징을 갖고 있다는 것을 당장 알아보았다. 이 특징은 털 없는 벌거숭이 피부였고, 그래서 나는 동물학자로서 그 생물을 '털 없는 원숭이'라고 이름 지었다. 그 후 우리는 그 생물에게 적당한 이름이 수없이 많다는 것을 알았다. 직립한 원숭이, 연장을 만드는 원숭이, 영리한 원숭이, 텃세권을 가진 원숭이 등, 어떤 이름을 붙여도 좋다. 그러나 이런 특징들은 우리가 맨 처음 알아차린 것들이 아니었다. 단순히 박물관에 전시된 동물학적 표본으로만 바라보면 당장 눈에 띄는 특징은 털이 없다는 사실이고, 따라서 이 호칭이 다른 동물학적 연구와 조화를 이룬다면 끝까지 이 이름을 고수할 작정이다. 게다가 '털 없는 원숭이'라는 호칭은 우리가 그 생물에 접근하고 있는 독특한 방식을 상기시켜준다. 그러나 이 이상야릇한 특징이 갖는 의미는 무엇일까? 도대체 무엇 때문에 사냥하는 원숭이는 털 없는 원숭이가 되어야 했을까?

불행히도 화석은 우리에게 도움을 주지 못한다. 화석에서는 피부와 털의 차이를 알아볼 수 없기 때문이다. 그래서 우리는 그 중요한 노출 현상이 정확히 언제 일어났는가를 알 수가 없다. 다만, 우리 조상이 숲속의 고향을 떠나기 전에는 그런 현상이 일어나지 않았다고 확신해도 좋다. 그것은 너무나 기묘한 발전이기 때문에, 탁 트인 벌판에서 이루어진 커다란 변형작용의 또 다른 특징이었을 가능성이 훨씬 크다. 그러나 그 변화는 어떻게 일어났으며, 숲에서 나온 원숭이가 살아남는 데 어떤 도움을 주었을까?

이 문제는 오랫동안 전문가들을 괴롭혔고, 수많은 상상적 이론이 제시되었다. 가장 그럴듯한 생각들 가운데 하나는 그것이 유태보존 작용의 일부였다는 생각이다. 갓 태어난 침팬지를 조사해보면, 머리털은 풍성하지만 몸은 거의 벌거숭이라는 것을 알 수 있다. 이런 상태가 유태보존으로 어른이 될 때까지 계속되면, 어른 침팬지의 털 상태는 우리와 거의 비슷해질 것이다.

우리 인간의 경우, 털의 성장을 억제하는 유태보존이 전적으로 완벽하지는 않다는 사실은 꽤 재미있다. 자궁 속에서 자라는 태아는 전형적인 포유류답게 털이 나기 시작하여, 임신 6개월부터 8개월 사이에는 고운 털로 거의 완전히 덮이게 된다. 태아의 이런 털가죽을 '솜털'이라고 부르며, 이것은 태어나기 직전에야 벗겨진다. 미숙아는 이따금 솜털을 가진 채 세상에 태어나 부모를 깜짝 놀라게 하지만, 극히 드문 경우를 제외하고는 금방 없어진다. 솜털이 벗겨지지 않은 채 그대로 성장하여 완전히 털로 덮인 어른이 된 사람은 30명도 채 안 된다.

그래도 역시 우리 인간의 어른들은 모두 상당히 많은 털을 갖고 있다. 사실은 우리 친척인 침팬지보다 몸에 털이 더 많다. 우리는 모든 털을 잃어버린 게 아니라 오히려 연약한 털만 키웠다고 말할 수 있다. (이것은 모든 인종에 적용되지는 않는다. 흑인은 실제로 눈에 띄게 털을 잃어버리는 과정을 겪어왔다.) 이런 사실 때문에 일부 해부학자들은 우리 인간을 털이 없는, 혹은 벌거벗은 동물로 생각할 수는 없다고 선언했고, 어떤 이름난 권위자는 "따라서 우리가 모든 영장류 가운데 가장 털이 적다는 말은 전혀 사실이 아니다. 우리가 털을 잃어버렸다고 멋대로 상상하여 그 현상을 설명하기 위해 온갖 진기한 이론들을 내놓고 있지만, 고맙게도, 그런 이론은 필요 없다"고 말하기까지 했다. 이것은 분명 터무니없는 말이다. 이것은 마치 장님은 두 눈을 갖고 있으니까 눈이 먼 게 아니라고 말하는 거나 마찬가지다. 기능적으로 볼 때 우리는 완전히 벌거숭이이고, 우리의 피부는 바깥 세계에 완전히 노출되어 있다. 현미경으로 보면 우리 몸에는 잔털이 수없이 돋아나 있지만, 그래도 역시 우리가 벌거숭이인 것은 분명하고, 이런 사태는 마땅히 설명되어야 한다.

유태보존 이론은 벌거숭이 상태가 어떻게 나타날 수 있었는가에 대한 실마리를 제공해줄 뿐이다. 벌거숭이 상태가 새로운 특징으로서 갖는 가치, 즉 숲에서 나온 우리 조상이 적대적인 환경에서 살아남는 데 벌거숭이 상태가 어떤 도움을 주었는가에 대해서는 아무것도 말해주지 않는다. 벌거숭이 상태는 아무 가치도 없었고, 좀 더 중요한 유태보존 현상 – 이를테면 두뇌 발달 – 의 부산물에 불과했다고 주장할 수도 있다. 그러나 앞에서도 이미 살펴보았듯이, 유태보존은 신체 발달 과정을 차별적으로 지연시키는 작용이다. 어떤 자질은 다른 자질보다 빠르게 발달하기도 하고 느리게 발달하기도 한다. 다시 말하면, 모든 자질의 성장 속도는 일정하지 않다. 따라서 단순히 다른 변화의 속도가 느려졌다고 해서 벌거숭이 상태처럼 위험한 유아기의 특징이 그대로 유지될 가능성은 거의 없다. 벌거숭이 상태가 새로운 종에게 특별한 가치를 갖지 않는다면, 자연 도태 현상이 재빨리 그것을 처리할 것이다.

그렇다면 벌거숭이 피부는 생존에 어떤 가치를 갖고 있었을까? 사냥하는 원숭이가 떠돌이 생활을 포기하고 일정한 기지에 정착했을 때, 굴이 피부 기생충으로 심하게 오염되었다고 생각할 수도 있다. 밤마다 똑같은 잠자리에서 잠을 자면, 갖가지 진드기와 벼룩, 빈대에게 놀랄 만큼 비옥한 서식지를 제공하여 질병에 걸릴 위험이 높아졌을 것으로 여겨진다. 털투성이 피부를 벗어던지면 이 문제에 좀 더 잘 대처할 수 있었을 것이다.

이런 생각에도 일리가 있지만, 그것은 결코 중요한 요인이 될 수 없다. 굴에 사는 포유류는 수백 종이나 되지만, 기생충을 몰아내려고 털가죽을 벗어던진 포유류는 거의 없다. 그러나 다른 문제와 관련하여 벌거숭이 상태가 진행된다면, 귀찮은 피부 기생충을 제거하기가 더 쉬어질 것은 분명하다. 오늘날에도 털이 많은 영장류들은 털 속에 박힌 이를 잡느라 많은 시간을 보낸다.

이것과 비슷한 생각이지만, 사냥하는 원숭이는 식사 습관이 너무 지저분해서 털가죽이 식사에 방해가 되고 금방 더러워졌기 때문에, 역시 질병에 걸릴 위험이 높아졌다고 생각하는 사람도 있다. 이들은 한 예로, 머리와 목을 피투성이 시체 속에 집어넣고 내장을 파 먹는 독수리의 경우는 머리와 목의 깃털이 없어졌다는 사실을 지적한다. 그리고 사냥하는 원숭이에게서는 그런 변화가 온몸으로 확대되었을지도 모른다는 것이다. 그러나 사냥감을 죽이고 껍질을 벗기는 연장을 만들 줄 알았던 사냥하는 원숭이가 다른 도구를 이용하여 자기 털을 깨끗이 청소할 줄 몰랐다고는 생각하기 어렵다. 야생 침팬지조차도 항문에 똥이 말라붙어 배설하기가 어려우면 나뭇잎을 휴지로 사용하기도 한다.

인간이 털가죽을 벗어던진 것은 불을 발견했기 때문이라는 주장도 제기되었다. 사냥하는 원숭이는 밤에만 추위를 느꼈을 테고, 일단 모닥불 주위에 둘러앉는 사치를 누리게 되자 털가죽이 없어도 충분히 견딜 수 있었기 때문에, 낮의 더위를 견디기에 더 좋은 벌거숭이 상태가 되었을 거라는 주장이다.

그보다 더 독창적인 이론도 있다. 숲을 떠나 지상으로 내려온 최초의 원숭이는 사냥하는 원숭이가 되기 전에 오랫동안 물속에서 살았다는 것이다. 그는 먹이를 찾아 열대 해안으로 이동했다. 그곳에서 그는 조개를 비롯한 해안 생물이 비교적 풍부하게 널려 있는 것을 발견했다. 해안에는 탁 트인 벌판보다 맛있는 먹이가 더 많이 있었다. 처음에 그는 바위틈의 웅덩이나 얕은 물속을 손으로 더듬어 먹이를 잡아먹었겠지만, 나중에는 헤엄을 쳐서 수심이 깊은 곳으로 나간 다음 먹이를 찾아 물속으로 자맥질하기 시작했을 것이다. 이 과정에서 그는 바다로 돌아간 다른 포유류들처럼 털을 잃어버렸다. 그러나 수면 위로 불쑥 나와 있는 머리만은 직사광선으로부터 머리를 보호하기 위해 털가죽을 그대로 유지했다. 그 후 연장(원래는 조개껍데기를 깨기 위해 만든 연장)이 충분히 발달하자, 그는 해안의 요람에서 나와 새로운 사냥꾼으로서 널따란 들판으로 진출했을 것이다.

이 이론은 우리와 가장 가까운 친척인 침팬지가 물속에 들어가면 힘을 쓰지 못하고 금방 빠져죽는 반면, 우리는 물속에서 그토록 민첩하게 움직일 수 있는 이유를 설명해준다고 주장하는 사람도 있다. 이 이론은 우리의 몸이 유선형인 이유와 직립 자세까지도 설명해준다. 직립 자세는 우리가 점점 더 깊은 물을 걸어서 건너는 동안 발달했으리라는 주장이다.

이것은 우리 몸의 털이 갖고 있는 이상한 특징도 분명히 설명해준다. 자세히 조사해보면, 우리 등에 남아 있는 잔털의 방향은 다른 원숭이들과는 전혀 다르다는 것을 알 수 있다. 우리의 털은 비스듬히 뒤쪽으로, 등뼈를 향하여 안쪽으로 향해 있다. 이것은 헤엄치는 몸 위를 지나가는 물이 그쪽 방향으로 흐르기 때문이고, 털가죽이 완전히 사라지기 전에 개조되었다면 헤엄칠 때 물의 저항을 줄이는 방향으로 개조되었다는 사실을 보여준다.

영장류 가운데 두꺼운 피하지방층을 갖고 있는 동물은 우리뿐이라는 사실도 지적되었다. 이것은 고래나 물개의 지방처럼 차가운 물 속에서 체온을 유지해주는 장치로 해석된다. 이 이론을 주장하는 사람들은 지금까지 우리 몸의 이러한 특징을 설명한 이론이 하나도 없었다는 점을 강조한다.

우리 손이 그처럼 민감한 것도 이 수생이론에서는 중요한 역할을 한다. 요컨대, 상당히 조잡한 손도 막대기나 돌멩이를 쥘 수는 있지만, 물속에서 먹이를 찾으려면 섬세하고 민감한 손이 필요하다는 논리다. 숲에서 땅 위로 내려온 원숭이는 원래 이런 방법으로 뛰어난 손을 얻었고, 그것이 사냥하는 원숭이에게 그대로 전해졌으리라는 것이다.

마지막으로 수생이론은 우리의 과거를 재구성할 때 매우 중요한 잃어버린 고리가 아직도 발굴되지 않은 것은 지극히 이상한 일이라고 지적하여, 전통적인 화석 수집가들을 자극한다. 그리고 약 100만 년 전에 아프리카 해안이었던 지방을 조금만 찾아보면 그 잃어버린 고리를 발견할 수 있을지도 모른다는 그럴듯한 정보를 고고학자들에게 제공한다.

불행히도 이 일은 아직껏 이루어지지 않았고, 수생이론은 가장 그럴듯한 간접적인 증거들을 갖고 있지만 확고한 뒷받침이 부족하다. 이 이론은 우리 인간의 독특한 특징들을 매끄럽게 설명하고 있지만, 그 대신 직접적인 증거가 전혀 없는 진화 단계의 가설 – 즉, 숲에서 나와 사냥하는 원숭이가 되기 전에 물속에서 살았다는 가설 – 을 받아들일 것을 요구한다. (이 가설이 결국 사실로 밝혀진다 해도, 숲에서 나온 원숭이가 곧장 사냥하는 원숭이로 진화했다는 일반적인 인식과는 심각한 대립을 일으킨다. 어쩌면 이것은 단지 숲에서 나온 원숭이가 건강에 좋은 세례 의식을 거쳤다는 것을 의미할 뿐인지도 모른다.)

벌거숭이를 설명하는 흥미로운 이론들
•••

　이런 이론들과는 계통이 전혀 다른 주장도 제기되었다. 인간이 털을 잃어버린 것은 물리적 환경에 대한 반응이 아니라 사회적 추세였다는 주장이다. 다시 말하면, 벌거숭이 상태는 물리적인 장치가 아니라 하나의 신호로 나타났다는 것이다. 피부의 일부가 노출되어 있는 것은 많은 영장류에서 찾아볼 수 있는 특징이고, 어떤 경우에는 그것이 일종의 인식표 역할을 하는 것처럼 보인다. 원숭이나 유인원은 다른 개체의 노출된 피부를 보고, 그 개체가 자기와 같은 종인지 아니면 다른 종에 속하는지를 확인할 수 있다. 사냥하는 원숭이의 몸에서 털이 사라진 것은 그들이 신분증명서로 삼기 위해 제멋대로 선택한 특징일 뿐이라고 이 이론은 주장한다. 물론 완전히 털이 없으면 털 없는 원숭이라는 것을 식별하기가 아주 쉬웠을 것은 틀림없는 사실이지만, 단지 그런 목적을 위해서라면 그보다 온건한 방법이 얼마든지 있었다. 체온을 지켜주는 그런 귀중한 털코트를 버린다는 것은 지나치게 과감한 방법이다.

　이것과 같은 계통에 속하는 또 하나의 이론은 인간이 털을 잃어버린 것을 성적인 신호의 연장으로 간주한다. 이 이론을 고집하는 사람들은 포유류의 경우 수컷이 대체로 암컷보다 털이 많다는 점을 내세워, 털 없는 원숭이의 암컷은 이러한 차이를 더욱 확대함으로써 수컷에 대하여 보다 많은 성적 매력을 가질 수 있었다고 주장한다. 털이 사라지는 경향은 수컷에게도 나타났지만 암컷만큼 정도가 심하지 않았고, 그래서 턱수염처럼 암컷과 대조되는 부위의 털은 사라지지 않았다는 것이다.

　이 마지막 이론은 남자가 여자보다 털이 많은 사실을 설명해주지만, 단지 성적 매력을 얻기 위해 체온을 지켜주는 귀중한 단열재를 벗어버린다는 것은 비록 보완장치인 피하지방층이 있다 해도 너무 값비싼 대가인 것 같다.

이 이론을 약간 수정하여, 성적으로 중요한 것은 겉모습이 아니라 접촉에 대한 감각이었다고 주장하는 사람도 있다. 수컷과 암컷이 성적 접촉을 가질 때 노출된 피부를 맞대면 성적 자극에 대해 훨씬 더 민감해질 거라고 주장할 수도 있다. 한 쌍의 암수관계를 맺고 있는 동물에게서는 이것이 성행위의 흥분을 높여줄 것이고, 성교가 보다 많은 쾌감을 가져다주기 때문에 부부 사이의 유대가 더욱 강화될 것이다.

털 없는 상태를 설명하는 이론들 가운데 가장 흔한 것은 더위를 식히기 위해 털코트를 벗었다는 주장이다. 그늘진 숲에서 나오자, 사냥하는 원숭이는 일찍이 경험해본 적이 없는 뜨거운 기온에 노출되었다. 그는 몸이 과열되는 것을 막기 위해 털코트를 벗었다. 얼핏 보기에는 이것도 충분히 이치에 맞는 주장이다. 우리도 더운 여름날에는 재킷을 벗는다. 그러나 조금만 더 면밀히 조사해보면 이 이론은 금방 무너진다.

우선, 탁 트인 들판에 사는 다른 동물들(대체로 우리와 같은 몸 크기를 가진 동물들) 가운데 이런 조치를 취한 동물은 하나도 없다. 털코트를 벗는 것이 그토록 간단하다면, 털 없는 사자나 털 없는 자칼도 있어야 한다. 그러나 그들은 짧지만 빽빽한 털로 덮인 코트를 입고 있다. 털 없는 피부를 드러내면 물론 더위를 식힐 가능성도 있지만 반대로 체온이 더 올라갈 가능성도 있고, 일광욕을 해본 사람이라면 누구나 알고 있듯이 햇살에 피부가 타서 화상을 입을 우려도 있다.

사막에서 실험해본 결과, 가벼운 옷을 입는 것은 수분 증발을 막아서 체온 손실을 줄일 수도 있지만, 그와 동시에 밖에서 얻는 열을 완전히 발가벗었을 때의 55%까지 줄여준다는 사실이 밝혀졌다. 정말로 기온이 높을 때는, 아랍인들이 즐겨 입는 두껍고 헐렁한 옷이 가벼운 옷보다 더 좋은 보호막이 된다. 이런 옷은 밖에서 들어오는 열을 막아주는 한편, 바람이 옷 속에서 이리저리 돌아다니며 땀을 증발시켜 더위를 식혀주기도 한다.

벌거숭이 상태는 처음에 생각한 것보다 훨씬 복잡한 게 분명하다. 가장 중요한 것은 그 당시 바깥 기온이 어느 정도였는가, 그리고 직사광선의 양이 어느 정도였는가 하는 점이다. 기후가 털코트를 벗어버리기에 적당했다고 - 즉, 적당히 더웠지만 지나치게 무덥지는 않았다고 - 가정한다 해도, 털 없는 원숭이와 탁 트인 들판에서 사는 다른 육식동물의 털가죽 상태가 전혀 다른 이유를 설명해야 한다.

이것을 설명할 수 있는 한 가지 방법이 있다. 이것은 우리의 털 없는 상태가 제기하는 모든 문제에 가장 좋은 해답을 제시해줄지도 모른다. 사냥하는 원숭이와 경쟁자인 육식동물 사이의 근본적인 차이점은 신체 조건이다. 사냥하는 원숭이는 사냥감을 쫓아 번개처럼 질주할 수도 없고, 오랫동안 끈질긴 추격을 벌일 수 있는 지구력도 갖고 있지 못했다. 그런데도 그는 바로 이런 일을 해야만 했다. 그는 두뇌가 더 우수했기 때문에 좀 더 영리한 작전을 짜고 보다 치명적인 무기를 개발하여 살아남는데 성공했지만, 그래도 역시 그런 노력은 그의 육체에 큰 부담을 주었을 게 분명하다. 사냥감을 추격하는 일은 매우 중요했기 때문에 아무리 힘들어도 견뎌낼 수밖에 없었지만, 그 과정에서 그의 체온은 상당히 올라갔을 것이다. 이런 과열상태를 줄여야 할 필요성은 절박했고, 아무리 사소한 개선이라도 바람직했을 것이다. 비록 그것이 다른 측면에서는 상당한 희생을 의미한다 해도, 그는 체온을 내리기 위한 조치를 취할 수밖에 없었다. 그의 생존은 바로 거기에 달려 있었다.

이것이야말로 털을 갖고 있던 사냥하는 원숭이가 털 없는 원숭이로 바뀌는 데 작용한 커다란 요인이다. 유태보존이 그 과정을 도와주었고, 앞에서 언급한 부차적인 이점들이 있었기 때문에, 그것은 충분히 실현할 수 있는 계획이었다. 두꺼운 털코트를 벗어던지고 몸의 표면에 뚫린 땀구멍의 수를 늘림으로써, 그는 체온을 상당히 식힐 수 있었다. 가만히 앉아서 과일을 따 먹는 생활을 위해서가 아니라 사냥감을 격렬히 추적하는 극한적인 순간을 위해, 그는 바깥 공기에 노출되어 팽팽히 긴장한 팔다리와 몸통을 증발하는 액체의 막으로 뒤덮었다.

물론 날씨가 너무 뜨거우면 노출된 피부가 상하기 때문에, 이런 방법은 성공하기가 어렵다. 그러나 적당히 더운 환경에서는 이런 방법이 바람직하다. 털이 사라지면서 피하지방층이 발달했다는 사실은 흥미롭다. 이것은 사냥하지 않을 때에는 몸을 따뜻하게 유지해야 할 필요가 있었다는 것을 말해준다. 피하지방층이 발달한 것은 털을 벗은 효과를 없애버린 것처럼 보이지만, 피하지방층은 체온이 너무 뜨거워졌을 때는 땀의 증발을 방해하지 않고 추울 때는 체온을 유지하는 데 도움이 된다는 사실을 기억해야 한다. 사냥이 그들의 새로운 생활방식에 가장 중요한 측면이었다는 점을 기억하면, 털이 줄어든 대신 땀구멍과 피하지방층이 늘어난 것은 부지런한 우리 조상들에게는 꼭 필요한 변화였던 것 같다.

그리하여 그는 그곳에 서 있다. 직립 원숭이, 사냥하는 원숭이, 무기를 든 원숭이, 텃세권을 가진 원숭이, 유태보존을 하는 원숭이, 영리한 원숭이……. 혈통은 영장류지만 육식동물의 생활방식을 채택한 '털 없는 원숭이'는 세계를 정복할 준비를 갖추고 그곳에 서 있다. 그러나 그는 새로운 실험적 단계에 있었고, 새로운 모델은 결함을 갖는 경우가 많다. 그의 가장 큰 문제는 문화적 진보가 유전학적 진보보다 앞서간다는 사실에서 비롯할 것이다. 그의 유전자는 문화적 진보를 따라잡지 못한 채 저만치 뒤에서 꾸물거리고, 그는 끊임없이 그 사실을 상기할 것이다. 그는 새로운 환경을 만들어냈지만, 아직도 속마음은 털 없는 원숭이이기 때문이다.

이쯤에서 그의 과거를 떠나, 털 없는 원숭이가 오늘날 어떻게 살아나가고 있는지를 살펴보기로 하자. 오늘날의 털 없는 원숭이는 어떻게 행동하는가? 그는 먹고, 싸우고, 짝을 짓고, 새끼를 기르는 해묵은 문제들을 어떻게 해결하고 있는가? 그의 두뇌는 포유동물의 충동을 얼마나 재조직할 수 있었는가? 그는 아마 허용하고 싶은 것보다 더 많은 것을 양보해왔을 것이다. 지금부터 그 문제들을 하나하나 살펴보기로 하자.

강력하지만 완벽하지 않은 성애

SEX

02

짝짓기

분명히 모든 영장류 가운데 가장 성적인 동물, 털 없는 원숭이가 사랑을 유지하는 가장 간단하고 가장 직접적인 방법은 암수의 성행위를 좀 더 복잡하고 더욱 보람 있게 만드는 것이었다. 다시 말하면 섹스를 더욱 섹시하게 만드는 것. 그런데 이런 일은 어떻게 이루어졌을까? '가능한 모든 방법으로'가 해답일 것 같다. 인간의 짝짓기 구조는 강력하기는 하지만 결코 완벽하지는 않다.

02

SEX

짝짓기

•

강력하지만 완벽하지 않은 성애

    털 없는 원숭이는 오늘날 성적으로 약간 혼란스러운 상황에 놓여 있다. 영장류로서 갖고 있는 본능과 나중에 채택한 육식동물의 특성은 그를 서로 다른 방향으로 잡아당긴다. 그리고 정교한 문명사회의 제도는 그를 또 다른 방향으로 끌어당긴다.

    우선 그는 숲속에 살면서 열매를 따 먹던 조상들에게서 기본적인 모든 성적 자질을 물려받았다. 이런 특성은 그 후 탁 트인 들판에서 사냥하는 생활방식에 맞도록 철저히 수정되었다. 이것도 무척 어려운 일이었지만, 복잡하고 문화적인 사회구조가 급속히 발달함에 따라, 털 없는 원숭이는 어렵사리 획득한 육식동물의 성적 특성을 다시금 새로운 사회구조에 적응시켜야만 했다.

    열매를 따 먹는 영장류에서 사냥하는 육식동물로 바뀔 때, 성적 특성의 변화는 비교적 오랜 기간에 걸쳐 상당히 성공적으로 이루어졌다. 그러나 두 번째 변화는 그만큼 성공적이지 못했다. 이 변화는 너무 빨리 일어났기 때문에, 자연도태에 바탕을 둔 생물학적 개조가 아니라 지능과 사회적 제약에 의존할 수밖에 없었다. 문명의 발달이 오늘날의 성적 행동을 만들었다기보다는 오히려 성적 행동이 문명의 형태를 만들었다고 말할 수도 있다. 이것이 너무 포괄적인 언급으로 생각된다면, 먼저 내 설명을 듣고 이 장의 마지막 부분에 가서 이에 대해 좀 더 논의해보기로 하자.

우리는 우선 털 없는 원숭이가 오늘날 성적 행동에 몰두할 때 어떻게 행동하는가를 정확히 규정해야 한다. 이것은 말처럼 쉬운 일은 아니다. 성적 행동은 사회에 따라 다양하고, 하나의 사회 내부에도 수많은 성적 행동이 존재하기 때문이다. 유일한 해결책은 가장 성공한 사회에서 되도록 많은 표본을 추출하여, 거기서 얻은 평균적인 결과를 채택하는 방법이다. 작고 뒤져 있으며 별로 성공하지 못한 사회는 무시해도 좋다. 이런 사회도 재미있고 기묘한 성적 관습을 가질 수 있지만, 생물학적으로 말하면 이런 사회는 더 이상 진화의 주류를 대표하지 못한다. 어쩌면 그들의 유별난 성적 행동이 그들을 생물학적으로 실패한 사회 집단으로 만드는 데 이바지했을지도 모른다.

우리가 얻을 수 있는 자세한 정보는 대부분 최근 몇 년 동안 북아메리카에서 그곳의 문화를 바탕으로 이루어진 연구 결과들이다. 다행히 북아메리카는 생물학적으로 볼 때 아주 크고 성공적인 문화이며, 따라서 오늘날의 털 없는 원숭이를 대표하는 집단으로 받아들여도 사실을 왜곡하게 될 염려는 없다.

인간의 성적 자극과 반응

• • •

우리 인류의 성적 행동은 세 가지 독특한 단계를 거친다. 짝짓기 단계와 성교 이전 단계, 그리고 성교하는 단계가 그것인데, 대개는 이 순서대로 이루어지지만 반드시 그렇지는 않다. 짝짓기 단계는 흔히 구애라고 부르며, 동물의 기준으로 보면 놀랄 만큼 길어서 몇 주일 또는 몇 달씩 걸리는 경우도 많다. 다른 동물의 경우와 마찬가지로, 짝짓기 단계는 두려움과 적극적인 공격 및 성적 매력 사이에서 갈등을 일으키며, 자신이 없어서 머뭇거리고 불안정한 행동을 보이는 것이 특징이다. 남자와 여자가 서로에게 보내는 성적 신호가 충분히 강력하면, 두려움과 망설임은 서서히 줄어든다. 성적 신호에는 복잡한 얼굴 표정, 몸의 자세, 발성이 포함된다. 발성에는 말이라는 특수하고 상징적인 음성 신호가 포함되지만, 이성에게 보이는 특유한 어조도 그에 못지않게 중요하다. 구애 단계에 있는 한 쌍을 두고 흔히 "달콤한 밀어를 속삭인다"고 말하는데, 이 표현은 말의 내용이 아니라 목소리의 어조가 갖는 중요성을 분명히 요약하고 있다.

눈과 목소리로 관심을 표현하는 초기 단계가 지나면, 간단한 신체 접촉이 이루어진다. 신체 접촉을 하면서 대개는 이리저리 옮겨 다니는데, 남녀가 함께 있을 때는 이런 이동이 부쩍 많아진다. 손을 잡거나 팔짱을 끼는 접촉이 이루어진 뒤에는 뺨에 입을 맞추고 입술과 입술을 맞대는 접촉이 이어진다. 한자리에 가만히 있거나 다른 곳으로 이동하는 동안 서로 몸을 끌어안는 포옹도 이루어진다. 느닷없이 달리기 시작하거나, 서로 쫓고 쫓기거나, 팔짝팔짝 뛰거나, 춤을 추기 시작하는 경우도 흔히 볼 수 있으며, 어린애 같은 놀이를 하는 유형이 나타날 수도 있다.

이런 짝짓기 단계는 대부분 남들 앞에서도 공공연히 이루어질 수 있지만, 성교 이전 단계로 접어들면 남의 눈길이 없는 은밀한 곳을 찾게 된다. 그 후의 행동은 되도록 남들로부터 멀리 떨어진 곳에서 이루어진다. 성교 이전 단계에서는 수평 자세를 채택하는 경우가 놀랄 만큼 늘어난다. 몸과 몸의 접촉은 점점 더 강렬해지고 접촉 시간도 길어진다. 나란히 서 있거나 앉아 있는 자세, 즉 접촉 강도가 비교적 낮은 자세는 서로 마주 보는 강도 높은 접촉으로 바뀐다. 이런 자세는 몇 분 동안 유지될 수도 있지만 몇 시간이나 지속될 수도 있으며, 그동안 청각 신호와 시각 신호는 점점 중요성이 줄어들고 그 대신 촉각 신호가 점점 더 잦아진다. 촉각 신호에는 모든 신체부위의 미세한 움직임과 다양한 압착이 포함되지만, 특히 손가락과 손, 입술 및 혀의 압착이 중요한 역할을 한다. 이 단계에서 남녀는 옷을 일부 또는 전부 벗어버리고, 되도록 넓은 면적에 걸쳐 살갗과 살갗이 맞닿는 촉감의 자극을 맛보려고 한다.

입과 입의 접촉은 이 단계에서 가장 잦아지고, 지속 시간도 가장 길어진다. 입술이 행사하는 압력은 부드럽게 살짝 스치는 정도에서 난폭하게 짓누르는 정도까지 다양하다. 강도 높은 반응이 계속되는 동안, 입술이 벌어지고 혀가 상대편의 입속으로 들어간다. 이어서 혀는 입 안의 민감한 피부를 자극하기 위해 적극적으로 움직인다. 입술과 혀는 또한 짝의 다른 신체부위, 특히 귓불과 목, 생식기를 자극할 때도 사용된다. 남자는 여자의 젖가슴과 젖꼭지에 특별한 관심을 기울이며, 이 부위에 입술과 혀를 대는 단순한 접촉은 혀로 핥고 입술로 빠는 정교한 접촉으로 이루어진다. 상대의 성기에 일단 접촉하면, 성기도 역시 거듭하여 이런 행동의 표적이 된다. 다른 신체부위도 계속 자극 대상에 포함되지만, 일단 성기 접촉이 시작되면 남자는 여자의 클리토리스에 주로 관심을 기울이고, 여자는 남자의 페니스에 관심을 모으게 된다.

입은 키스하고 핥고 빠는 동작 이외의 짝의 여러 신체부위를 다양한 강도로 깨물 때도 사용된다. 일반적으로 이 행위는 피부를 잘근잘근 깨물거나 살며시 무는 정도로 그치지만, 때로는 고통을 느낄 만큼 힘껏 물어뜯는 행위로 발전할 수도 있다.

짝의 몸을 입으로 자극하는 틈틈이, 또는 입으로 자극하는 동시에 수많은 피부 접촉이 이루어진다. 손과 손가락은 온몸의 표면을 더듬고, 특히 얼굴과 엉덩이와 성기 주변을 집중적으로 만진다. 입술 접촉의 경우와 마찬가지로, 남자는 여자의 젖가슴과 젖꼭지에 특별한 관심을 기울인다. 손가락은 어느 신체부위에서 움직이든 간에, 그 부위를 계속 쓰다듬고 어루만진다. 이따금 손가락은 짝의 신체부위를 힘껏 움켜잡기 때문에, 손톱이 살 속으로 파고들어갈 수도 있다. 여자는 남자의 페니스를 움켜잡거나 성교 동작을 흉내 내어 율동적으로 쓰다듬을 수도 있고, 남자는 여자의 생식기 - 특히 클리토리스 - 를 역시 율동적인 동작으로 자극한다.

성교 이전 단계에서 이루어지는 강도 높은 활동으로는, 입술과 손과 몸 전체의 접촉 이외에 생식기를 짝의 몸에 대고 율동적으로 문지르는 것도 있다. 또한 팔과 다리가 상당히 뒤엉키고, 이따금 근육을 힘껏 수축시켜 짝의 몸을 으스러지게 조였다가 압력을 다시 늦추기도 한다.

이런 행동은 성교 이전 단계에서 짝에게 주는 성적 자극이며, 성교가 이루어지기에 충분한 생리적 흥분을 불러일으킨다. 성교는 남자가 페니스를 여자의 질 속에 집어넣는 행위로 시작된다. 이 행위는 남녀가 마주 보는 자세에서 이루어지는 것이 가장 일반적이다. 남녀가 둘 다 수평 자세로 누워서 남자가 여자의 몸 위로 올라가고, 여자가 다리를 벌려 남자의 페니스를 받아들인다. 이 자세에는 수많은 변형이 있고, 여기에 대해서는 나중에 살펴보겠지만, 이것이 가장 단순하고 전형적인 자세이다. 이어서 남자는 페니스를 깊이 삽입하기 위해 치골을 왈칵왈칵 밀어붙이는 율동적인 동작을 시작한다. 이 동작의 강도와 속도는 상당히 다양할 수 있지만, 제약을 받지 않는 상황에서는 대개 빠른 속도로 깊이 파고든다. 성교가 진행됨에 따라 입술과 손의 접촉이 줄어드는 경향, 아니 적어도 그 접촉의 섬세함과 복잡성은 줄어드는 경향을 보인다. 이런 형태의 상호 자극은 이제 부차적인 것이 되었지만, 그래도 성교가 끝날 때까지는 어느 정도 계속되는 것이 보통이다.

성교 단계는 일반적으로 성교 이전 단계보다 훨씬 짧다. 남자는 일부러 시간을 늦추는 전술을 쓰지 않는 한, 고작 몇 분 이내에 정액을 내뿜는 완료 행위에 도달한다. 다른 영장류의 암컷은 성교에서 쾌감을 느끼는 것 같지 않지만, 털 없는 원숭이는 이 점에서도 유별나다. 남자가 좀 더 오랫동안 성교를 계속하면, 여자도 결국 절정의 순간에 도달하면서 폭발적인 오르가슴을 경험한다. 이 오르가슴은 남자만큼 격렬하고 팽팽한 긴장을 단숨에 풀어주는 역할을 하며, 정액을 내뿜지 않는다는 단 하나의 뚜렷한 차이를 제외하고는 생리적으로 모든 점에서 남자의 오르가슴과 똑같다. 아주 빨리 절정에 도달하는 여자가 있는 반면에 전혀 오르가슴을 느끼지 못하는 여자도 있지만, 평균하면 성교를 시작한 지 10~20분 내에 오르가슴을 경험한다.

절정에 도달하여 긴장으로부터 해방되는 데 필요한 시간에서 남녀가 이처럼 차이를 보이는 것은 이상한 일이다. 이 문제는 나중에 다양한 성적 유형이 갖는 기능적 의미를 논할 때 다시 한번 자세히 논의하게 될 것이다. 여기서는 남자가 성교 이전 단계에서 여자를 오랫동안 자극함으로써 페니스를 삽입하기 전에 이미 여자를 강하게 흥분시키거나, 성교하는 동안 자신이 절정에 도달하는 시간을 일부러 늦추거나, 사정이 끝난 직후에도 곧추선 페니스가 흐물해질 때까지 성교를 계속하거나, 잠깐 휴식을 취한 다음 성교를 다시 시작함으로써 시간 차이를 극복하고 여자에게 오르가슴을 느끼게 할 수 있다는 점만 지적해두면 충분하다. 특히 마지막 경우에는 남자의 성적 충동이 줄어들기 때문에 자연히 절정에 도달하는 데 첫 번째보다 훨씬 오랜 시간이 걸리고, 따라서 이번에는 여자가 절정에 도달할 수 있는 충분한 시간적 여유가 주어진다.

남녀가 모두 오르가슴을 경험하고 나면, 둘 다 녹초가 되어 대개는 상당히 오랜 시간 동안 느긋하게 누워서 휴식을 취하고, 잠을 자는 경우도 많다.

이제는 성적 자극에서 성적 반응으로 넘어가보자. 신체는 이런 격렬한 자극에 대해 어떤 반응을 보이는가? 남자뿐 아니라 여자도 맥박이 상당히 빨라지고 혈압이 올라가며 호흡이 거칠어진다. 이런 변화는 성교 이전 단계에서 시작되어, 성교가 절정에 이를 때 최고조에 도달한다. 맥박은 1분에 70~80이 정상 수준이지만, 성적 흥분의 초기 단계에서 90~100이 되고, 격렬한 흥분이 계속될 때는 130까지 올라가며, 오르가슴을 경험할 때는 약 150으로 최고조에 이른다. 혈압은 약 120에서 올라가기 시작하여, 절정에 도달한 순간에는 200이나 250까지 올라가기도 한다. 호흡은 흥분이 강해질수록 점점 더 깊어지고 빨라지며, 오르가슴이 다가오면 헐떡거림으로 바뀌면서 리드미컬한 신음소리나 끙끙거리는 소리를 수반하는 경우가 많다. 절정에 도달하면 입이 크게 벌어지고 콧구멍이 팽창하면서 얼굴이 일그러질 수도 있는데, 이것은 극한 상황에 놓여 있는 운동선수나 숨이 차서 공기를 마시려고 애쓰는 사람에게서 볼 수 있는 표정과 비슷하다.

성적으로 흥분했을 때 일어나는 또 하나의 중요한 변화는 혈액 분포가 극적으로 달라진다는 사실이다. 성적 흥분이 고조되면 몸의 깊은 곳에 있던 혈액이 표면 부위로 올라온다. 피부 쪽으로 더 많은 혈액을 밀어 보내는 이 작용은 여러 가지 놀라운 결과를 초래한다. 피부로 혈액이 몰리면 몸이 전체적으로 접촉을 더 화끈하게 느낄 뿐 아니라, 수많은 특정 부위에 특수한 변화가 일어난다. 흥분이 격렬해지면 몸의 특정 부위에 특유한 성적 홍조가 나타난다. 이것은 여자에게서 흔히 볼 수 있는데, 대개 명치 부위에서 시작하여 젖가슴 윗부분으로 퍼진 다음, 윗가슴과 젖가슴 옆쪽 및 중간 지역으로 퍼지고, 마지막으로 젖가슴 아래쪽이 발그레하게 상기된다. 얼굴과 목에도 이런 변화가 나타날 수 있다. 반응이 아주 격렬한 여자일 경우에는 홍조가 복부 아래쪽과 어깨 및 팔꿈치까지 퍼지기도 하고, 오르가슴에 도달하면 허벅지와 엉덩이, 등까지 붉어진다. 어떤 경우에는 홍조가 거의 몸 전체를 덮을 수도 있다.

이것은 홍역 같은 발진으로 묘사되어왔고, 시각적인 성적 신호인 것처럼 보인다. 남자에게도 이런 현상이 일어날 수 있지만, 여자보다는 드물다. 남자의 경우에도 역시 명치 부위에서 시작하여 가슴으로 퍼진 다음, 목과 얼굴이 불그레해진다. 때로는 홍조가 어깨와 팔뚝 및 허벅지를 덮기도 한다. 일단 오르가슴에 도달하면 성적 홍조는 급속히 사라지는데, 사라지는 순서는 처음에 나타났던 순서와는 반대이다.

성적 홍조와 전반적인 혈관 확장 이외에, 팽창할 수 있는 여러 신체기관에는 두드러진 충혈 현상도 일어난다. 이런 충혈 현상은 정맥으로 빠져나가는 것보다 더 많은 양의 피가 동맥을 통하여 쏟아져 들어오기 때문에 생긴다. 그 신체기관 내부에 있는 혈관이 충혈되면 거기에서 피를 가져가려고 애쓰는 정맥이 닫혀버리기 때문에, 이런 상태는 상당히 오랫동안 지속될 수 있다. 이런 현상은 입술과 코, 귓불, 젖꼭지 및 생식기에 나타나고, 여자의 경우에는 젖가슴에도 나타난다. 입술은 부풀어 오르고, 평소보다 붉어지며 앞으로 더 튀어나온다. 코의 부드러운 부분도 부풀어 오르고, 콧구멍이 팽창한다. 귓불도 두꺼워지고 부풀어 오른다. 젖꼭지는 여자뿐 아니라 남자의 경우에도 평소보다 커지고 딱딱하게 곤추서지만, 그 정도는 여자가 더 심하다. (이런 현상은 충혈 작용 때문만이 아니라 젖꼭지 근육이 수축하기 때문이기도 하다.) 여자의 젖꼭지는 길이가 1센티미터나 늘어나고, 젖꼭지의 지름은 0.5센티미터나 커진다. 여자의 경우에는 젖꼭지를 둘러싸고 있는 불그레한 부분, 즉 젖꽃판이 팽창하고 색깔도 더 짙어지지만, 남자에게는 그런 변화가 일어나지 않는다. 여자의 젖가슴은 크기가 상당히 커진다. 보통 여자의 젖가슴은 오르가슴에 도달할 때쯤에는 평소 크기의 25% 이상이나 커진다. 젖가슴은 더욱 단단해지고 더욱 둥글어지며 보다 앞으로 튀어나온다.

　성적 흥분이 차츰 고조되면, 남녀의 성기는 상당한 변화를 겪는다. 여자의 질벽은 강력한 충혈 현상을 일으켜, 남자의 페니스가 들어오는 입구를 순식간에 매끄럽게 해준다. 어떤 경우에는 성교 이전 단계가 시작된 지 몇 초 만에 이런 현상이 일어날 수도 있다. 성적 흥분이 고조되는 단계에 도달하면 질의 안쪽 3분의 2가 길어지고 팽창하여, 질의 전체 길이가 10센티미터까지 늘어난다. 오르가슴이 가까워지면 질의 바깥쪽 3분의 1이 부풀어 오르고, 오르가슴에 도달하면 이 부위의 근육이 2~4초 동안 강하게 수축하면서 경련을 일으킨 다음, 0.8초의 간격을 두고 율동적인 수축을 거듭한다. 이런 율동적인 수축은 오르가슴을 한 번 경험할 때마다 3~15번쯤 되풀이된다.

성적 흥분이 지속되는 동안, 여자의 외성기는 상당히 부풀어 오른다. 입술 모양의 외음순은 벌어지고 부풀어 오르며, 크기도 평소의 두세 배까지 늘어난다. 내음순도 평소 지름의 두세 배까지 팽창하여, 외음순의 보호막을 뚫고 밖으로 비어져 나와 질의 전체 길이를 1센티미터쯤 더 늘려준다. 흥분이 더욱 고조되면 내음순에는 두 번째로 놀라운 변화가 일어난다. 이미 충혈되어 앞으로 튀어나온 내음순은 이제 선홍빛으로 색깔이 변한다.

클리토리스도 성적 흥분이 시작되면 평소보다 커지고 더 앞으로 튀어나오지만, 흥분 상태가 고조되면 부풀어 오른 음순이 클리토리스의 이런 변화를 방해하는 경향이 있고, 클리토리스는 음순에 덮여 움츠러든다. 이 후기 단계에서는 남자의 페니스가 클리토리스를 직접 자극할 수 없지만, 클리토리스가 부풀어 오르고 민감해진 상태에서는 남자가 앞으로 밀어붙이면서 가하는 율동적인 압박이 클리토리스에 간접적인 영향을 줄 수 있다.

남자의 페니스는 성적 흥분과 함께 극적인 변화를 겪는다. 말랑말랑한 상태로 축 늘어져 있던 페니스가 성적 흥분을 느끼면 격렬한 충혈 현상이 일어나면서 크기가 커지고 단단해지며 똑바로 곤추선다. 평소 페니스의 평균 길이는 9센티미터인데, 이것이 7~8센티미터나 길어진다. 지름도 상당히 늘어나, 곤추선 상태에서는 오늘날 살아 있는 어떤 영장류보다도 큰 페니스가 된다.

남자가 성적으로 절정에 도달하면, 페니스의 근육이 여러 번 힘차게 수축하면서 정액을 질 속으로 내뿜는다. 첫 번째 수축이 가장 강력하며, 0.8초의 간격을 두고 수축이 되풀이된다. 이 간격은 여자가 오르가슴에 도달했을 때 질이 수축하는 간격과 똑같다.

성적 흥분이 지속되는 동안, 남자의 음낭은 단단하게 수축하여 고환의 움직임이 줄어든다. 정삭(부고환에서 정낭으로 정자를 이끄는 끈 모양의 통로)이 짧아지기 때문에 (마치 추위와 공포와 분노를 느끼는 상태에 있는 것처럼) 고환은 위로 바싹 올라가고, 몸에 더 바싹 밀착된다. 이 부위가 충혈되면 고환의 크기가 50~100%까지 늘어난다.

이런 것들이 성행위가 남자와 여자의 몸에 일으키는 중요한 변화다. 일단 절정에 도달하면 앞에서 말한 모든 변화는 순식간에 역전되며, 성교를 끝내고 쉬는 사람은 재빨리 정상적인 생리 상태로 돌아간다. 오르가슴을 경험한 뒤에 나타나는 마지막 반응 가운데 언급할 가치가 있는 것이 하나 있다. 남자뿐 아니라 여자도 절정에 도달한 직후에 땀을 많이 흘리는 경우가 있는데, 이런 현상은 성행위에 육체적 노력을 많이 들였든 적게 들였든 상관없이 나타날 수 있다. 그러나 땀을 흘리는 현상이 전체적인 체력 소모와는 관계가 없다 해도, 오르가슴 자체의 강도와는 관계를 갖는다. 등, 허벅지, 윗가슴에는 땀이 솟아나 얇은 막을 형성한다. 겨드랑이에서도 땀이 흐를 수 있다. 오르가슴이 격렬했을 경우에는 어깨부터 허벅지까지 몸 전체에서 땀이 날 수 있다. 손바닥과 발바닥도 땀을 흘리고, 얼굴이 성적 홍조로 얼룩덜룩해졌을 경우에는 이마와 코 밑에서도 땀이 날 수 있다.

인간의 성적 행동의 의미

•••

지금까지 우리 인간의 성적 자극과 반응을 간단히 요약해보았다. 이제는 우리 조상과 우리 자신의 전반적인 생활방식과 관련하여 우리의 성적 행동이 갖는 의미를 논할 수 있는 바탕이 마련된 셈이지만, 위에서 언급한 갖가지 자극과 반응이 모두 똑같은 빈도로 나타나지는 않는다는 사실을 미리 지적해둘 필요가 있다. 어떤 것들은 남자와 여자가 성행위를 하기 위해 만날 때마다 반드시 나타나지만, 나머지 것들은 경우에 따라서만 나타난다. 그래도 역시 호모 사피엔스라는 종의 특징으로 간주할 수 있을 만큼 자주 나타나는 것은 사실이다. 앞에서 열거한 신체 반응 가운데 성적 홍조는 여자의 75%와 남자의 25%에서 볼 수 있는 현상이다. 젖꼭지가 뾰족하게 곤추서는 현상은 모든 여자에게 나타나지만, 남자의 경우에는 60%만이 이런 현상을 보인다. 오르가슴을 경험한 뒤에 땀을 많이 흘리는 것은 남자와 여자의 33%가 갖고 있는 특징이다. 이런 특별한 경우를 제외하면 위에서 언급한 다른 신체 반응들은 대부분 모든 경우에 적용되지만, 물론 실제 강도와 지속 시간은 상황에 따라 다양하다.

또 하나 분명히 밝혀두어야 할 점은 개인이 평생을 살아가는 동안 성행위를 가장 활발하게 하는 시기와 그렇지 않은 시기가 어떤 방식으로 분포되어 있는가 하는 점이다. 태어난 뒤 처음 10년 동안은 진정한 성행위가 일어날 수 없다. 어린아이들에게서도 이른바 '섹스 놀이'를 흔히 볼 수 있지만, 여자가 배란을 시작하고 남자가 사정을 시작하기 전까지는 기능적인 성행위가 사실상 불가능하다. 일부 여자아이는 10세에 이미 월경을 시작하고, 14세 소녀의 80%는 활발하게 월경을 하고 있다. 19세까지는 모든 여자가 월경을 경험한다. 이 변화와 더불어 음모가 돋아나고, 엉덩이가 벌어지며, 젖가슴이 부풀어 오르는데, 실제로는 월경보다 이런 신체 변화가 약간 먼저 나타난다. 전반적인 신체 성장은 좀 더 느린 속도로 진행되어 22세에야 끝난다.

소년은 대개 11세가 된 뒤에야 처음으로 사정하기 때문에, 소년은 성적으로 성숙하는 시기가 소녀보다 약간 느리다. (8세 소년이 성공적으로 사정한 사례가 보고되어 있지만, 이것은 지극히 이례적인 일이다.) 12세가 되면 소년의 25%는 최초의 사정을 경험하고, 14세가 되면 80%가 사정을 경험한다. (따라서 이 시기에 그들은 성적으로 먼저 성숙한 소녀들을 따라잡는다.) 첫 사정을 경험하는 평균 연령은 13세 10개월이다. 소녀의 경우와 마찬가지로, 소년에게도 최초의 사정과 더불어 특유한 변화가 일어난다. 몸에 털이 돋아나기 시작하는데, 특히 음부와 얼굴에 털이 나는 것이 특징이다. 음부와 겨드랑이, 코 밑, 뺨, 턱의 순서로 털이 나는 것이 일반적인 순서이며, 훨씬 나중에 가슴과 몸의 다른 부위에도 털이 난다. 소년의 경우에는 엉덩이가 벌어지는 대신 어깨가 넓어진다. 목소리도 더 굵어진다. 이 마지막 변화는 소녀에게도 나타나지만, 변화하는 정도가 소년보다 훨씬 작다. 남녀 모두 성기 자체의 성장 속도도 빨라진다.

오르가슴의 빈도에 따라 성적 민감성을 측정해보면, 여자보다 남자가 훨씬 더 빨리 성행위의 절정기에 도달한다. 이것은 매우 흥미로운 사실이다. 남자는 여자보다 일 년쯤 늦게 성적으로 성숙하기 시작하지만 아직 10대일 때 오르가슴의 절정기에 도달하는 반면, 여자는 20대 중반이나 30대에 이르러서야 오르가슴의 절정기에 도달한다. 사실 여자는 29세가 되어서야 겨우 15세 소년과 같은 정도의 오르가슴을 맛볼 수 있다. 소녀의 경우에는 15세가 되어도 23%만이 오르가슴을 맛볼 수 있고, 20세에 이르러도 이 숫자는 고작 53%로 올라갈 뿐이다. 35세의 여자는 90%가 오르가슴을 경험한다.

성인 남자는 일주일에 평균 세 번쯤 오르가슴을 경험하고, 7% 정도는 날마다 한 번 이상 정액을 방출한다. 보통 남자가 오르가슴을 느끼는 빈도는 15세에서 30세까지 가장 높고, 30세부터 노인이 될 때까지는 꾸준히 그 빈도가 떨어진다. 한 번의 성교에서 여러 번 사정할 수 있는 능력도 줄어들고, 페니스가 곧추서는 각도도 역시 줄어든다. 10대 후반에는 평균 한 시간 동안 발기 상태를 유지할 수 있지만, 70세가 되면 발기 지속 시간이 고작 7분으로 줄어든다. 그러나 남자의 70%는 70세에도 여전히 성적 활동력을 유지한다.

나이가 들수록 성적 능력이 줄어드는 현상은 여자에게서도 찾아볼 수 있다. 50세 무렵에 갑자기 배란이 중단되지만, 그렇다고 해서 성적 민감성의 정도가 눈에 띄게 줄어들지는 않는다. 그러나 폐경이 성행위에 미치는 영향은 개인에 따라 다양하다.

우리가 논의하고 있는 모든 성행위는 거의 대부분 한 쌍의 암수관계를 형성한 남녀 사이에서 나타난다. 이것은 남녀의 성관계를 공식적으로 승인 받는 결혼이라는 형태를 취할 수도 있고, 비공식적인 일종의 밀통관계일 수도 있다. 결혼하지 않은 남녀의 성교도 자주 일어나는 것으로 알려져 있지만, 이것이 닥치는 대로 아무하고나 잠자리를 같이하는 난교를 의미한다고 해석해서는 안 된다. 그런 남녀관계가 특별히 오랫동안 지속되지는 않는다 해도, 대부분의 경우 결혼하지 않은 남녀의 성교도 역시 전형적인 구애 행위와 짝짓기 행위를 수반한다. 표본 집단의 약 90%가 정식으로 짝을 짓게 되지만, 여자의 50%와 남자의 84%는 혼전 성교를 경험한다. 40세가 되면 결혼한 여자의 26%와 결혼한 남자의 50%가 혼외 성교를 경험한다. 공식적으로 짝을 맺은 남녀가 완전히 갈라서는 경우도 많다. 우리 인간의 짝짓기 구조는 강력하긴 하지만, 결코 완벽하지는 않다.

이제 우리는 모든 사실을 알고 있으니까, 질문을 시작할 수 있다. 우리의 성행위 방식이 우리의 생존에 어떤 도움을 주고 있는가? 왜 우리는 다른 방식이 아니라 하필이면 그런 방식으로 행동하는가? 이런 질문들에 답을 구하기 위해서 질문을 또 하나 추가하게 된다. 우리의 성적 행동은 다른 영장류의 성적 행동과 어떻게 다른가?

단도직입적으로 말하면, 우리 인간의 성행위는 우리와 가장 가까운 친척을 포함한 어떤 영장류보다도 훨씬 격렬하다. 다른 영장류들에게는 지루한 구애 단계가 존재하지 않는다. 원숭이나 유인원 가운데 한 쌍의 암수가 오랫동안 지속되는 관계를 맺는 경우는 거의 없다. 성교 이전 단계는 아주 짧고, 이 단계에서 보이는 행동양식은 대개 몇 가지의 얼굴 표정과 간단한 발성으로 이루어질 뿐이다. 성교 자체도 아주 짧다. (예를 들어 긴팔원숭이과에 속하는 비비원숭이의 경우에는 수컷이 암컷 위에 올라타고 사정할 때까지 걸리는 시간이 7~8초에 불과하다. 기껏해야 10번만 엉덩이를 움직이면 교접이 끝난다.) 암컷은 어떤 종류의 쾌감도 느끼는 것 같지 않다. 오르가슴이라고 부를 수 있는 것이 있다 해도, 인간 여자의 반응에 비하면 지극히 사소한 반응일 뿐이다.

원숭이나 유인원 암컷이 성행위를 할 수 있는 기간은 인간 여자보다 훨씬 제한되어 있다. 그들의 발정기는 대개 한 달에 일주일 정도밖에 지속되지 않는다. 이것도 하등 포유류에 비하면 상당히 진보한 것이다. 하등 포유류의 경우에는 배란기에만 발정할 수 있도록 엄격히 제한되어 있다. 그러나 우리 인간의 경우에는 성행위를 할 수 있는 기간이 점점 길어지는 영장류의 경향이 극한까지 진행되어, 인간 여자는 사실상 언제라도 남자의 페니스를 받아들일 수 있다. 원숭이나 유인원의 암컷은 일단 임신하거나 새끼를 기르게 되면 성적 활동을 중단한다. 그러나 우리 인간은 이런 기간에도 성행위를 하기 때문에, 짝짓기가 심각한 제한을 받는 것은 출산을 전후한 짧은 기간에 불과하다.

털 없는 원숭이는 분명히 모든 영장류 가운데 가장 성적인 동물이다. 그 이유를 알기 위해서는 털 없는 원숭이의 기원을 다시 돌이켜볼 필요가 있다. 우선 그는 생존하기 위해서 사냥을 해야 했다. 둘째, 그는 사냥꾼으로서는 열등한 몸을 벌충하기 위해 보다 우수한 두뇌를 가져야만 했다. 셋째, 두뇌를 더 크게 키우고 그 두뇌를 교육시키기 위해서는 어린 시절을 더 연장해야만 했다. 넷째, 암컷은 수컷이 사냥하러 나가 있는 동안 집에 남아서 새끼를 키워야 했다. 다섯째, 수컷들은 사냥할 때 서로 협력해야만 했다. 여섯째, 사냥에 성공하기 위해서는 똑바로 서서 손에 무기를 들어야 했다. 이런 변화들이 여기에 열거한 순서대로 일어났다는 뜻은 아니다. 그런 변화들은 모두 동시에 서서히 일어났을 게 틀림없고, 각 변화가 다른 변화를 도와주어 서로 상승작용을 일으켰을 것이다. 나는 다만 사냥하는 원숭이가 진화할 때 일어난 여섯 가지의 중요한 변화를 열거하고 있을 뿐이다. 이런 변화에 본래 갖추어져 있는 특성들은 모두 오늘날 우리 인간의 복잡한 성적 행동을 이루는 데 반드시 필요한 요소들이라고 나는 생각한다.

　우선, 털 없는 원숭이의 수컷은 암컷을 놓아두고 사냥하러 떠날 때, 암컷이 그에게 정절을 지키리라고 확신할 필요가 있었다. 그래서 암컷은 한 마리의 수컷하고만 짝을 짓는 경향을 개발해야 했다. 또한 사냥할 때 힘이 약한 수컷의 협력을 얻으려면, 그런 수컷에게도 일정한 성적 권리를 인정해주어야 했다. 그럼으로써 수컷들은 암컷들을 더욱 균등하게 나누어 가져야 했을 테고, 성적인 조직체는 보다 민주적으로 발전하면서 전제적인 면이 줄어들었을 것이다. 수컷도 역시 한 마리의 암컷하고만 짝을 짓는 강력한 성향을 가질 필요가 있었다. 게다가 수컷들은 치명적인 무기로 무장하고 있었기 때문에, 암컷을 서로 차지하려고 다투는 것은 전보다 훨씬 위험해졌다. 이것도 역시 수컷이 한 마리의 암컷으로만 만족해야 하는 충분한 이유가 되었다. 게다가 천천히 성장하는 새끼 때문에 부모의 부담이 훨씬 무거워졌는데, 수컷은 아버지다운 행동을 개발해야 했고, 암컷과 더불어 부모의 의무를 분담해야 했다. 이것도 강력한 한 쌍의 암수관계를 맺어야 할 또 하나의 좋은 이유였다.

이런 상황을 출발점으로 삼으면, 그 상황에서 다른 일들이 어떻게 생겨났는지를 알 수 있다. 털 없는 원숭이는 사랑에 빠지고, 하나의 짝에게만 성적으로 강한 인상을 주고, 한 쌍의 암수관계를 발전시키는 능력을 개발해야 했다. 어떤 식으로 표현하든 결론은 마찬가지다. 그는 어떻게 이런 일을 해냈을까? 그가 이런 성향으로 나아갈 수 있도록 도와준 요인은 무엇이었을까? 그는 영장류로서 몇 시간 또는 며칠 동안 짝을 지었다가 헤어지는 성향을 갖고 있었지만, 이제는 이렇게 짧고 느슨한 한 쌍의 암수관계를 더욱 강화하고 연장시킬 필요가 있었다.

이런 점에서 그를 도와준 것 가운데 하나는 어린 시절이 길어졌다는 사실이다. 그는 오랜 성장기를 거치는 동안 부모와 깊은 유대관계를 맺을 기회를 가졌다. 이 관계는 새끼 원숭이가 경험할 수 있는 어떤 관계보다도 훨씬 강력하고 지속적이었다. 성숙하여 독립하는 동시에 부모와의 이런 유대를 잃어버리는 것은 관계의 공백상태를 초래할 터였다. 이 공백은 다른 것으로 메워져야만 했고, 그래서 그는 부모와의 관계를 대신할 수 있을 만큼 강력한 새로운 관계를 갈망하게 되었다. 부모로부터 독립할 때, 그는 이미 이런 관계를 맺을 마음의 준비가 되어 있었을 것이다.

이것만으로도 필요성은 충분히 커져서 새로운 형태의 암수관계를 만들어내기에 이르지만, 그 관계의 유지를 위해서는 아직 많은 보완책이 필요했다. 그 관계는 적어도 새끼를 기르는 지루한 과정이 끝날 때까지는 지속되어야 했다. 사랑에 빠지면 그 사랑 속에 머물러 있어야 했다. 그는 길고 자극적인 구애 단계를 발전시켜 사랑에 빠질 수는 있었지만, 일단 사랑에 빠진 뒤에는 그 이상의 것이 필요했다. 사랑을 유지하는 가장 간단하고 가장 직접적인 방법은 암수의 성행위를 보다 복잡하고 더욱 보람 있게 만드는 것이었다. 다시 말하면 섹스를 더욱 섹시하게 만드는 것이다.

가능한 한 섹시하게

•••

이런 일은 어떻게 이루어졌을까? '가능한 모든 방법으로'가 해답일 것 같다. 오늘날의 털 없는 원숭이의 행동을 돌이켜보면, 그 유형이 명확해지는 것을 알 수 있다. 여자의 발정기가 길어진 것을 출산율 늘리기라는 관점에서만 설명할 수는 없다. 여자가 아기를 키우는 동안에도 성교할 준비를 갖추고 있으면 출산율이 높아지는 것은 사실이다. 자녀가 부모에게 의존하는 기간이 아주 길기 때문에, 자녀를 키우는 동안 여자가 성행위를 하지 못한다면 큰 재난일 것이다. 그러나 이것은 여자가 한 번의 월경 주기가 시작되어 끝날 때까지 줄곧 남자를 받아들일 준비가 되어 있고, 자극을 받으면 언제든지 성적으로 흥분하는 이유를 설명해주지는 못한다. 여자는 한 번의 월경 주기 동안 딱 한 번만 배란을 하기 때문에, 다른 때의 짝짓기는 생식 기능을 전혀 가질 수 없다. 우리 인간이 성교를 많이 하는 것은 자녀를 낳기 위해서가 아니라, 짝에게 보상을 줌으로써 한 쌍의 암수관계를 더욱 강화하기 위한 것임이 분명하다. 그렇다면 짝을 지은 한 쌍의 남녀가 되풀이하여 성행위를 하는 것은 분명 세련되고 퇴폐적인 현대 문명의 부산물이 아니라, 우리 인간에게 깊이 뿌리박힌 경향, 즉 생물학적으로 볼 때 충분한 근거를 갖고 있으며 진화론적인 관점에서 볼 때 지극히 적절한 성향이다.

여자는 월경을 중단했을 때에도 - 다시 말하면 임신했을 때에도 - 여전히 남자에게 반응을 보인다. 이것도 매우 중요한 특성이다. 한 쌍의 남녀가 짝을 이루는 체제에서 남자가 너무 오랫동안 욕구 불만을 느끼는 것은 위험하기 때문이다. 그것은 한 쌍의 암수관계를 위기에 빠뜨릴 수도 있다.

성행위를 할 수 있는 기간이 늘어났을 뿐 아니라, 성행위 자체도 정교해졌다. 사냥하는 생활은 우리에게 털 없는 피부와 민감한 손을 갖다주었고, 성적 자극이 강한 신체 접촉의 범위도 훨씬 늘려주었다. 성교 이전 단계에서 자극적인 신체 접촉은 중요한 역할을 한다. 쓰다듬고 문지르고 누르고 애무하는 행위는 다른 어떤 영장류에게서도 찾아볼 수 없을 만큼 많이 나타나고, 정도도 훨씬 심하다. 또한 입술과 귓불, 젖꼭지, 젖가슴과 생식기처럼 분화한 신체기관에는 말초신경이 풍부하게 분포되어 있어서 성적 자극에 극도로 민감하다.

사실 귓불은 오로지 이 목적을 위해서만 진화한 것처럼 보인다. 해부학자들은 귓불을 무의미한 부속물이라고 부르거나 사마귀처럼 "아무 쓸모도 없는 지방질의 이상 생성물"이라고 부르곤 했다. 일반적으로 우리가 큰 귀를 갖고 있던 시절의 '유물'로 설명되고 있다. 그러나 다른 영장류를 살펴보면 살덩어리인 귓불이 전혀 없다는 것을 알 수 있다. 귓불은 결코 유물이 아니라 새로 진화한 신체기관인 것 같다. 성적으로 흥분했을 때 귓불이 충혈되어 부풀어 오르고 자극에 극도로 민감해지는 것을 보면, 귓불의 진화가 오로지 또 하나의 성감대를 만드는 것과 관계가 있다는 점에는 거의 의심할 여지가 없다. (겸손한 귓불이 이런 점에서 지금까지 무시당해온 것은 놀라운 일이지만, 남자와 여자의 귓불을 자극한 결과 실제로 오르가슴에 도달한 사례가 있다는 것은 주목할 만한 가치가 있다.)

흥미로운 일이지만, 앞으로 툭 튀어나온 통통한 코도 해부학자들이 설명하지 못하는 또 하나의 독특하고 신비로운 신체기관이다. 해부학자들은 코를 "기능적으로 아무 의미도 없는 군살의 일종"이라고 불렀다. 그러나 다른 영장류의 부속물에 비해 그토록 눈에 띄는 독특한 신체기관이 아무 기능도 없이 진화했으리라고는 믿기 어렵다. 코의 양쪽 옆에는 해면체의 발기성 조직이 들어 있어서, 성적으로 흥분하면 그 부위에 피가 몰려 코가 커지고 콧구멍이 팽창한다는 것을 알면 아마 놀랄 것이다.

신체 접촉의 부위가 늘어났을 뿐 아니라, 독특한 시각적 발전도 이루어졌다. 여기서는 복잡한 얼굴 표정이 중요한 역할을 하지만, 표정의 진화는 성행위만이 아니라 다른 면에서의 의사 전달과도 관계가 있다. 우리는 영장류로서 어떤 영장류보다도 복잡하고 잘 발달한 얼굴 근육을 갖고 있다. 사실, 우리의 얼굴 표정은 살아 있는 모든 동물들 가운데 가장 섬세하고 복잡하다. 우리는 입이나 코, 눈, 또는 눈썹 주위의 살이나 이맛살을 살짝 움직이거나 이런 근육의 움직임을 다양하게 결합하여, 복잡한 감정 변화를 모조리 전달할 수 있다. 남녀가 만날 때, 특히 초기의 구애 단계에서는 이런 얼굴 표정이 지극히 중요하다. (그 표정의 정확한 형태는 나중에 자세히 설명하겠다.) 성적으로 흥분하면 눈동자도 팽창하는데, 비록 미미한 변화이긴 하지만 우리는 스스로 깨닫는 것보다 훨씬 더 거기에 민감한 반응을 보일 수 있다. 흥분하면 눈동자가 커질 뿐 아니라 눈 표면도 번들거린다.

귓불이나 불쑥 튀어나온 코와 마찬가지로, 입술도 다른 영장류에게서는 찾아볼 수 없는 독특한 신체기관이다. 물론 영장류는 모두 입술을 갖고 있지만, 우리처럼 뒤집혀 있지는 않다. 침팬지는 못마땅할 때면 입술을 쭉 내밀고 뒤집어서, 평소에는 입 안에 숨어 있는 점막을 드러내 보인다. 그러나 이런 표정은 잠시만 유지될 뿐, 침팬지는 곧 여느 때의 '얇은 입술을 가진' 얼굴로 되돌아간다. 반면에 우리 입술은 항상 바깥으로 뒤집혀 둥글게 말려 있다. 따라서 침팬지에게는 우리가 항상 뾰로통해 있는 것처럼 보일 게 틀림없다. 침팬지는 사람과 친해지면 끌어안고 목에다 격렬한 입맞춤을 퍼붓는다. 침팬지에게는 이것이 성적 신호가 아니라 반갑다는 인사지만, 우리에게는 두 가지 의미로 모두 쓰인다.

입맞춤은 특히 성교 이전 단계에서 가장 잦아지고 접촉 시간도 길어진다. 민감한 점막이 항상 노출되어 있으면, 오래 입을 맞추는 동안 입 주위의 근육을 특별히 수축한 상태로 유지할 필요가 없기 때문에 더욱 편리할 건 분명하다. 그러나 이것만이 전부는 아니다. 노출된 점액질 입술은 윤곽이 뚜렷하고 독특한 모양을 갖게 되었다. 입술은 주위 피부와 뒤섞이지 않고 고정된 경계선을 만들었다. 그리하여 입술은 시각 신호를 보내는 중요한 장치가 되었다. 앞에서도 말했듯이, 성적으로 흥분하면 입술은 부풀어 오르고 붉어진다. 이 부위가 뚜렷한 경계선을 갖고 있으면 입술 상태의 미묘한 변화를 보다 쉽게 알아볼 수 있기 때문에, 이런 신호를 구별하는 데 도움이 되었을 것이다. 물론 흥분하지 않은 상태에서도 입술은 나머지 얼굴 피부보다 더 붉기 때문에, 생리적 상태 변화를 나타내지 않더라도 입술의 존재 자체가 일종의 광고 효과를 갖는다. 다시 말하면, 그 붉은 색깔은 접촉할 수 있는 성감대의 존재를 널리 알려 이성의 관심을 끌어들이는 역할을 한다.

우리의 독특한 점액질 입술이 갖는 의미를 궁리하던 해부학자들은

"입술의 진화는 아직도 해명되지 않았다"면서, 어쩌면 젖먹이가 어미 젖을 빠는 행위와 관계가 있을지도 모른다고 말해왔다. 그러나 침팬지 새끼도 대단히 효율적으로 어미 젖을 빨고 있다. 그러므로 오로지 젖을 빨기 위해서라면 우리보다 더 근육질이고 죄는 힘이 강한 침팬지 입술이 더욱 적합할지 모른다. 또한 이 이론은 입술과 주변 얼굴 사이에 뚜렷한 경계선이 생긴 사실을 설명하지 못한다. 그리고 백인종과 유색인종의 입술이 두드러지게 다른 이유도 설명하지 못한다.

반면에 입술을 시각 신호 장치로 간주하면 이런 차이를 보다 쉽게 이해할 수 있다. 기후 조건 때문에 피부색이 보다 짙어질 필요가 있다면, 얼굴 피부와 입술의 색깔 차이가 줄어들 것이고, 때문에 입술의 시각 신호 능력도 그만큼 줄어들 것이다. 입술이 시각 신호장치로 정말로 중요하다면, 그것을 보완하는 발전이 이루어졌으리라고 생각할 수 있다. 그리고 이런 일은 정말로 일어났던 것 같다. 흑인종의 입술은 더 커지고 더 앞으로 튀어나옴으로써 이성의 눈을 끄는 역할을 유지한다. 색깔 차이를 잃어버린 대신, 크기와 모양으로 그 손실을 보완한 셈이다. 또한 흑인종의 입술 경계선은 훨씬 더 뚜렷한 윤곽을 갖고 있다. 백인종의 입술 윤곽은 얼굴 피부와 매끄럽게 이어져 있지만, 흑인종의 경우에는 나머지 피부보다 색깔이 더 밝고 눈에 띄게 돌출해 있다. 해부학적으로 볼 때 흑인종의 이런 특징은 원시적인 것이 아니라, 오히려 입술 부위가 보다 적극적으로 분화한 것을 나타내는 듯하다.

분명히 성적 의미를 가진 시각 신호는 그 밖에도 수없이 많다. 앞에서도 말했듯이, 사춘기에 이르면 기능적으로 완전히 자녀를 낳을 수 있는 상태에 도달했다는 신호로 생식기와 겨드랑이 부위에 눈에 띄게 털이 나고, 남자일 경우에는 얼굴에도 거뭇거뭇한 털이 돋아나기 시작한다. 여자는 젖가슴이 급속도로 성장한다. 체형도 바뀌어서, 남자는 어깨가 벌어지고 여자는 골반이 벌어진다. 이런 변화는 성적으로 성숙한 사람과 성숙하지 못한 사람을 구별해줄 뿐 아니라, 성숙한 남자와 성숙한 여자도 구별해준다. 이런 변화는 성적 체계가 기능을 발휘하고 있다는 것을 보여주는 신호인 동시에, 그 개체가 남성인지 여성인지를 알려주는 신호이기도 하다.

여자의 젖가슴이 커지는 것은 성적인 발달이 아니라 주로 어머니가 되기 위한 준비로 여겨지고 있지만, 그 증거는 거의 없는 것 같다. 다른 영장류도 새끼에게 충분한 젖을 공급하지만, 우리처럼 윤곽이 뚜렷한 반구형의 젖가슴은 갖고 있지 않다. 인간 여자는 이런 점에서도 독특한 영장류이다. 특유의 모양을 가진 불룩한 젖가슴으로 진화한 것은 성적 신호의 또 다른 본보기인 것 같다. 털 없는 피부가 불룩한 젖가슴의 발달을 가능하게 하고 촉진했을 게 분명하다. 암컷이 털가죽을 입고 있다면 제아무리 불룩한 젖가슴을 갖고 있어도 신호장치로서는 별로 쓸모가 없겠지만, 털이 사라지면 뚜렷이 눈에 띄게 될 것이다. 젖가슴은 그 자체가 남의 눈길을 끄는 모양을 갖고 있을 뿐 아니라, 젖꼭지도 시선을 끌어 모으는 역할을 한다. 젖꼭지는 또한 성적으로 흥분하면 뾰족하게 곤추서서 더욱 눈에 띄게 된다. 젖꽃판은 성적으로 흥분하면 색깔이 더욱 짙어져서, 역시 시각 신호 역할을 한다.

피부에 털이 없기 때문에 피부색의 변화로 어떤 신호를 보낼 수도 있다. 노출된 부위를 갖고 있는 다른 동물들에게서는 그 부위에서만 제한적으로 색깔 변화가 나타나지만, 우리 인간의 경우에는 변화가 훨씬 광범위하다. 얼굴이 붉어지는 현상은 성행위의 초기 단계에서 유난히 자주 나타나고, 흥분이 더 격렬해지는 후기 단계에서는 성적 홍조라는 독특한 반점이 나타난다. (기후 조건 때문에 피부가 검어진 흑인종은 이런 형태의 성적 신호도 희생할 수밖에 없었다. 그러나 흑인종도 역시 이런 변화를 겪는다. 색깔 변화는 눈에 띄지 않지만, 자세히 조사해보면 살결에 두드러진 변화가 나타난다.)

지극히 건전한 성적 보상 행위

• • •

성적인 시각 신호에 대한 이야기를 마치기 전에, 그 시각 신호의 진화가 갖고 있는 이례적인 측면을 생각해보자. 그러기 위해서는 우리보다 열등한 사촌인 원숭이의 몸에 나타나는 이상한 현상을 곁눈질해봐야 한다. 최근 독일의 한 학자가 연구한 바에 따르면, 일부 원숭이는 제 자신을 흉내 내기 시작했다고 한다. 가장 극적인 본보기는 맨드릴(서부아프리카 원산의 비비원숭이)과 젤라다 비비(동북아프리카 원산)이다.

맨드릴 수컷은 선홍빛 페니스를 갖고 있는데, 페니스 양쪽에 있는 음낭은 푸른색이다. 이런 색깔 배열은 얼굴에도 나타나 있어서, 코는 선홍색이고 털이 나지 않은 불룩한 뺨은 짙푸른색이다. 마치 맨드릴의 얼굴이 생식기 부위를 모방하여 똑같은 시각적 신호를 보내고 있는 것 같다. 맨드릴 수컷이 암컷에게 접근할 때는 몸의 자세 때문에 생식기 부위가 감추어지지만, 생식기와 똑같은 색깔 배열을 가진 얼굴을 이용하여 중요한 메시지를 분명히 전달할 수 있다. 젤라다 비비 암컷의 생식기 주변에는 하얀 돌기로 둘러싸인 선홍빛 피부가 있고, 그 한가운데에 있는 외음부의 음순은 더 짙고 선명한 빨간색이다. 이런 색깔 유형은 가슴 부위에도 나타나 있어서, 생식기 주변에 있는 것과 똑같은 종류의 하얀 돌기가 노출된 빨간 피부를 둘러싸고 있다. 그리고 이 노출된 부위의 한가운데에는 짙은 빨간색의 젖꼭지들이 서로 바싹 달라붙어 있어서, 외음부의 음순을 연상시킨다. (젖꼭지들은 너무 바싹 달라붙어 있어서, 새끼는 한꺼번에 두 개의 젖꼭지에서 동시에 젖을 빤다.) 이 가슴부위는 진짜 생식기와 마찬가지로 생리적 상태가 주기적으로 달라질 때마다 색깔이 짙어지거나 옅어진다.

그렇다면 맨드릴과 젤라다 비비가 어떤 이유에서든 생식기의 신호를 앞쪽으로 가져왔다고 결론지을 수밖에 없다. 우리는 야생 맨드릴의 생태에 대해서는 거의 알지 못하기 때문에 이 별난 동물에게 이처럼 이상한 현상이 일어나는 이유를 짐작할 수는 없지만, 야생 젤라다 비비가 대부분의 원숭이보다 훨씬 더 오랫동안 똑바로 앉아 있는 자세를 취한다는 사실은 알고 있다. 이것이 그들의 전형적인 자세라고 가정할 때, 엉덩이에만 무늬가 존재하지 않고 가슴 부위에도 똑같은 무늬가 있으면 성적 신호를 좀 더 쉽게 전달할 수 있다는 결론이 나온다. 영장류의 생식기는 대부분 선명한 색깔을 갖고 있지만, 정면에 생식기를 흉내 낸 무늬가 있는 경우는 드물다.

우리 인간은 전형적인 자세가 완전히 달라졌다. 젤라다 비비와 마찬가지로 우리는 많은 시간을 똑바로 앉은 자세로 보낸다. 또한 사교적 접촉을 할 때는 똑바로 서서 서로 얼굴을 마주 본다. 그렇다면 우리도 젤라다 비비처럼 자신을 흉내 냈다고 말할 수 있을까? 우리의 직립 자세가 우리의 성적 신호에 영향을 미쳤다고 생각할 수 있을까? 이런 식으로 생각해보면, 대답은 분명 "그렇다"인 것 같다. 다른 모든 영장류의 전형적인 교미 자세는 수컷이 뒤쪽에서 접근하여 암컷의 엉덩이에 올라타는 것이다. 암컷은 엉덩이를 들어올려 수컷에게 내민다. 따라서 암컷의 생식기 부위는 수컷에게는 거꾸로 보인다. 수컷은 그것을 보고 암컷에게 다가가 뒤에서 올라탄다. 교미하는 동안 정면을 맞대는 신체 접촉은 전혀 존재하지 않고, 수컷의 생식기 부위는 암컷의 엉덩이 부위를 누른다. 우리 인간의 경우에는 상황이 전혀 다르다. 성교하기 전에 오랫동안 얼굴을 마주 보면서 성적 흥분을 고조시키는 행동을 할 뿐 아니라, 성교 자체도 주로 마주 보는 자세에서 이루어진다.

이 마지막 언급에 대해서는 상당한 논란이 있는 것 같다. 마주 보는 성교 자세는 생물학적으로 우리 인간에게 가장 자연스러운 자세이며, 다른 모든 체위는 그 정상 체위의 변형으로 간주해야 한다는 것이 예로부터 내려온 생각이다. 그러나 최근 권위자들은 이 생각에 도전하면서, 우리 인간에 관한 한 기본 체위 따위는 존재하지 않는다고 주장했다. 모든 육체관계는 우리에게 이익을 주어야 하고, 창의성이 풍부한 동물인 우리 인간이 마음 내키는 대로 모든 자세를 실험해보는 것은 지극히 당연하다고 그들은 생각한다. 사실은 많은 자세를 실험해볼수록 더 좋다. 그렇게 하면 성행위가 더 복잡해지고, 성교할 때마다 참신한 맛을 느낄 수 있어서, 오랫동안 짝을 맺은 남녀도 싫증을 느끼지 않을 것이기 때문이다. 이런 점에서는 그들의 주장이 타당하다. 그러나 그들은 점수를 따기 위해 너무 멀리까지 가버렸다. 기본자세를 변형한 체위는 모두 '죄악'이라는 생각에 이의를 제기하는 것이 그들의 참된 목적이었다. 이 생각을 반박하기 위하여 그들은 이런 변형 체위가 갖는 가치를 강조했고, 그것은 전적으로 옳았다. 짝을 지은 남녀가 성행위에서 보다 많은 보상을 받는 것은 한 쌍의 남녀관계를 강화하는 데 매우 중요할 것이다. 성적인 보상은 우리 인간에게 생물학적으로 지극히 건전하다.

그러나 권위자들은 낡은 생각과 싸우는 데에만 정신이 팔린 나머지, 우리 인간에게 가장 자연스러운 기본적인 성교 자세, 즉 마주 보는 정상

체위가 있다는 사실을 잊어버렸다. 사실상 인간의 성적 신호와 성감대 - 얼굴 표정, 입술, 수염, 젖꼭지, 젖꽃판, 여자의 젖가슴, 음모, 생식기 자체, 발갛게 상기되는 주요 부위, 성적 홍조를 띠는 주요 부위 - 는 모두 몸의 앞부분에 집중되어 있다. 이런 성적 신호는 대부분 얼굴과 얼굴을 맞대는 초기 단계에서 완전히 효과를 발휘한다고 주장하는 사람도 있다. 이런 장면 자극을 통하여 두 남녀가 충분히 흥분하면, 남자가 위치를 바꾸어 여자의 뒤쪽에서 페니스를 삽입하거나 그 밖의 어떤 변칙적인 자세도 취할 수 있다고 그들은 주장한다.

이 주장도 변형 체위가 참신함을 위한 장치라는 앞서의 주장과 마찬가지로 타당하고 이치에 맞는 주장이지만, 몇 가지 불리한 점을 갖고 있다. 우선, 우리처럼 한 쌍의 암수가 짝을 짓는 동물에게는 성교 상대를 확인하는 것이 훨씬 중요하다. 정면에서 접근하는 것은 곧 시작될 성적 신호와 보상이 상대가 보내는 식별 신호 - "나는 당신의 짝입니다" - 와 밀접하게 연결되어 있다는 것을 의미한다. 마주 보는 자세의 성교는 '개인화한 성교'다. 게다가 성행위가 마주 보는 자세로 이루어지면, 성교 이전 단계에서 몸의 앞부분에 집중되어 있는 성감대가 느끼는 감각이 성교 단계까지 연장될 수 있다. 다른 자세를 채택하면 이런 감각은 대부분 사라질 것이다. 또한 정면에서 삽입하면, 남자가 골반을 움직이는 동안 여자의 클리토리스를 최대한으로 자극할 수 있다. 남자가 여자에 대하여 어떤 체위를 취하고 있든 간에, 남자가 페니스를 밀어 넣는 동작이 여자의 클리토리스를 잡아당기는 효과를 발휘함으로써 수동적으로나마 클리토리스를 자극하는 것은 사실이다. 그러나 마주 보는 성교 자세에서는 남자의 성기가 여자의 클리토리스를 직접 율동적으로 압박하게 되고, 이것은 자극을 상당히 높여준다.

마지막으로 해부학적인 면에서 볼 때, 여자의 질의 구조는 기본적으로 정상 체위에 가장 적합하다는 점이다. 질구의 각도는 다른 영장류에 비하면 두드러지게 앞으로 구부러져 있다. 직립 동물이 되는 과정에 생긴 단순한 부산물로 여기기에는 앞으로 구부러진 각도가 너무 크다. 남자가 뒤에서 올라타도록 생식기를 내미는 것이 여자에게 중요했다면, 자연 도태가 그런 경향에 유리하게 작용했을 것이고, 지금쯤 여자들은 좀 더 뒤쪽으로 향한 질구를 갖고 있어야 마땅하다.

　따라서 얼굴을 마주 보는 성교가 우리 인간의 기본체위라고 생각하는 것은 그럴듯해 보인다. 물론 마주 보는 요소를 그대로 유지한 변형체위도 얼마든지 있다. 남성 상위, 여성 상위, 나란히 눕는 자세, 쪼그리고 앉는 자세, 선 자세 등, 예를 들자면 한이 없다. 그러나 가장 효율적이고 흔히 쓰이는 자세는 두 남녀가 수평 자세로 누워서 남자가 여자의 몸 위로 올라가는 체위다. 미국에서 작성된 한 보고서에 따르면, 미국 문화권에 속해 있는 표본 집단의 70%가 오로지 이 체위만을 채택하는 것으로 나타났다. 자세를 다양하게 바꾸는 사람들도 막상 성교가 시작되면 대부분의 시간을 기본자세로 보낸다. 뒤에서 삽입하는 자세를 실험하는 사람은 10%도 채 되지 않는다. 전 세계에 흩어져 있는 약 200개의 사회를 대상으로 한 방대한 비교문화 연구에서는, 연구 대상이 된 어떤 사회에서도 남자가 뒤쪽에서 여자 몸속에 들어가는 성교는 흔치 않다는 결론이 나왔다.

　이 사실을 받아들일 수 있다면, 이제 이 옆길에서 벗어나 성적 자기모방에 관한 원래의 문제로 돌아갈 수 있다. 여자가 남자의 관심을 앞으로 돌리는 데 성공하려면, 진화를 통하여 앞부분을 보다 자극적으로 만들어야 할 것이다. 머나먼 과거의 어느 시점에서는 남자가 여자의 뒤로 접근하는 체위를 채택하고 있었을 게 틀림없다. 여자가 통통한 반구형의 엉덩이(이런 엉덩이는 다른 영장류에게서는 좀처럼 찾아보기 어렵다)와 생식기의 선홍빛 음순을 남자 쪽으로 돌리고 뒷모습으로 성적 신호를 보내는 단계에 이르렀다고 가정해보자. 그리고 남자가 이 같은 특정 신호에 강한 성적 반응을 일으키게 되었다고 가정해보자. 이 진화 단계에서 우리 조상이 점점 똑바로 서고, 사교적 접촉을 할 때 정면으로 마주 보게 되었다고 가정해보자. 이런 상황에서는 젤라다 비비에게서 볼 수 있는 것과 비슷한 유형의 자기모방이 일어났으리라고 기대해도 좋을 것이다.

그렇다면 오늘날 여자의 앞모습에서 반구형의 엉덩이와 생식기의 선홍빛 음순을 흉내 냈을 가능성이 있는 신체기관을 찾아볼 수 있는가? 대답은 분명하다. 여자의 젖가슴과 입술이 그것이다. 불룩 솟아오른 반구형의 젖가슴은 통통한 엉덩이의 복사판일 게 분명하고, 뚜렷한 윤곽을 가진 입 주위의 빨간 입술은 틀림없이 선홍빛 음순의 복사판이다. (앞에서도 말했듯이, 강렬한 성적 흥분을 느낄 때 입술과 음순은 둘 다 부풀어 오르고 색깔이 짙어지기 때문에, 두 신체기관은 모양이 비슷할 뿐 아니라 성적 흥분 상태에서 똑같은 변화를 일으킨다고 말할 수 있다.) 남자가 성기 부위에서 뒤쪽으로 퍼져 나오는 이런 신호에 대해 이미 성적 반응을 일으킬 준비가 되어 있다면, 이런 신호가 여자의 신체 앞부분에 있는 비슷한 형태의 신체기관에서 재현될 경우, 그 신호에도 영향을 받게 될 가능성이 크다. 그리고 여자가 엉덩이와 꼭 닮은 젖가슴을 가슴에 달고 음순과 꼭 닮은 입술을 입에 달게 되자 바로 그런 일이 일어났던 것 같다. (오늘날 여자들이 사용하는 입술연지와 브래지어가 당장 머리에 떠오르지만, 이 문제는 나중에 현대 문명의 독특한 성적 기교를 다룰 때까지 남겨두기로 하자.)

중요한 시각 신호 이외에 냄새 자극도 성적인 역할을 한다. 우리의 후각은 진화하는 동안 상당히 줄어들었지만 그래도 꽤 효율적이고, 특히 성행위를 할 때는 평소보다 활발하게 작동한다. 우리는 남녀의 체취가 다르다는 것을 알고 있다. 그래서 짝짓기 과정의 일부 - 사랑에 빠지는 단계 - 는 짝의 특수한 체취에 집착하는 일종의 후각적 각인을 수반하는 게 아닐까 하는 의견도 제시되었다. 사춘기에는 그 이전에 좋아했던 것과는 전혀 다른 냄새를 좋아하게 된다는 흥미로운 사실도 이와 관련을 갖고 있다. 사춘기 전에는 달콤하고 과일 맛이 나는 냄새를 무척 좋아하지만, 성적으로 성숙하기 시작하면 이런 반응이 줄어들고 그 대신 꽃향기나 기름진 냄새, 또는 사향 냄새를 좋아하게 된다. 이것은 남자와 여자 모두 마찬가지지만, 사향에 대해서는 여자보다 남자가 훨씬 더 강렬한 반응을 보인다. 어른이 되면 사향이 공기 속에 800만분의 1만 섞여 있어도 그 냄새의 존재를 알아차릴 수 있다고 한다. 많은 포유류는 특수한 분비샘에서 사향을 생산하는데, 이 물질이 포유류의 냄새 신호에 중요한 역할을 한다는 것은 매우 시사적이다.

우리 인간은 큰 냄새 분비샘을 갖고 있지는 않지만, 아포크린샘이라는 작은 분비샘을 갖고 있다. 이것은 평범한 땀샘과 비슷하지만, 분비물 속에 고형 물질이 많이 섞여 있다. 아포크린샘은 수많은 신체 부위에 분포되어 있지만, 특히 겨드랑이와 성기 부위에 집중되어 있다.

이 부위에서 자라는 무성한 털은 냄새덫의 구실을 하고 있는 게 분명하다. 성적으로 흥분하면 이 부위에서 더 많은 냄새가 난다는 주장도 있지만, 이 현상을 자세히 분석한 연구는 아직 이루어지지 않았다. 그러나 여자가 남자보다 아포크린샘을 75%나 더 많이 갖고 있다는 사실은 알려져 있다. 하등 포유류가 교미하기 전에, 암컷이 수컷의 냄새를 맡는 경우보다 수컷이 암컷의 꽁무니에 코를 대고 킁킁거리며 냄새를 맡는 일이 더 많은 것은 흥미로운 사실이다.

　우리 인간의 경우, 냄새를 만드는 부위의 위치는 성교할 때 정면으로 접근하는 방식에 적응한 또 하나의 본보기인 것 같다. 생식기에서 냄새가 나는 것은 다른 많은 포유류도 공통적으로 지니고 있는 특징이므로 조금도 이상할 게 없다. 그러나 겨드랑이에서 냄새가 나는 것은 예기치 않은 특징이다. 이것은 마주 보는 자세에서의 성교가 크게 늘어남에 따라 몸의 앞부분에 성적 흥분을 자극하는 새로운 중심점이 추가된 일반적인 경향과 관계가 있는 것 같다. 겨드랑이와 생식기에 냄새 분비샘이 집중되어 있으면, 성교 이전 단계나 성교 단계에서 짝의 코가 자연히 그 부위에 가까이 놓이게 될 것이다.

　지금까지 우리는 성욕을 돋우기 위한 행위가 어떻게 발전하고 확대되어 짝을 이룬 두 남녀의 성교가 점점 더 많은 보상을 가져다주게 되었으며, 그 결과 한 쌍의 남녀관계가 어떻게 유지되고 더욱 강화되었는지를 살펴보았다. 그러나 성욕을 돋우기 위한 행위는 완료 행위로 이어지고, 따라서 완료 행위에도 약간의 개선이 필요했다.

　영장류의 교미 행위를 잠시 생각해보자. 어른이 된 영장류 수컷은 사정한 직후를 제외하고는 언제나 성행위에 적극적이다. 성행위가 끝나는 순간의 오르가슴은 그들에게는 매우 귀중하다. 오르가슴은 성적 긴장을 해소해주고, 정액이 다시 보충될 때까지 오랫동안 성욕을 가라앉혀주기 때문이다. 반면에 암컷은 배란기를 중심으로 한 제한된 기간에만 성행위에 적극적이다. 이 시기에는 언제라도 수컷을 받아들일 준비가 되어 있다. 성교를 많이 할수록 새끼를 밸 가능성이 커진다. 암컷들은 어떠한 성적 만족도 느끼지 못한다. 성적 충동을 달래고 가라앉혀주는 절정의 순간은 그들에게는 오지 않는다. 발정기가 되면 그들은 잠시도 낭비할 시간이 없다. 무슨 수를 써서라도 계속 교미를 해야 한다. 만약 그들이 강렬한 오르가슴을 느낀다면, 다시 한번 교미하는 데 쓸 수 있는 귀중한 시간을 낭비하게 될 것이다. 성교가 끝나 수컷이 사정을 하고 암컷의 몸 위에서 내려와도, 원숭이 암컷은 흥분한 기색이라고는 거의 보이지 않은 채 아무 일도 없었던 것처럼 다른 곳으로 가버린다.

한 쌍의 남녀관계를 맺는 우리 인간의 경우에는 상황이 전혀 다르다. 무엇보다도 성교에는 단 한 남자만 관계하기 때문에, 남자가 성적으로 기진맥진해진 시기에 여자는 성적인 감응을 일으켜도 소용이 없다. 따라서 인간 여자에게 오르가슴이 없어야 할 이유가 전혀 없다. 오히려 여자의 오르가슴이 존재하는 것은 두 가지 점에서 대단히 유리하다. 하나는 오르가슴이 큰 보상이기 때문에, 여자도 오르가슴을 느끼기 위하여 짝에게 적극적으로 협력한다는 점이다. 성행위에서 이루어진 다른 개선이 모두 그렇듯이, 이것도 한 쌍의 남녀관계를 강화하고 가족관계를 유지하는 데 도움이 될 것이다. 또 하나는 오르가슴이 임신할 가능성을 상당히 높여준다는 점이다. 이것은 우리 인간에게만 적용되는 특수한 경우다.

이 점을 이해하기 위해서는 다시 한번 영장류 친척들을 곁눈질해봐야 한다. 원숭이 수컷이 암컷의 몸속에 정액을 방출하면 정액은 암컷의 질 속에 안전하게 고여 있기 때문에, 암컷은 정액이 흘러나올까봐 걱정할 필요 없이 마음대로 돌아다닐 수 있다. 원숭이 암컷은 네 발로 돌아다니고, 또 원숭이의 질은 지면과 거의 수평을 이루기 때문이다.

인간 여자가 성교할 때 원숭이처럼 감정적 흥분을 느끼지 않는다면, 여자도 성교가 끝나자마자 일어나서 돌아다닐 가능성이 많다. 그러나 인간의 경우에는 상황이 전혀 다르다. 인간은 두 발로 걷고, 또 두 발로 이동할 때 질의 각도는 거의 수직에 가깝기 때문이다. 이런 상황에서는 중력의 영향으로 정액이 질 밖으로 흘러내려, 대부분을 잃어버릴 것이다. 따라서 정액을 질 속에 담아두려면, 남자가 사정하고 성교를 끝낸 뒤 여자가 수평 자세를 유지하는 것이 필요하다. 여자가 성적으로 만족하고 기진맥진해서 녹초가 될 만큼 격렬한 오르가슴을 느끼면, 바로 이런 효과를 얻을 수 있다. 따라서 오르가슴은 일거양득의 이점이 있는 것이다. (여성의 오르가슴은 자궁경부의 수축을 일으켜, 남자의 정액을 자궁 안으로 빨아들여 임신을 수월하게 하는 데 도움은 준다는 주장도 제기되었다.)

영장류 가운데 오직 인간 여자만이 오르가슴을 느낀다는 사실은 여자의 오르가슴이 생리적으로 남자의 오르가슴과 거의 같은 유형을 갖는다는 사실과 아울러, 그것이 진화론적 의미에서 '의사(擬似) 남성적' 반응일 가능성을 암시한다. 남자와 여자는 이성에게 속하는 자질을 신체구조 속에 잠재적으로 갖고 있다. 다른 동물 집단을 비교 연구해보면, 필요할 경우 이런 잠재적 자질 가운데 하나를 전면으로 불러낼 수 있도록 (말하자면 수컷이 암컷의 속성을 나타내고, 암컷이 수컷의 속성을 나타낼 수 있도록) 진화한 경우를 볼 수 있다. 우리 인간의 경우, 여자가 클리토리스의 성적 자극에 유난히 민감해졌다는 것은 이미 알려진 사실이다. 이 기관이 남자의 페니스에 해당한다는 것을 상기하면, 이것은 여자의 오르가슴이 적어도 초기에는 남자의 오르가슴 유형을 '차용'했다는 증거인 것처럼 보인다.

이것은 남자가 어떤 영장류보다도 큰 페니스를 갖고 있는 이유를 설명해줄 수도 있다. 남자의 페니스는 완전히 발기하면 놀랄 만큼 길 뿐더러, 다른 동물의 페니스에 비해 훨씬 굵다. (침팬지의 페니스는 인간에 비하면 짤막한 꼬챙이 정도밖에 안 된다.) 페니스가 이처럼 커진 결과, 남자가 골반을 움직일 때 여자의 외성기는 훨씬 더 잡아당겨지고 떠밀린다. 페니스가 안쪽으로 한 번 밀고 들어갈 때마다 클리토리스 부위는 아래로 당겨지고, 페니스가 바깥쪽으로 한 번 후퇴할 때마다 클리토리스 부위는 다시 위로 올라간다. 뿐만 아니라 앞쪽에서 페니스를 삽입한 남자가 성기로 클리토리스 부위를 율동적으로 압박하면, 클리토리스를 되풀이하여 마사지하는 효과를 얻을 수 있다. 이것은 사실상 남자의 자위행위와 마찬가지다.

금기와 통제 속으로 들어선 성

• • •

지금까지 말한 것을 요약해보면, 성욕을 자극하는 행위와 성교 행위에서 털 없는 원숭이의 관능을 강화하고 다른 포유류의 짝짓기 행위만큼 기본적인 행동양식을 성공적으로 진화시키기 위해 가능한 모든 일이 이루어졌다고 말할 수 있다. 그러나 이 새로운 경향을 도입하는 데 따르는 어려움은 아직도 완전히 끝나지 않았다. 사이좋게 지내면서 힘을 모아 자녀를 키우는 한 쌍의 털 없는 원숭이를 관찰해보면 아무 문제도 없는 것처럼 보인다. 그러나 그 자녀들이 자라서 사춘기에 도달하면, 그때는 어떨까? 영장류의 행동양식이 수정되지 않은 채 남아 있다면, 아버지는 곧 젊은 아들들을 내쫓고 젊은 딸들과 짝을 지을 것이다. 그러면 딸들은 어머니와 함께 아버지의 잠자리 상대가 되어 아버지의 자식을 낳게 될 것이다. 이렇게 되면, 우리는 더 이상 인간이 아니라 출발점인 원숭이로 돌아가게 될 것이다. 그리고 많은 영장류에서 볼 수 있듯이, 젊은 수컷들이 사회 변두리의 열등한 지위로 쫓겨나면, 수컷만으로 이루어진 사냥 집단의 협동심은 위태로워질 것이다.

따라서 번식 체계에도 일종의 족외혼이나 이계교배(異系交配) 같은 약간의 수정이 가해질 필요가 있다. 한 쌍의 남녀가 짝을 짓는 제도가 살아남으려면, 아들뿐 아니라 딸들도 제각기 자신의 짝을 찾아야 한다. 이것은 한 쌍의 암수관계를 맺는 동물에게서는 흔히 볼 수 있는 일이고 하등 포유류 중에도 그런 경우가 많지만, 영장류의 경우에는 그 사회가 갖고 있는 특성 때문에 문제가 좀 더 어려워진다. 한 쌍의 암수관계를 맺는 동물의 경우, 새끼들이 자라면 가족이 분열하여 뿔뿔이 흩어진다. 그러나 털 없는 원숭이는 서로 협동하는 사회적 행동 때문에 이런 식으로 뿔뿔이 흩어질 수가 없다. 따라서 문제는 훨씬 더 절박하지만, 이 문제는 기본적으로 다른 동물들과 똑같은 방식으로 해결된다.

한 쌍의 암수관계를 맺는 모든 동물과 마찬가지로, 털 없는 원숭이의 부모는 서로를 소유한다. 어머니는 아버지를 성적으로 '소유'하고, 아버지는 어머니를 성적으로 '소유'한다. 자녀가 사춘기에 도달하여 성적 신호를 발산하기 시작하면, 아들은 성적인 면에서 아버지의 경쟁자가 되고 딸은 어머니의 경쟁자가 된다. 아들과 딸을 둘 다 내쫓을 수도 있을 것이다. 자녀는 또한 자신의 '텃세권'을 갖고 싶은 욕구를 키우기 시작한다. 이런 욕구는 부모도 갖고 있었을 게 분명하다. 그도 젊은 시절에 부모로부터 독립하여 자신의 가정을 꾸미고 자녀를 낳았기 때문이다. 자녀가 사춘기에 도달하면 이와 똑같은 유형이 되풀이된다. 부모의 지배하에 놓인, 다시 말해서 부모의 '소유'인 기지는 자녀에게는 더 이상 적합하지 않다. 장소 자체도 그렇거니와, 거기에 살고 있는 사람들도 직접적으로든 간접적으로든 부모의 신호를 발산하기 때문이다. 청소년은 자동적으로 여기에 거부 반응을 일으키고, 자신의 새로운 기지를 세우기 시작한다. 이것은 텃세권을 갖는 육식동물의 전형적인 행동이지만, 영장류의 행동양식은 아니다. 따라서 털 없는 원숭이는 또 하나의 기본적인 행동양식을 변화시켜야만 한다.

이런 족외혼 현상이 '근친상간의 금기'를 가리키는 것으로 자주 인용되는 것은 불행한 일이다. 근친상간이 금지된 것은 족외혼이 비교적 최근에 문화가 발달하면서 생겨난 제약이라는 의미를 함축하지만, 실제로는 훨씬 더 오래전에 생물학적으로 발달한 현상일 게 틀림없다. 그렇지 않다면 인간의 전형적인 번식 체계는 영장류의 행동양식에서 결코 벗어나지 못했을 것이다.

이와 관련된 또 하나의 특징은 처녀막이다. 암컷이 처녀막을 갖는 것은 우리 인간에게서만 볼 수 있는 독특한 특징인 것 같다. 하등 포유류에서는 태아기에 비뇨생식기 체계가 발달할 때 처녀막이 나타나지만, 털 없는 원숭이의 경우에는 유태보존 현상의 일부로 처녀막이 보존된다. 이것은 암컷이 난생 처음으로 성교할 때 약간의 어려움을 겪게 되리라는 것을 의미한다. 털 없는 원숭이는 암컷이 가급적 성적으로 민감해지는 방향으로 진화가 이루어졌기 때문에, 성교를 방해하는 장치를 갖고 있다는 것은 얼핏 보기에 이상하게 여겨진다. 그러나 이 상황은 겉보기만큼 모순된 것이 아니다.

처녀막은 최초의 성교를 어렵고 고통스럽게 만듦으로써, 성교에 탐닉하는 것을 막아준다. 청소년기는 적당한 짝을 찾기 위해 많은 이성과 교제하는 성적 실험기일 것이다. 이때 젊은 수컷은 성교를 완전히 끝내지 않고 도중에 중단할 이유가 전혀 없다. 게다가 수컷의 경우, 한 쌍의 암수관계가 형성되지 않더라도 몸에는 어떤 흔적도 남지 않으므로, 그는 적당한 짝을 찾을 때까지 계속 돌아다닐 수 있다. 그러나 젊은 암컷의 경우는 다르다. 한 쌍의 암수관계를 맺지 않은 채 성행위를 하면, 임신할 경우 함께 새끼를 키워줄 짝도 없이 곧장 부모로서의 책임을 떠맡게 될 가능성이 크다. 처녀막은 이런 경향을 부분적으로 억제함으로써, 수컷에게 깊은 애정을 품게 된 뒤에야 마지막 선을 넘을 것을 요구한다. 그 애정은 암컷이 최초의 육체적 고통을 감수할 수 있을 만큼 강해야 한다.

여기서 일부일처제와 일부다처제 문제에 대해 한마디 덧붙여야겠다. 털 없는 원숭이에게 일반적으로 나타난 한 쌍의 암수관계는 당연히 일부일처제를 지지하지만, 그것을 절대적으로 요구하지는 않는다. 격렬한 수렵 생활로 수컷이 암컷보다 적어지면, 살아남은 수컷이 여러 암컷과 짝을 짓는 경향이 나타난다. 그러면 '남아도는' 암컷들이 생겨나게 되고, 위험한 긴장 상태를 초래하지 않고도 출산율을 높일 수 있다. 짝짓기 과정이 완전히 배타적이 되어 일부다처제를 막는다면, 그것은 오히려 비효율적일 것이다.

그러나 암컷들 사이에 심각한 경쟁이 벌어질 우려가 있을 뿐더러, 암컷의 소유욕 때문에 일부다처제가 발전하기는 어렵다. 여러 암컷이 낳은 새끼들 때문에 가족의 규모가 커지면, 가족을 부양해야 하는 기본적인 경제적 압력도 일부다처제에는 불리하게 작용한다. 소규모의 일부다처제는 존재할 수 있지만, 심한 제약을 받을 것이다. 오늘날에도 문화가 발달하지 않은 작은 사회에는 일부다처제가 존재하지만, 세계 인구의 절대 다수를 차지하는 큰 사회에서는 모두 일부일처제를 채택하고 있다는 사실은 흥미롭다. 규모가 큰 거의 모든 문화권에서 일부다처제가 사라진 것이 오늘날과 같은 성공적 지위를 얻게 된 주요 요인이었는지 어떤지를 생각해보는 것도 흥미롭다. 요컨대, 외딴 오지에 사는 낙후된 부족 집단이 오늘날 무엇을 하고 있든 간에, 우리 인류의 주류는 한 쌍의 남녀관계를 이루는 특성을 가장 극단적인 형태로, 즉 장기간의 일부일처제로 나타내고 있다고 말할 수 있다.

따라서 오늘날의 인류는 성적으로 가장 복잡한 털 없는 원숭이다. 인간은 강한 성욕과 갖가지 독특한 특징을 갖고 있으며, 한 쌍의 암수관계를 이루는 동물이다. 인간은 조상인 영장류에게서 물려받은 유산과 육식동물의 갖가지 특성들이 복잡하게 뒤섞인 동물이다. 이제 우리는 여기에 세 번째이자 마지막 구성 요소를 덧붙여야 한다. 그것은 바로 현대 문명이다. 숲속에 살면서 열매나 따 먹던 단순한 동물이 협동을 필요로 하는 사냥꾼으로 변모하면서 두뇌가 커졌고, 이 커진 두뇌는 기술을 발전시키기 위해 바쁘게 움직이기 시작했다. 단일 씨족이 모여 살던 곳은 마을이 되고 도시가 되었다. 도끼시대는 이제 우주시대가 되었다. 그러나 이 같은 겉치레와 휘황찬란한 화려함을 얻은 것이 인류의 성적 행동에 어떤 영향을 미쳤을까? "거의 영향을 미치지 않았다"가 해답일 것 같다. 근본적인 생물학적 변화가 일어나기에는 모든 일이 너무 순식간에, 너무 갑작스럽게 이루어졌다.

겉으로 보기에는 생물학적 변화도 일어난 것처럼 보인다. 그러나 이것은 대부분 겉꾸밈에 불과하다. 현대 도시생활의 그럴듯한 겉모습 뒤에는 옛날과 똑같은 털 없는 원숭이가 도사리고 있다. 단지 이름만이 바뀌었을 뿐이다. '사냥하는' 원숭이는 '일하는' 원숭이로, '사냥터'는 '회사'로, '소굴'은 '가정'으로, '한 쌍의 암수관계'는 '결혼'으로, '짝'은 '아내'로 바뀌었지만, 본질은 똑같다. 미국에서 오늘날의 성적 행동양식을 조사한 바에 따르면, 털 없는 원숭이의 생리적 장치와 해부학적 장치는 지금도 완전히 활용되고 있다. 선사시대의 유물과 오늘날까지 살아남은 육식동물 및 영장류에게서 얻은 비교 자료를 아울러 검토해보면, 먼 옛날 털 없는 원숭이가 이 성적 장치를 어떻게 사용했으며 성생활을 어떻게 꾸려나갔는가를 알 수 있다. 공중도덕이라는 짙은색의 니스를 말끔히 닦아내면, 오늘날의 사회에서 얻을 수 있는 증거는 선사시대의 유물에서 얻은 증거와 기본적으로 거의 같은 모습을 우리에게 보여준다. 앞에서도 말했듯이, 문명의 사회적 구조가 동물의 생물학적 본질을 만들었다기보다는 오히려 동물의 생물학적 본질이 문명의 사회적 구조를 만들었다.

그러나 기본적인 성행위 체계가 상당히 원시적인 형태로 유지되었다 해도(공동체는 커졌지만, 그에 따른 성의 공유화는 전혀 일어나지 않았다), 사소한 통제와 제약은 수없이 도입되었다. 이런 통제와 제약이 필요해진 까닭은 우리가 진화하는 동안 해부학적으로나 생리적으로 정교한 성적 신호 장치를 획득했고 성적 민감성이 높아졌기 때문이다. 그러나 이런 것들은 대도시가 아니라 구성원들 사이에 긴밀한 관계가 이루어지는 작은 부족사회에서 사용하기 위해 고안된 장치였다. 대도시에서는 우리를 성적으로 자극하는 (그리고 우리가 성적 자극을 줄 수 있는) 수많은 낯선 사람들과 끊임없이 만나고 있다. 우리는 이 같은 새로운 상황에 대처해야 한다.

사실, 문화적 제약은 같은 공동체 안에 낯선 사람들이 생기기 훨씬 전에 도입되었을 게 분명하다. 단일 부족 집단에서도 유부남이나 유부녀가 대중 앞에 나갈 때는 어떤 식으로든 성적 신호를 줄일 필요가 있었을 것이다. 부부를 결합시키기 위해 관능을 높여야 했다면, 부부가 따로 떨어져 있을 때는 제3자를 지나치게 자극하지 않도록 관능을 억제하는 조치를 취해야 했을 게 분명하다. 한 쌍의 암수가 짝을 이루어 공동생활을 하는 동물은 대부분 공격적인 몸짓으로 제3자의 접근을 막는다. 그러나 우리처럼 서로 협동해야 하는 동물의 경우에는 덜 호전적인 방법을 택하는 것이 바람직하다. 우리의 커진 두뇌는 이런 점에서도 도움이 될 수 있다. 말을 이용한 의사 전달 – 가령 "내 남편이 좋아하지 않을 거예요" – 은 다양한 사회적 접촉에서와 마찬가지로 여기서도 중요한 역할을 한다. 그러나 보다 직접적인 조치도 필요하다.

가장 유명한 본보기는 『성서』에 나오는 무화과 나뭇잎이다. 털 없는 원숭이는 직립 자세 때문에 성기를 드러내 보이지 않고는 다른 털 없는 원숭이에게 접근할 수가 없다. 네 발로 돌아다니는 다른 영장류는 이런 문제를 갖고 있지 않다. 그들은 성기를 드러내 보이고 싶으면 특별한 자세를 취해야 한다. 우리는 무슨 일을 하고 있든 항상 이 문제에 직면해 있다. 따라서 성기 부위를 일종의 간단한 옷으로 가린 것이야말로 최초의 문화적 발달이었을 게 틀림없다. 추위를 막기 위해 옷을 입는 것은 분명히 성기 부위를 가리는 이 초기 문화에서 발달했을 것이다. 그러나 이 단계에 도달한 것은 훨씬 나중에 인류가 추운 지방으로 활동 범위를 넓혔을 때였다.

문화적 상황이 변화함에 따라 성적 신호를 줄이기 위한 장치도 다양해졌다. 때로는 성기만이 아니라 2차적인 성적 신호를 줄이는 가리개(젖가슴 덮개, 입술을 덮는 베일)도 등장했다. 극단적인 경우에는 여자의 성기를 감출 뿐만 아니라, 제3자가 도저히 접근할 수 없게 차단하기도 했다. 가장 유명한 본보기는 정조대이다. 정조대는 배설물이 통과할 수 있도록 적절한 장소에 작은 구멍 두 개만 뚫어놓고 생식기와 항문을 완전히 덮는 금속 띠다. 이와 비슷한 방법으로는 결혼하지 않은 처녀의 생식기를 바늘로 꿰매거나 금속 걸쇠나 고리로 양쪽 음순을 연결하여 벌어지지 않게 하는 관습도 있었다. 최근에는 남자가 아내의 음순에 구멍을 뚫고 자물쇠를 채운 다음, 성교할 때만 자물쇠를 풀어주고 성교가 끝나면 다시 자물쇠를 채운 사례도 보고되었다. 물론 이런 극단적인 예방 조치는 극히 드물지만, 단순히 옷으로 생식기를 가리는 온건한 방법은 이제 거의 보편적인 관습이 되었다.

보다 은밀해진 성행위
• • •

또 하나의 중요한 발전은 성행위 자체가 은밀해졌다는 점이다. 생식기는 남의 눈에 띄지 않게 가리는 은밀한 부위가 되었을 뿐 아니라, 사용할 때도 남들이 보지 않는 곳에서 은밀하게 사용해야 했다. 그리하여 오늘날에는 짝짓는 행위와 잠자는 행위가 밀접한 관련을 갖게 되었다. 누군가와 함께 잔다는 것은 곧 그 사람과 성교한다는 것을 의미한다. 그래서 이제 성행위는 낮에 아무 때나 하는 것이 아니라 한밤중이라는 특정한 시간에만 이루어지게 되었다.

앞에서도 말했듯이 신체 접촉은 성적 행동의 중요한 일부가 되었기 때문에, 이것도 평범한 일상생활에서는 억제할 필요가 있다. 수많은 사람들로 북적대는 곳에서는 낯선 사람과 신체 접촉을 갖는 것이 금지되어야 한다. 우연히 낯선 사람의 몸에 살짝 스치기만 해도 얼른 미안하다고 사과하는데, 이 사과는 접촉한 신체 부위가 성적으로 민감한 곳일수록 그 강도가 높아진다. 거리를 오가거나 커다란 건물에서 어슬렁거리는 사람들을 찍어 그 필름을 빠른 속도로 돌려보면, '신체 접촉을 피하기 위한' 끊임없는 움직임이 놀랄 만큼 복잡하다는 것을 분명히 알 수 있다.

낯선 사람과의 신체 접촉을 금지하는 조치는 러시아워 같은 극단적으로 혼잡한 상황이나 사회적으로 '접촉을 허가받은' 특정한 부류의 사람들(예를 들면 미용사, 안마사, 의사)과 관련된 특수한 상황에서만 깨지는 것이 보통이다. 가까운 친구나 친척들과의 신체 접촉은 그만큼 엄격하게 금지되어 있지 않다. 이런 접촉이 갖는 사회적 역할은 이미 성적 의미를 갖지 않는 것으로 분명히 인식되어 있고, 별로 위험하지도 않다. 그래도 역시 친구나 친척들과 인사하는 의식은 일정한 틀을 갖게 되었다. 악수는 완전히 틀에 박힌 유형이 되었으며, 의례적인 키스도 입술과 입술을 맞대는 성적 입맞춤과는 완전히 분리되어 의식화한 형태(서로 입술과 뺨을 맞대는 형태)를 갖게 되었다.

몸의 자세에서는 몇 가지 방법으로 성적 요소를 제거했다. 여자가 두 다리를 벌리고 유혹하는 자세를 취하는 것은 금물이다. 앉을 때는 두 다리를 바싹 붙이거나 한쪽 다리 위에 다른 다리를 교차시켜야 한다. 입이 어떤 식으로든 성적 반응을 연상시키는 모양을 취할 수밖에 없을 때는 대개 손으로 입을 가린다. 킬킬거리거나 얼굴을 찡그리거나 특수한 종류의 웃음을 보이는 것은 구애 단계의 특징이기 때문에, 사회적 접촉에서 이런 일이 일어날 때는 얼른 손을 들어 입 부위를 가리는 것을 자주 볼 수 있다.

많은 문화권에서 남자는 턱수염과 콧수염을 깎아 2차적인 성적 특성을 제거한다. 여자는 겨드랑이에서 털을 제거한다. 중요한 냄새덫의 구실을 하는 겨드랑이털은 이 부위가 드러나는 옷을 입을 때는 반드시 제거돼야 한다. 음모는 항상 옷으로 조심스럽게 감추어져 있기 때문에 대개는 깎을 필요가 없지만, 화가의 누드모델이 제 알몸에서 성적 의미를 줄이기 위해 흔히 음모를 깎는 것은 흥미로운 일이다.

몸 전체에서 체취를 없애는 작업도 자주 이루어진다. 우리는 의학적 치료나 위생에 필요한 횟수보다 훨씬 더 자주 몸을 씻고 목욕을 한다. 체취는 사회적으로도 억압되어, 화학적으로 냄새를 없애는 체취 방지용 화장품이 대량으로 팔리고 있다.

이런 통제는 대부분 그것이 제한하는 현상을 '좋지 않다'거나 '버릇없는 짓'이라거나 '교양 없는 짓'으로 몰아붙여 반박할 수 없게 하는 간단한 전략을 사용한다. 이런 제약의 참된 본질은 성적 신호를 제한하는 것이지만, 사람들은 거기에 대해서는 거의 언급하지 않고 생각조차 하지 않는다. 그러나 인위적인 도덕규범이나 성에 관한 법률의 형태로 보다 공공연하게 통제하기도 한다. 이런 통제는 문화에 따라 다양하지만, 중요한 관심사는 모두 똑같다. 즉 낯선 사람을 성적으로 흥분시키는 것을 막고, 정해진 짝이 아닌 상대와 성적 상호작용을 갖는 것을 줄이는 것이 이런 통제의 목적이다.

그러나 이런 통제는 그리 쉽지 않다. 그래서 이 과정을 돕기 위해 다양한 수법이 사용된다. 예를 들어 중고등학교에서 스포츠와 격렬한 신체활동이 장려되는 것은 그것이 성적 충동을 줄여줄지도 모른다는 헛된 희망 때문이다. 이런 생각과 그것이 실제로 적용된 사례를 주의 깊게 조사해보면, 대부분 참담한 실패를 거두었다는 것을 알 수 있다. 운동선수들은 성적 활동성에서 다른 집단과 뚜렷한 차이를 보이지 않는다. 체력을 많이 소모하는 대신 신체가 건강해지기 때문에, 잃고 얻는 것이 서로 상쇄된다. 성욕 억제에 도움이 되는 유일한 방법은 처벌과 보상이라는 해묵은 제도뿐인 것 같다. 성행위에 탐닉하면 벌을 주고, 성욕을 자제하면 상을 주는 방법이다. 그러나 이 방법은 충동을 줄이는 게 아니라 억압할 뿐이다.

비정상적으로 커진 우리 공동체는 수많은 사람과 만날 기회를 제공하기 때문에, 정해진 짝이 아닌 상대와의 성행위가 위험할 정도로 늘어나는 것을 막으려면 이런 종류의 조치가 필요한 것은 분명하다. 그러나 지극히 성적인 영장류로 진화한 털 없는 원숭이에게는 이런 조치가 아무리 많아도 소용없다. 털 없는 원숭이의 생물학적 본성은 끊임없이 그런 제약에 반란을 일으킨다. 한쪽을 인위적으로 통제하면, 다른 쪽에서는 거기에 반대로 작용하는 진보가 이루어진다. 이것은 흔히 우스꽝스러울 만큼 모순된 상황을 초래한다.

여자는 젖가슴을 가리지만, 브래지어로 젖가슴의 모양을 더욱 돋보이게 한다. 이 성적 신호 장치는 젖가슴을 감추는 효과를 없앨 뿐만 아니라, 속에 패드를 넣거나 부풀려서 젖가슴의 모양을 더욱 확대할 수 있다. 성적으로 흥분했을 때 젖가슴이 부풀어 오르는 현상을 이런 식으로 모방하는 것이다. 어떤 경우에는 젖가슴이 축 늘어진 여자들이 성형외과에 가서 피하에 이물질을 주입하여, 좀 더 영구적으로 비슷한 효과를 내기도 한다.

몸의 다른 부위에도 성적 매력을 높이기 위해 패드를 댄다. 남자의 샅주머니(15, 16세기 남성용 바지 앞에 볼록하게 단 주머니)와 어깨 패드, 그리고 여자의 엉덩이를 부풀리는 허리받이를 생각해보면 금방 이해할 수 있을 것이다. 오늘날 일부 문화권에서는 비쩍 마른 여자도 패드를 넣은 브래지어나 '고무 패드'를 사서 성적 매력을 높일 수 있다. 하이힐을 신는 것도 정상적인 걸음걸이를 왜곡함으로써, 걸을 때 엉덩이가 보다 많이 흔들리게 하기 위한 것이다.

여자의 엉덩이 패드는 여러 시대에 사용되었는데, 엉덩이에 패드를 대고 허리띠를 꽉 졸라매면 엉덩이와 젖가슴의 곡선을 더욱 강조할 수 있다. 이 때문에 여자들은 예나 지금이나 허리를 가늘게 만들려고 이 부위를 코르셋으로 단단히 졸라매는 경우가 많다. 이런 경향은 50년 전에 유행한 '개미허리'로 절정에 이르렀다. 그 당시 일부 여자들은 개미허리의 효과를 높이기 위해 아래쪽 갈비뼈를 수술로 제거하는 극단적인 방법을 쓰기도 했다.

오늘날에는 입술의 성적 신호와 얼굴을 붉히는 신호 및 체취 신호를 강화하기 위해 입술연지와 볼연지 및 향수를 널리 사용하는데, 이것도 모순된 행동이다. 여자들은 생물적 체취를 없애려고 열심히 몸을 씻은 다음 시중에서 파는 '섹시'한 향수를 뿌리지만, 사실 이 향수는 우리와 아무 관계도 없는 포유류의 냄새 분비샘에서 나온 물질을 희석한 것에 불과하다.

다양한 성적 제약과 거기에 대항하기 위한 인위적 장치를 살펴보노라면, 차라리 솔직한 상태로 되돌아가는 것이 훨씬 쉽겠다는 느낌을 갖지 않을 수 없다. 무엇 때문에 방을 냉각시켜놓고 그 안에서 불을 피우는가? 앞에서도 설명했듯이, 성적 자극을 제한할 이유는 충분하다. 그것은 닥치는 대로 아무에게나 성적 자극을 주어 한 쌍의 남녀관계를 방해하지 못하게 하기 위한 것이다. 그렇다면 왜 공공장소에서의 성적 자극을 완전히 금지하지 않는가? 결혼한 부부끼리 있을 때에만 생물적이거나 인공적인 성적 매력을 과시하도록 제한하지 않은 이유는 무엇인가? 우리의 관능은 매우 높은 수준에 도달해 있어서 끊임없는 표현과 배출구를 요구한다는 사실도 이 질문에 대한 대답이 될 수 있을 것이다. 우리의 관능은 한 쌍의 남녀를 결합시키기 위해 발달했지만, 지금처럼 복잡한 사회의 자극적인 분위기 속에서는 짝을 이루지 않은 경우에도 항상 이 관능이 발산되고 있다.

그러나 이것은 대답의 일부에 불과하다. 성행위는 지위를 얻기 위한 장치로도 이용되고 있다. 이것은 다른 영장류에게서도 흔히 볼 수 있는 술책이다. 원숭이 암컷이 성행위와 관련이 없는 상황에서 공격적인 수컷에게 접근하고 싶으면, 그에게 성적 매력을 과시할 수 있다. 이것은 성교를 하고 싶어서가 아니라, 수컷의 성충동을 자극함으로써 공격을 억제하기 위해서이다. 이런 행동양식을 '리모티베이트(re-motivate)' 행위라고 부른다. 암컷은 수컷을 리모티베이트함으로써, 성행위와는 아무 관계도 없는 이익을 얻기 위해 성적 자극을 이용한다. 우리 인간도 비슷한 장치를 이용하고 있다. 인위적인 성적 신호는 대부분 이런 식으로 사용된다. 이성에게 매력적으로 보이면 다른 사회 구성원들의 적대감을 효과적으로 줄일 수 있다.

물론 한 쌍의 암수가 짝을 짓는 동물의 경우에는 이 전략에 위험이 따른다. 자극이 너무 지나치면 한 쌍의 암수관계가 위태로워질 가능성이 있다. 문화가 개발한 성적 제약을 충실히 지키면, "나는 임자가 있는 몸이니까 당신과는 성교할 수 없다"는 분명한 신호를 줄 수 있지만, 그와 동시에 "그럼에도 불구하고 나는 대단히 섹시하다"는 또 다른 신호를 줄 수도 있다. 두 번째 신호는 적대감을 줄이는 역할을 하고, 첫 번째 신호는 사태가 걷잡을 수 없이 치닫는 것을 막아주는 역할을 한다. 우리는 이런 식으로 꿩도 먹고 알도 먹을 수 있다.

이 전략은 멋지게 들어맞겠지만, 불행히도 다른 영향력이 여기에 개입한다. 이것은 한 쌍의 남녀가 짝을 이루는 구조가 완벽하지 않기 때문이다. 이 구조는 옛날의 영장류 체계에 접목되었기 때문에, 아직도 영장류의 체계가 엿보인다. 한 쌍의 남녀가 짝을 이룬 상황에서 무언가가 잘못되면, 당장 오래전부터 갖고 있는 영장류의 충동이 다시 솟구친다. 뿐만 아니라 털 없는 원숭이는 어린 시절의 호기심이 어른 단계까지 연장되도록 진화했기 때문에, 상황은 분명 위험해질 수 있다.

이 체계는 여자가 줄줄이 많은 아이를 낳고, 남자가 다른 남자들과 함께 사냥하러 나가는 상황에서 효과를 발휘하도록 고안된 게 분명하다.

근본적으로는 지금도 변함이 없지만, 두 가지 상황이 바뀌었다. 하나는 자녀수를 인위적으로 제한하는 경향이 나타났다는 점이다. 이것은 짝을 이룬 여자가 어느 정도 부모의 의무에서 해방되었으며, 남편이 없을 때 다른 상대와 성행위를 할 수 있는 여유가 생겼다는 것을 의미한다. 또한 많은 여자들이 사냥 집단에 가담하는 경향도 나타났다. 물론 사냥은 오늘날 '근무'로 바뀌었고, 날마다 일하러 나가는 남자들은 옛날처럼 남자들만으로 이루어진 집단이 아니라 남녀가 뒤섞인 집단에서 일하게 되었다. 이것은 한 쌍의 남녀관계가 양쪽에서 위협받고 있다는 것을 의미한다. 부부 사이에 갈등이 일어나면 이 관계는 쉽게 무너진다. (미국에서 조사한 결과, 결혼한 여자의 26%와 결혼한 남자의 50%가 40세 이전에 혼외정사를 경험했다.) 그러나 처음 맺은 한 쌍의 남녀관계는 아주 강력해서 한쪽이 외도를 하고 있을 때에도 계속 유지되는 경우가 많고, 원래의 짝과 헤어졌다가도 한때의 외도가 끝나면 재결합하는 경우도 있다. 완전히 결정적으로 갈라서는 경우는 극소수에 불과하다.

그러나 이 문제를 그대로 넘겨버리는 것은 한 쌍의 남녀관계를 지나치게 변호하는 결과가 될 것이다. 한 쌍의 남녀관계는 대부분의 경우 성적 호기심보다 오래 지속될 수 있지만, 성적 호기심을 억누를 만큼 강하지는 않다. 강력한 성적 각인은 결혼한 부부를 결합시켜주지만, 외도에 대한 관심마저 없애주지는 않는다. 한 쌍의 남녀관계가 외도 때문에 마찰을 일으킨다면, 그보다 덜 해로운 대용품을 찾아야 한다.

해결책은 넓은 의미의 엿보기 취미인데, 이 해결책을 채택하는 사람은 수없이 많다. 엄밀히 말하면 엿보기 취미는 다른 사람이 성교하는 모습을 엿봄으로써 성적 흥분을 얻는 것을 의미하지만, 논리적으로는 성행위에 직접 참여하지 않고 남의 성행위에 관심을 갖는 것도 엿보기 취미에 포함시킬 수 있다. 거의 모든 표본 집단이 이 취미를 즐기고 있다. 그들은 남의 성행위를 보고, 성행위에 대한 글을 읽고, 성행위에 대한 이야기를 듣는다. 모든 텔레비전과 라디오, 영화, 연극 및 소설이 이 욕구를 충족시키는 일에 관여한다. 잡지와 신문, 그리고 일반적인 대화도 여기에 상당히 이바지한다. 엿보기 취미는 이제 거대한 산업이 되었다. 성행위를 엿보는 사람은 실제로는 어떤 일도 하지 않는다. 모든 일은 다른 사람이 대신해준다. 따라서 욕구가 절박하면, 우리는 우리 대신 성행위를 함으로써(또는 하는 체함으로써) 우리에게 엿볼 거리를 마련해주는 특수한 부류의 대리인 - 배우와 여배우 - 을 만들어야 한다. 그들은 구애하고 결혼한 다음, 새로운 역할로 다시 태어나 다시 구애하고 결혼한다. 엿보기 취미를 만족시켜주는 상품은 이런 식으로 엄청나게 늘어난다.

광범위한 동물 집단을 관찰하면, 우리의 이런 엿보기 취미가 생물학적으로 비정상이라는 결론에 도달하지 않을 수 없다. 그러나 엿보기 취미는 비교적 해롭지 않고, 실제로 우리 인간에게 도움을 줄 수 있다. 우리는 엿보기 취미를 통하여, 한 쌍의 남녀관계를 위협할 수 있는 새로운 남녀관계에 말려들지 않고도 성적 호기심을 어느 정도 충족시킬 수 있기 때문이다.

매춘도 거의 비슷한 역할을 한다. 물론 여기에서는 성행위가 실제로 이루어지지만, 일반적인 상황에서는 성교 단계만으로 제한된다. 구애 단계와 성교 이전 단계의 행위는 최소한으로 줄어든다. 구애 단계와 성교 이전 단계는 짝짓기가 작동하기 시작하는 단계이기 때문에 당연히 억제되어야 한다. 물론 결혼한 남자가 성교에서 새로운 맛을 느끼고 싶은 충동에 사로잡혀 매춘부와 성교한다면 부부관계를 해칠 우려가 있지만, 낭만적인 연애에 빠지는 것만큼 위험하지는 않다. 낭만적인 연애는 육체관계를 맺지 않는다 해도 부부관계를 크게 위협할 수 있다.

너무도 자연스런 동성연애
· · ·

검토할 필요가 있는 또 하나의 성행위는 동성연애의 발전이다. 성행위의 주요 기능은 번식인데, 동성과 짝을 짓는 것은 분명 이 기능을 발휘하지 못한다. 여기서 미묘한 구별을 하는 것이 중요하다. 생물학적으로 볼 때, 동성끼리 성교 비슷한 행위를 하는 것은 결코 이례적인 것이 아니다. 많은 동물들이 다양한 상황에서 동성애에 탐닉한다. 그러나 동성끼리 짝을 지으면 자식을 낳을 수 없고, 그렇게 되면 생산력이 줄어들기 때문에, 번식이라는 면에서 보면 바람직하지 못하다. 다른 동물을 살펴보면, 이런 일이 어떻게 일어날 수 있는가를 이해하는 데 도움이 될 것이다.

암컷이 공격적인 수컷을 리모티베이트하기 위해 성적 신호를 어떻게 이용할 수 있는지는 앞에서 이미 설명했다. 암컷은 공격적인 수컷을 성적으로 자극함으로써 그의 적개심을 억누르고, 공격받는 것을 피한다. 지위가 낮은 수컷도 비슷한 수법을 이용할 수 있다. 원숭이 수컷은 자기보다 우세한 수컷이 공격하려 하면, 수컷을 유혹하는 암컷의 자세를 취한 다음 엉덩이를 내밀어 올라타게 할 때가 많다. 우세한 암컷도 역시 지위가 낮은 암컷의 몸 위에 올라탈 수 있다. 성적 행동양식을 성행위와 관계없는 상황에서 활용하는 것은 영장류 사회에서 흔히 볼 수 있는 특징이 되었고, 집단의 화합과 조직을 유지하는 데 큰 도움이 된다는 사실이 입증되었다. 그러나 다른 영장류는 강력한 한 쌍의 암수관계를 형성하지 않기 때문에, 동성과 짝을 짓는다 해도 그것은 당면한 지배 문제를 해결하기 위한 일시적인 방편일 뿐, 번식에 어려움을 겪을 만큼 오래 계속되지는 않는다.

동성애는 마땅한 성교 상대(이성)를 만날 수 없는 상황에서도 흔히 볼 수 있다. 이것은 많은 동물 집단에 적용된다. '꿩 대신 닭'이라는 식으로, 이성을 구할 수 없으면 그 대신 동성을 성행위에 이용하는 것이다. 동물은 혼자 있을 때면 더욱 극단적인 조치를 취하여, 생물이 아닌 대상과 성교하려고 애쓰거나 자위행위를 한다. 예를 들어 어떤 육식동물은 우리 속에 갇히면 밥통과 성교한다는 사실이 알려져 있다. 원숭이는 흔히 자위행위를 하고, 사자도 자위행위를 한다는 관찰기록이 있다. 또한 종이 다른 동물과 같은 우리에 수용된 동물은 그 동물과 짝을 맺으려고 애쓸 수도 있다. 그러나 생물학적으로 올바른 자극-이성-이 나타나면, 이런 행위는 대개 사라진다.

비슷한 상황은 우리 인간에게서도 자주 나타나고, 반응도 거의 똑같다. 남자나 여자가 어떤 이유로든 이성에게 접근할 수 없게 되면, 그들은 다른 식으로 성적 배출구를 찾을 것이다. 동성을 이용할 수도 있고, 다른 동물을 이용할 수도 있으며, 자위행위를 할 수도 있다. 미국에서 성적 행동양식을 연구한 바에 따르면, 그 문화권에서는 45세 이하의 남녀 가운데 여자의 13%와 남자의 37%가 동성애에 탐닉하여 오르가슴을 느낄 정도의 성행위를 경험했다고 한다. 다른 동물과의 성적 접촉은 훨씬 드물어(이것은 물론 다른 동물이 적절한 성적 자극을 훨씬 적게 주기 때문이다), 여자의 3.6%와 남자의 8%만이 이런 성행위를 경험한 것으로 기록되어 있다. 자위행위는 성적 자극을 주는 짝이 존재하지는 않지만, 그래도 시작하기가 훨씬 쉽기 때문에 훨씬 더 자주 일어난다. 여자의 58%와 남자의 92%가 평생 동안 적어도 한 번은 자위행위를 하는 것으로 추정된다.

이런 행위는 번식이라는 점에서 보면 아무 쓸모도 없는 낭비지만, 여기에 참여하는 사람의 생식력을 줄이지만 않는다면 별로 해롭지는 않다. 사실 자위행위는 여러 가지 사회 문제를 초래할 수도 있는 성적 욕구 불만을 해소해주기 때문에, 생물학적으로 보면 오히려 이로울 수도 있다. 그러나 이런 행위가 성적 집착으로 발전하면 문제가 생긴다. 앞에서도 말했듯이, 우리 인간은 '사랑에 빠지는'- 즉, 성적 관심을 끄는 대상과 강력한 유대를 맺는 - 경향이 있다. 서로 성적 각인을 찍는 이런 과정은 오랫동안 자녀를 키워야 하는 인간에게 꼭 필요한 장기적 부부관계를 낳는다. 각인을 찍는 과정은 진지한 성적 접촉이 이루어지는 순간부터 시작되고, 그 결과는 자명하다.

우리가 성적 관심을 쏟은 최초의 대상이 바로 '그' 대상이 되기 쉽다. 각인은 결합하는 과정이다. 성적 보상을 얻는 순간, 그 보상을 준 중요한 자극은 보상과 밀접하게 연결되고, 그 중요한 자극이 없이는 결코 성행위가 이루어질 수 없게 된다. 사회적 압력 때문에 동성애나 자위행위로 최초의 성적 보상을 경험하면, 이런 행위가 갖는 요소들이 지속적으로 강력한 성적 중요성을 갖게 될 가능성이 크다. 보다 특이한 형태인 페티시즘(이성의 몸의 일부나 옷가지 등으로 성적 만족을 얻는 이상 성욕의 일종)도 이런 식으로 시작된다.

이런 사실들이 실제로 일어나는 것보다 더 많은 문제를 일으킬 거라고 생각할지도 모르지만, 대부분의 경우에는 두 가지 사실이 이것을 막아준다. 첫째, 우리는 이성의 특유한 성적 신호에 본능적으로 반응하는 장치를 잘 갖추고 있어서, 이런 신호를 보내지 않는 대상에게는 강력한 반응을 일으킬 가능성이 적다. 둘째, 우리가 최초로 경험하는 성적 실험은 시험적인 성격을 갖는다. 우리는 처음에는 아주 자주, 그리고 아주 쉽게 사랑에 빠졌다가 그 사랑에서 빠져나온다. 마치 완전한 각인 과정은 다른 성적 발달을 따라가지 못하고 뒤처진 채 꾸물거리고 있는 것 같다. 이 '탐색' 단계에서 우리는 대체로 수많은 사소한 '각인'을 찍는다. 먼저 찍힌 각인은 다음에 찍힌 각인으로 지워지고, 그런 과정을 되풀이하여 마침내 중요한 각인을 찍을 수 있는 단계에 도달한다. 대개 이쯤에는 다양한 성적 자극에 충분히 노출되어 생물학적으로 적절한 자극을 이해할 수 있고, 그런 자극을 주는 대상과 짝을 짓게 된다.

다른 동물에게 나타나는 상황과 비교해보면, 이것을 보다 쉽게 이해할 수 있을 것이다. 예를 들어 한 쌍의 암수가 짝을 짓는 철새는 번식기가 되면 보금자리를 지을 번식지로 이동한다. 어른이 되어 처음으로 이동하는 젊은 새는 아직 짝을 짓지 않았지만, 다른 어른 새와 마찬가지로 텃세권을 확립하고 짝을 맺어야 한다. 이런 일은 번식지에 도착하자마자 지체 없이 이루어진다. 젊은 새들은 성적 신호를 근거로 짝을 선택한다. 이런 신호에 대한 그들의 반응은 타고난 것이다. 일단 이성을 선택하여 구애하면, 그 이성에게만 성적으로 접근한다. 이것은 성적 각인 과정을 통해 이루어진다. 짝을 짓는 구애 단계가 진행되면, 본능적인 성적 단서(이것은 모든 동물의 모든 암수가 공통적으로 갖고 있다)가 자신의 짝인 특정한 새만이 갖고 있는 독특한 특성과 결합해야 한다. 이런 식으로 각인 과정을 좁혀야만 새는 자신의 짝에게만 성적 반응을 보일 수 있다. 번식기가 제한되어 있기 때문에 이 모든 과정은 재빨리 이루어져야 한다. 이 단계가 시작될 때 시험 삼아 암컷과 수컷 중 어느 한쪽을 모두 없애버리면 수많은 동성애 관계가 이루어질지도 모른다. 새들은 올바른 짝과 가장 가까운 대상을 찾으려고 필사적으로 애쓸 것이기 때문이다.

우리 인간의 경우에는 이 과정이 훨씬 느리게 진행된다. 우리는 짧은 번식기의 마감 시간에 쫓길 필요가 없다. 그래서 우리에게는 짝을 찾아 돌아다니며 '많은 이성과 교제해볼' 시간적 여유가 있다. 청소년기에 상당히 오랫동안 성적으로 격리된 환경에 놓여 있다 해도, 모든 사람이 자동적으로 영원히 동성애 관계를 맺지는 않는다. 우리가 만약 철새와 같다면, 남학생뿐인 기숙학교(또는 이와 비슷한 남자뿐인 조직)에서 생활하는 젊은 남자는 학교를 졸업한 뒤에도 이성과 한 쌍의 남녀관계를 맺을 가망이 전혀 없을 것이다. 오랫동안 남자끼리만 생활해도 이성과 짝을 짓는 과정은 별로 손상되지 않는다. 각인이 찍히는 화폭에는 대부분 가벼운 스케치만 되어 있고, 나중에 좀 더 강력한 인상을 받으면 이 스케치는 쉽게 지워질 수 있다.

그러나 소수의 경우에는 보다 영구적인 손상을 받는다. 이런 사람의 경우, 성적 쾌감을 연상시키는 강력한 특징은 성적 표현과 영원히 굳게 결부되고, 그 후의 짝짓기에서도 이런 특징을 가진 상대에게만 성적 관심을 표현한다. 동성이 보내는 기본적인 성적 신호는 이성보다 열등하지만, 화폭에 뚜렷이 각인된 연상을 지울 만큼 열등하지는 않다. 사회가 왜 그런 위험을 자초하느냐고 묻는 것은 정당한 질문이다. 그것은 현대 문화가 요구하는 정교하고 복잡한 과학기술의 요구에 대처하기 위하여 되도록 교육 기간을 연장할 필요가 있기 때문이다. 젊은 남자와 여자가 생물학적인 기능을 갖추자마자 가정을 꾸린다면, 잠재적인 훈련 능력이 많이 낭비될 것이다. 따라서 이것을 막기 위해 그들에게는 강한 압력이 주어진다. 그러나 불행히도 문화적 제약은 성적 능력의 발달을 막지 못하고, 성욕은 정상적인 배출구를 찾지 못하면 다른 배출구를 찾게 마련이다.

동성애적 경향에 영향을 미칠 수 있는 또 하나의 중요한 요인이 있다. 어머니가 지나치게 남성적이고 지배적이거나 아버지가 지나치게 나약하고 사내답지 못하면, 이런 상황은 자녀에게 상당한 혼란을 불러일으킨다. 행동양식의 특징과 해부학적 특징이 서로 다른 방향을 가리키고 있기 때문이다. 이런 부모 밑에서 자란 자녀가 성적으로 성숙했을 때, 아들이 어머니와 같은 행동양식을 가진 짝을 찾게 되면, 그가 선택하는 짝은 여자가 아니라 남자가 될 가능성이 높다. 딸도 비슷한 위험을 겪는다.

우리는 부모에게 의존하는 유아기가 너무 길어서 부모 세대와 자녀 세대가 오랫동안 함께 살게 되고, 그에 따라 장애가 몇 세대에 걸쳐 계속 이어지기 때문에, 이런 종류의 성문제는 해결하기가 어렵다. 사내답지 못한 아버지는 아마 성적으로 비정상적인 관계를 가진 부모 밑에서 자랐을 테고, 그의 부모도 역시 성적으로 비정상적인 부모를 갖고 있었을 것이다. 이런 종류의 문제는 몇 세대에 걸쳐 오랫동안 영향을 미친 뒤에야 서서히 사라지거나, 아니면 문제가 너무나 심각해진 나머지 자녀를 아예 낳을 수 없게 되기 때문에 저절로 해결된다.

나는 동물학자이기 때문에 도덕적인 관점에서 성적 '변태'를 논할 수는 없다. 나는 다만 개체군의 성공과 실패라는 관점에서 생물학적 도덕률을 적용할 수 있을 뿐이다. 다시 말해서, 어떤 성적 행동양식이 번식을 방해한다면 그런 행동양식은 생물학적으로 건전하지 못하다고 말할 수 있다. 수도승, 수녀, 노처녀와 노총각, 그리고 동성연애자 같은 집단은 모두 번식이라는 의미에서는 변종이다. 사회는 그들을 낳아서 길러주었는데, 그들은 거기에 보답하지 않았다. 그러나 번식이라는 관점에서 볼 때, 수도승이 변종이 아니듯 적극적인 동성연애자도 변종은 아니라는 사실을 깨달아야 한다.

어떤 문화권에 속하는 사람들에게 아무리 혐오스럽고 반도덕적으로 보이는 성행위라 할지라도, 그것이 전체 집단의 번식을 방해하지 않는

한 생물학적으로 비난할 수는 없다. 아무리 변태적인 성행위라도 그것이 부부 사이에서 생식이 이루어지도록 도와주고 한 쌍의 남녀관계를 강화해준다면, 번식이라는 관점에서 볼 때 그것은 제 몫을 다한 것이고, 생물학적 관점에서는 가장 '타당하고' 사회의 승인을 받은 성적 관습과 마찬가지로 용납할 수 있다.

출생률과 사망률의 저울

•••

이제는 원칙에 한 가지 중요한 예외가 있다는 점을 지적해야겠다. 내가 앞에서 이야기한 생물학적 도덕률은 인구가 과밀한 상태에서는 적용되지 않는다. 인구가 너무 많아지면 원칙이 뒤바뀐다. 다른 동물을 시험삼아 과밀한 상태에 놓아두고 연구한 결과, 개체군의 밀도가 한계에 달하면 사회구조 전체가 파괴된다는 사실이 밝혀졌다. 밀도가 높아지면 동물들은 병에 걸리고, 새끼를 죽이고, 난폭하게 싸우고, 자기 몸을 불구로 만드는 자해행위를 한다. 어떤 행동도 끝까지 제대로 이루어지지 않는다. 모든 것이 산산조각으로 부서진다. 결국 많은 동물이 죽어서 밀도가 낮아지면 다시 번식을 시작할 수 있게 되지만, 그 전에 반드시 비극적인 대격변을 거쳐야 한다. 그런 상황에서 과밀의 첫 조짐이 분명히 나타났을 때 번식을 방해하는 장치가 도입되었다면, 혼란을 피할 수 있었을 것이다. 그런 상황(가까운 장래에 나아질 조짐이 전혀 없는 심각한 과밀 상태)에서는 번식을 방해하는 성적 행동양식을 새로운 관점에서 다시 고찰해볼 필요가 있다.

우리 인류는 바로 그런 상황을 향해 급속도로 치닫고 있다. 우리는 더 이상 안심할 수 없는 시점에 이르렀다. 해결책은 분명하다. 현존하는 사회구조를 무너뜨리지 않은 채 출산율을 낮추어야 한다. 질적 향상을 방해하지 않는 상태에서 양적 증가를 막아야 한다. 산아 제한은 분명 필요하지만, 그것이 가족의 기본 단위를 붕괴하게 해서는 안 된다. 그러나 실제로 그렇게 될 위험은 거의 없다. 완벽한 피임기구가 널리 사용되면 성 윤리가 문란해질 거라고 우려하는 사람도 있지만, 이것은 거의 있을 법하지 않은 일이다. 인간은 한 쌍의 남녀관계를 맺는 강력한 경향을 갖고 있기 때문이다. 많은 부부가 피임을 하여 자녀를 전혀 낳지 않는다면 문제가 생길 수도 있다. 그런 남녀는 부부관계에 많은 비중을 둘 테고, 거기에서 오는 긴장이 부부관계를 깨뜨릴 수도 있다. 이런 사람들은 자녀를 키우려고 하는 다른 부부들에게 더 큰 위협이 될 것이다. 그러나 이런 식의 극단적인 출산율 감소는 필요하지 않다. 모든 부부가 두 자녀씩만 낳는다면, 두 사람이 두 사람을 번식시킬 뿐이므로 인구는 전혀 증가하지 않을 것이다. 자녀가 갑작스러운 사고나 병으로 일찍 죽는 경우를 고려하면, 평균 자녀수가 둘보다 약간 많아도 인구는 늘어나지 않고, 인류의 궁극적인 파멸을 막을 수도 있을 것이다.

문제는 기계적이거나 화학적인 피임이 기본적으로 새로운 현상이라는 점이다. 따라서 많은 세대가 피임을 경험한 뒤 옛날 전통이 사라지고 새로운 전통이 생겨났을 때, 피임이 우리 사회의 기본적인 성적 구조에 어떤 영향을 미칠 것인가를 정확히 알기 위해서는 좀 더 많은 시간이 필요하다. 피임은 사회 체계와 성적 체계를 간접적으로 예기치 않게 왜곡하거나 혼란시킬지도 모른다. 그것은 시간이 지나봐야 알 일이다. 그러나 산아 제한을 하지 않는다면, 그때는 최악의 상황이 벌어질 것이다.

이러한 인구 과잉 문제를 염두에 두면 출산율을 극적으로 줄여야 할 필요성은 분명해지고, 따라서 수도승과 수녀, 노처녀와 노총각, 그리고 동성연애자처럼 자녀를 낳지 않는 집단을 생물학적으로 비판할 까닭이 없다고 주장할 수도 있다. 순전히 번식이라는 관점에서만 보면 이 말에도 일리가 있지만, 이 주장은 그들이 특수한 소수파의 입장에서 직면해야 하는 그 밖의 사회적 문제들을 전혀 고려하지 않고 있다. 그러나 그들이 번식만 하지 않을 뿐 그 밖의 점에서는 사회에 잘 적응하고 또 우리 사회의 귀중한 일원으로 활동한다면, 그들은 이제 인구 폭발에 기여하지 않는 유익한 사회 구성원으로 여겨져야 한다.

우리 인간의 성적 행동을 돌이켜보면, 우리는 애당초 상상했던 것보다 훨씬 더 기본적인 충동에 충실한 동물이라는 것을 알 수 있다. 과학기술이 환상적으로 진보했는데도 불구하고, 영장류의 성적 체계는 나중에 획득한 육식동물의 특성과 더불어 놀랄 만큼 훌륭하게 살아남았다. 도시 근교에 사는 스무 가족을 택하여 남자가 식량을 얻기 위해 밖에 나가 사냥을 해야 하는 원시적인 아열대 지방에 데려다 놓아도, 이 새로운 부족의 성적 구조는 거의 또는 전혀 변화할 필요가 없을 것이다. 사실 모든 대도시에 사는 사람들은 저마다 전문적인 사냥(일) 기술을 갖고 있지만, 그들의 사회적 행동체계와 성적 행동양식은 원래의 형태를 다소나마 유지하고 있다.

아기 농장, 성행위의 공유화, 선택적 불임화, 국가의 통제하에 놓인 번식 의무 등등 공상과학소설의 개념들은 아직 실현되지 않았다. 우주 원숭이는 달을 향해 날아갈 때도 여전히 아내와 자식들의 사진을 지갑 속에 넣어 가져간다. 오로지 전반적인 산아 제한이라는 분야에서만 현대 문명은 우리의 해묵은 성적 행동체계를 대대적으로 공격하고 있다. 약학과 의학 및 위생학 덕분에 우리의 출산 성공률은 놀랄 만큼 높아졌다. 우리는 사망률을 줄였고, 이제는 출생률을 줄여야 할 때다. 아무래도 다음 세기에는 오랫동안 지켜온 우리의 성적 행동양식을 마침내 변화시켜야 할 것 같다. 그러나 그것을 변화시킨다 해도, 그것은 우리의 성적 행동양식이 나빠서가 아니라 너무 지나치게 성공적이었기 때문이다.

가르치고 모방하는 탁월한 능력

REARING

03

아이 기르기

털 없는 원숭이는 다른 어떤 동물보다도 부모의 부담이 무겁다. 다른 동물도 털 없는 원숭이만큼 집중적으로 부모의 의무를 수행할 수는 있지만, 그만큼 폭넓게 오랫동안 부담을 짊어지는 동물은 하나도 없다. 부모의 의무에는 자식을 보호하고 먹이고 씻기고 같이 놀아주는 것 이외에 훈련이라는 중요한 과정도 포함된다. 그러나 아기는 훈련 이외에 모방을 통해서 빠른 속도로 배워나간다.

03

REARING

아이 기르기

•

가르치고 모방하는 탁월한 능력

　털 없는 원숭이는 다른 어떤 동물보다도 부모의 부담이 무겁다. 다른 동물도 털 없는 원숭이만큼 집중적으로 부모의 의무를 수행할 수는 있지만, 그만큼 폭넓게 오랫동안 부담을 짊어지는 동물은 하나도 없다. 이런 성향의 의미를 생각하기 전에, 우선 기본적인 사실들을 수집해보자.
　여자가 임신하여 자궁 속에서 태아가 자라기 시작하면, 여자는 수많은 변화를 겪는다. 우선 월경이 멈춘다. 새벽에는 구역질이 난다. 혈압이 내려간다. 가벼운 빈혈을 일으킬 수도 있다. 시간이 흐르면 젖가슴이 부풀어 오르고 부드러워진다. 식욕이 늘어난다. 일반적으로 임신한 여자는 여느 때보다 차분해진다.
　약 266일의 임신 기간이 지나면 자궁이 힘차게 율동적으로 수축하기 시작한다. 태아는 양수 속에 둥둥 떠 있는데, 자궁이 수축하면 양수를 둘러싸고 있는 양막이 찢어지면서 그 속에 가득 차 있던 양수가 흘러나온다. 자궁이 더욱 힘차게 수축하면 아기가 자궁에서 밀려나와 질을 통하여 바깥세상으로 나온다. 잠시 후 다시 자궁이 수축하면 태반이 자궁벽에서 떨어져 밖으로 나온다. 그러면 아기와 태반을 잇는 탯줄을 끊는다. 다른 영장류의 경우에는 어미가 탯줄을 이빨로 물어서 끊고, 우리 조상들도 틀림없이 이런 방법을 썼겠지만, 오늘날에는 탯줄을 꼼꼼히 묶은 다음 가위로 자른다. 아기의 배에 아직도 달라붙어 있는 탯줄 밑동은 태어난 지 며칠이 지나면 말라서 떨어진다.

오늘날에는 여자가 아기를 낳을 때 다른 어른들이 옆에서 도와주는 것이 보편적인 관행이다. 이것은 아마 오랜 옛날부터 시작된 조치일 것이다. 우리 인간의 직립 자세는 여자에게 많은 희생을 요구했다. 여자는 두 발로 서서 걸어 다니는 대가로 몇 시간 동안 힘겨운 진통을 겪으라는 형벌을 선고받았다. 우리 조상이 숲에서 나와 사냥하는 원숭이로 진화하는 단계에서 이미 여자는 출산할 때 남의 도움을 필요로 했을 가능성이 있다. 다행히도 사냥이 발전함에 따라 서로 협력하는 성질도 발전했기 때문에, 직립 자세는 병도 주었지만 약도 준 셈이었다. 침팬지 어미는 대개 탯줄을 이빨로 물어 끊을 뿐 아니라 태반을 전부 또는 일부 먹어치우고, 양수를 핥아서 갓 태어난 새끼의 몸을 깨끗이 닦아준 다음, 새끼를 보호하듯 바싹 끌어안는다. 우리 인간의 경우에는 산모가 몇 시간에 걸친 진통으로 기진맥진하기 때문에, 이런 행위(또는 여기에 해당하는 오늘날의 조치)를 모두 남에게 맡긴다.

해산이 끝난 뒤에도, 산모의 젖이 나오기 시작하려면 하루나 이틀이 걸릴 수도 있다. 그러나 일단 젖이 나오기 시작하면 여자는 길면 2년 동안 규칙적으로 아기에게 젖을 먹인다. 그러나 평균 수유 기간은 이보다 짧고, 오늘날에는 6~9개월로 줄어드는 경향을 보인다. 이 수유기에는 일반적으로 월경이 억제되며, 수유를 멈추고 젖을 떼기 시작한 뒤에야 월경이 다시 시작된다. 물론, 일찍 젖을 떼거나 우유로 아기를 키우면 이 같은 월경 지연 현상이 일어나지 않고, 여자는 좀 더 빨리 임신할 수 있게 된다. 반대로 보다 원시적인 체제를 택하여 2년 동안 꼬박 아기에게 젖을 먹이면, 3년에 한 번씩만 아기를 낳을 수 있다. (때로는 피임을 하기 위해 일부러 이런 식으로 수유 기간을 늘리기도 한다.) 여자는 약 30년 동안 생식력을 갖기 때문에, 정상적으로 낳을 수 있는 자녀의 수는 약 10명이다. 우유를 먹이거나 일찍 젖을 떼는 경우, 평생 낳을 수 있는 자녀의 수는 이론상으로는 30명까지 늘어난다.

젖가슴은 수유 기관인가, 성적 장치인가

• • •

젖을 먹이는 행위는 다른 영장류보다 우리 인간에게 훨씬 더 곤란하고 귀찮은 일이다. 아기가 너무 무력하기 때문에, 어머니는 아기를 가슴에 안고 젖꼭지를 물려주는 등 수유 과정에서 다른 영장류의 어미보다 훨씬 더 적극적인 역할을 맡아야 한다. 어떤 아기들은 제대로 젖을 빨지 못해 어머니의 애를 먹이기도 한다. 이런 문제의 원인은 대개 젖꼭지가 아기의 입속으로 충분히 들어가지 않기 때문이다. 아기의 입술이 젖꼭지를 무는 것만으로는 충분치 않다. 젖꼭지가 아기의 입속으로 깊이 들어가서, 젖꼭지 앞부분이 입천장과 혀의 윗부분에 닿아야 한다. 오직 이 접촉만이 아기의 턱과 혀와 뺨을 자극하여, 힘차게 젖을 빠는 행동을 일으킬 수 있다. 젖꼭지를 아기의 입속으로 깊이 밀어 넣으려면, 젖꼭지 바로 뒤에 있는 젖가슴 부위가 부드럽고 유연해야 한다.

중요한 것은 아기가 이 유순한 조직을 얼마나 많이 '지배'할 수 있느냐 하는 점이다. 수유 과정이 성공적으로 발전하려면, 아기가 태어난 지 4, 5일 이내에 젖을 빠는 법을 완전히 터득하는 것이 중요하다. 처음 일주일 동안 실패를 거듭하면, 아기는 젖꼭지의 자극에 대해서 적절한 반응을 보이지 못하게 된다. 그리고 보다 많은 보상을 주는 대용품(우유병)에 집착하게 될 것이다.

수유의 또 다른 어려움은 일부 아기들이 보이는 이른바 '젖가슴 거부' 반응이다. 이럴 때 어머니들은 흔히 아기가 젖을 빨고 싶어하지 않는다는 인상을 받게 되지만, 실제로는 아기가 젖을 빨려고 필사적인 노력을 하는데도 불구하고 숨이 막혀서 젖을 빨지 못하는 것이다. 아기의 머리가 젖가슴에 대해 약간 부적당한 자세를 취하면 젖가슴이 아기의 코를 틀어막게 되고, 입이 가득 차 있으면 아기는 숨을 쉴 수가 없다. 아기는 젖을 빨지 않으려고 버둥거리는 게 아니라 공기를 마시려고 애쓰는 것이다.

물론 갓난아기를 가진 어머니가 부닥치는 문제는 수없이 많지만, 내가 특별히 이 두 가지 문제를 선택한 이유는 여자의 젖가슴이 수유기관보다는 오히려 성적 장치의 기능을 더 많이 갖고 있다는 증거를 추가로 제시하기 위해서다. 이 두 가지 문제를 일으키는 원인은 단단하고 둥근 젖가슴의 모양이다. 가장 효율적인 젖가슴의 모양이 어떤 것인지는, 우유병에 달린 젖꼭지를 보면 알 수 있다. 우유병은 훨씬 더 길고, 여자의 젖가슴처럼 크고 둥근 반구형으로 부풀어 있지 않기 때문에 아기의 입과 코에 그리 어려움을 안겨주지도 않는다.

우유병은 인간보다 오히려 침팬지 암컷의 수유 기관과 훨씬 더 비슷한 모양을 갖고 있다. 침팬지 암컷의 젖가슴도 약간 부풀어 있지만, 젖이 가득 차 있을 때에도 인간 여자에 비하면 납작가슴이라고 말할 수 있다.

반면에 침팬지의 젖꼭지는 훨씬 더 길고 불쑥 튀어나와 있어서, 새끼는 젖을 빠는 행동을 시작할 때 거의 또는 전혀 어려움을 겪지 않는다. 우리 여자들이 짊어지고 있는 수유의 부담은 비교적 무겁고, 젖가슴은 분명 수유 기관의 일부이기 때문에, 자연히 우리는 둥글게 불룩 튀어나온 젖가슴의 모양도 역시 수유 행위의 중요한 일부일 게 틀림없다고 생각해왔다. 그러나 이것은 잘못된 생각인 것 같다. 인간 여자의 젖가슴은 어머니 역할이 아니라 주로 성적 기능에 적합한 모양을 갖고 있는 것처럼 보인다.

어머니 심장의 고동 소리

• • •

수유의 문제는 그렇다 치고, 어머니가 아기를 대하는 다른 방식도 관찰해볼 가치가 있다. 어머니가 아기를 껴안고 어루만지고 씻어주는 행위에 대해서는 부연할 필요가 없지만, 누울 때 어머니가 아기를 껴안는 자세는 상당히 암시적이다. 미국에서 조사한 결과, 어머니의 80%가 왼팔에 아기를 눕히고 몸의 왼쪽에 아기를 껴안는다는 사실이 밝혀졌다.

이런 현상이 갖는 의미를 설명해보라고 요구하면, 대부분의 사람들은 오른손잡이가 인구에서 차지하는 비중이 훨씬 높기 때문이라고 대답한다. 아기를 왼팔에 눕히면, 어머니들은 우세한 오른팔을 자유롭게 사용할 수 있다. 그러나 좀 더 자세히 분석해보면, 이것은 옳은 대답이 아니라는 것을 알게 된다. 물론 오른손잡이와 왼손잡이 여자 사이에 약간의 차이가 있는 것은 사실이지만, 어떤 의미를 가질 만큼 충분한 차이는 아니다. 오른손잡이 어머니의 83%가 아기를 왼쪽에 껴안지만, 왼손잡이 어머니의 78%도 아기를 왼쪽에 껴안는다. 다시 말하면, 왼손잡이 어머니의 22%만이 아기를 안고서도 우세한 손을 자유롭게 쓸 수 있다는 것이다. 여기에는 무언가 다른 의미가 있을 게 분명하다.

유일한 단서는 심장이 어머니의 몸 왼쪽에 있다는 사실이다. 어머니의 심장이 뛰는 소리가 중요한 요인이 될 수 있을까? 그렇다면 어떤 식으로? 이런 방향으로 생각한 사람들은 아기가 어머니의 몸속에 있을 때 심장의 고동소리에 고착('각인')하게 되는 것인지도 모른다고 주장했다. 만약 그렇다면, 태어난 뒤에 이 귀에 익은 소리를 다시 듣는 것은 진정제와 같은 효과를 가질 수도 있다. 특히 아기가 낯설고 새로운 바깥세상으로 방금 내던졌을 때는 귀에 익은 소리를 들으면 마음이 가라앉을지도 모른다. 만약 그렇다면, 어머니는 본능적으로나 무의식적인 시행착오를 거쳐서, 오른쪽보다는 심장이 있는 왼쪽에 아기를 안으면 아기가 덜 보챈다는 사실을 곧 발견하게 될 것이다.

이것은 억지로 갖다붙인 이론처럼 들리지만, 그럼에도 불구하고 실험 결과는 이것이 옳다는 것을 보여준다. 병원 신생아실의 갓난아기들을 두 개 그룹(각 그룹마다 9명씩)으로 나누어 실험을 했는데, 한쪽 그룹에는 1분당 72번의 표준 속도로 녹음된 심장 고동소리를 날마다 일정한 시간 동안 들려주고, 다른 그룹의 아이들은 그냥 두었다. 그랬더니 녹음기를 틀어주지 않을 때는 일정 시간의 60% 동안을 적어도 한 명 이상의 아기가 울었지만, 심장 고동소리를 들려주고 있을 때는 이 수치가 38%로 떨어졌다. 또한 심장 고동소리를 들려준 쪽 그룹은 먹는 양이 똑같은데도 심장 고동소리를 들려주지 않은 그룹보다 몸무게가 더 많이 늘었다. 심장 고동소리를 듣지 않은 아이들은 격렬하게 우는 활동 때문에 훨씬 더 많은 에너지를 소모하고 있었던 것이다.

또 다른 실험은 신생아 단계를 겨우 벗어난 유아들을 대상으로 취침 시간에 이루어졌다. 한 그룹의 아기들은 조용한 방에서 재웠고, 두 번째 그룹의 아기들에게는 녹음된 자장가를 들려주었으며, 세 번째 그룹의 아기들에게는 1분당 72번의 심장 고동과 똑같은 속도로 똑딱거리는 메트로놈 소리를 들려주었다. 그리고 네 번째 그룹의 아기들에게는 심장 고동소리 자체를 녹음해서 들려주었다. 그런 다음 어느 그룹이 보다 빨리 잠드는가를 조사했더니, 심장 고동소리를 들은 그룹은 다른 그룹의 아기들보다 두 배나 빨리 잠이 들었다. 이 실험 결과는 심장 고동소리가 강력한 진정제라는 생각을 입증해주지만, 이 반응이 매우 한정된 성격을 갖고 있다는 사실도 보여준다. 심장 고동소리를 흉내 낸 메트로놈 소리는 적어도 어린 유아들에게는 아무 효과도 발휘하지 못했던 것이다.

따라서 어머니가 아기를 왼쪽에 안는 이유가 무엇 때문인지는 거의 확실해 보인다. 성모 마리아와 아기 예수를 그린 466점의 그림(수백 년 전에 그려진 그림)을 이런 관점에서 분석해본 결과, 373점이 아기를 왼쪽 가슴에 안고 있는 모습으로 그려졌다는 사실은 흥미롭다. 여기서도 그 수치는 전체의 80% 수준에 이르고 있다. 꾸러미를 안고 가는 여자를 관찰한 결과는 이것과 좋은 대조를 이룬다. 여자가 꾸러미를 안을 때는 50%가 왼쪽 가슴에, 나머지 50%는 오른쪽 가슴에 안는 것으로 나타났다.

아기가 어머니의 심장 고동소리에 각인되는 것은 그 밖에 또 어떤 결과를 낳을 수 있을까? 이것은 우리가 사랑이라는 감정을 머리보다 심장에 두려고 고집하는 이유를 설명해줄지도 모른다. "그대는 내 심장을 가져갔다!"는 노랫말도 있지 않은가. 이것은 어머니들이 아기를 재울 때 조용히 흔드는 이유를 설명해줄지도 모른다. 아기를 흔드는 동작은 심장 고동과 거의 같은 속도로 이루어지고, 이것도 아마 자궁 속에 있을 때 친숙해진 율동적인 감각, 어머니의 커다란 심장이 피를 뿜어내며 고동칠 때의 그 감각을 아기에게 '상기'시켜줄 것이다.

여기서 끝나는 것이 아니다. 어른이 된 뒤에도 이런 현상은 우리에게 남아 있는 것 같다. 우리는 고통스러우면 몸을 흔든다. 기분이 어수선할 때 우리는 일어나서 발을 앞뒤로 흔든다. 만찬이 끝난 뒤 간단한 연설을 하는 사람이나 강연자가 몸을 좌우로 흔들거든, 그가 몸을 흔드는 속도와 심장의 박동수를 대조해보라. 많은 청중 앞에서 이야기하는 것이 불안하기 때문에, 그는 제한된 상황에서나마 마음을 가장 잘 달래줄 수 있는 몸짓을 하게 된다. 그래서 그는 옛날 어머니의 자궁 속에 있을 때 친숙해진 그 박자에 따라 몸을 움직이는 것이다.

사람은 불안을 느낄 때면 마음을 달래주는 심장 고동과 같은 리듬을 찾기 쉽다. 대부분의 민속음악과 민속춤이 당김음 박자를 갖고 있는 것은 결코 우연이 아니다. 그런 리듬을 가진 소리와 몸짓은 자궁 속의 안전한 세계로 우리를 데려다준다. 10대가 좋아하는 음악이 '록(흔드는)음악'이라고 불린 것도 결코 우연은 아니다. 최근에는 훨씬 더 노골적인 이름을 채택해서 '비트(심장의 고동) 음악'이라고 부른다. 그러면 그들은 무엇에 대해 노래하고 있는가? "내 심장은 깨어졌다"거나 "그대는 그대의 심장을 남에게 주었다"거나 "내 심장은 당신 것"이라고 노래한다.

이 주제는 무척 매력적이지만, 부모의 행동이라는 원래의 주제에서 너무 많이 벗어나면 안 된다. 지금까지 우리는 아기에 대한 어머니의 행동을 살펴보았다. 어머니가 아기를 낳는 극적인 순간을 지나, 아기를 품에 안고 달래면서 젖을 먹이는 모습을 지켜보았다. 이제 우리는 아기에게 관심을 돌려 아기가 자라는 모습을 관찰해야 한다.

아이에서 인간으로

•••

갓 태어난 아기의 평균 몸무게는 3킬로그램을 조금 넘는다. 이것은 어머니 몸무게의 20분의 1에 불과하다. 처음 2년 동안은 성장 속도가 아주 빠르고, 그 후 4년 동안에도 비교적 빨리 자란다. 그러나 여섯 살이 되면 성장 속도가 상당히 느려진다. 서서히 자라는 이 단계는 사내아이일 경우에는 11세까지, 그리고 계집아이일 경우에는 10세까지 계속된다.

사춘기에 도달하면 다시 성장 속도가 급격히 빨라진다. 소년일 경우에는 10세부터 15세까지 빠른 성장을 보인다. 소녀들은 사춘기가 소년보다 약간 빠르기 때문에 11세부터 14세까지는 소년을 앞지르는 경향이 있다. 그러나 그때부터는 소년이 다시 소녀를 앞질러, 계속 선두를 유지한다. 신체적 성장은 소녀일 경우에는 19세 무렵에, 소년일 경우에는 훨씬 더 늦은 25세 무렵에 멈춘다. 첫 번째 이는 대개 6개월이나 7개월 무렵에 나오고, 태어난 지 2년에서 2년 6개월 정도가 지나면 젖니가 완전히 갖추어진다. 영구치는 6세 때 나오기 시작하지만, 마지막 어금니 - 사랑니 - 는 대개 19세 무렵이 되어야 나온다.

갓 태어난 아기들은 거의 하루 종일 잠만 잔다. 처음 두 주일 동안은 하루에 깨어 있는 시간이 두 시간에 불과하다고 흔히 주장하지만, 사실은 그렇지 않다. 아기들은 잠꾸러기지만, 그렇게 심한 잠꾸러기는 아니다. 주의 깊게 조사해본 결과, 태어난 직후 사흘 동안은 잠자는 데 보낸 시간이 하루 평균 16.6시간인 것으로 나타났다. 그러나 아기에 따라 큰 차이가 있어서, 가장 잠꾸러기인 아기들은 하루 평균 23시간씩 잠을 잤고, 가장 잠이 적은 아기들은 10.5시간밖에 잠을 자지 않았다.

잠자는 시간과 깨어 있는 시간의 비율은 아동기를 거치는 동안 차츰 줄어들어, 어른이 되었을 때는 갓난아기 때의 평균 16시간의 절반인 8시간으로 줄어든다. 어른은 대체로 하루 평균 8시간씩 잠을 자지만, 이것도 개인에 따라 상당한 차이가 있다. 100명 가운데 두 명은 5시간만 잠을 자면 충분하고, 두 명은 10시간이나 잠을 자야 한다. 성인 여자는 평균 수면 시간이 성인 남자보다 약간 길다.

갓 태어났을 때는 하루에 16시간씩 잠을 자지만, 한꺼번에 그 할당량을 전부 소화하는 것은 아니다. 아기는 잠깐씩 깨어났다가 다시 잠드는 일을 24시간 내내 수없이 되풀이한다. 그러나 태어난 직후에도 낮보다는 밤에 더 깊이 자는 경향을 보인다. 몇 주일이 지나면, 밤에 한 번도 깨지 않고 잠자는 시간이 차츰 길어져 결국에는 밤새도록 잠을 자게 된다. 이제 아기는 낮에 잠깐씩 '낮잠'을 자고, 밤에는 한 번도 깨지 않고 오랫동안 잠을 잔다. 이리하여 생후 6개월이 되면, 하루 평균 수면시간이 약 14시간으로 줄어든다. 그 후 몇 달이 지나면, 짧은 낮잠은 하루 평균 두 번 - 한 번은 오전에, 또 한 번은 오후에 - 으로 줄어든다. 태어난 지 2년째가 되면 아침 낮잠은 대개 사라져, 하루 평균 수면시간이 13시간으로 줄어든다. 태어난 지 5년째가 되면 오후 낮잠도 사라져, 수면시간이 하루 평균 12시간으로 다시 줄어든다.

이때부터 사춘기까지는 통틀어 3시간이 줄어들기 때문에, 13세가 된 어린이는 밤마다 9시간씩만 잠을 자게 된다. 이때부터 시작되는 청소년기에는 어른의 유형과 별다른 차이를 보이지 않고, 하루 평균 8시간만 잠을 잔다. 따라서 수면 리듬이 궁극적으로 확립되는 시기는 신체적 성장이 끝날 때가 아니라 성적으로 완전히 성숙하는 시기와 일치한다.

아직 학교에 들어가지 않은 아이들 가운데 똑똑한 아이들이 둔한 아이들보다 잠을 덜 자는 경향이 있다는 것은 흥미롭다. 7세가 지나 학교에 들어가면 이 관계가 역전되어, 똑똑한 아이들이 둔한 아이들보다 더 잠을 많이 잔다. 이 단계에 들어서면 더 많이 배우기 위해서 더 오래 깨어 있어야 하는 것이 아니라, 너무 많은 것을 배워야만 하기 때문에 민감한 아이들일수록 하루 일과가 끝나면 더 지쳐버리는 것 같다. 이와는 대조적으로 어른의 경우에는 똑똑한 것과 수면시간 사이에 아무 상관관계도 없는 것처럼 보인다.

모든 연령층의 건강한 남녀가 잠드는 데 걸리는 평균 시간은 약 20분이다. 잠에서 깨어나는 것은 저절로 이루어져야 한다. 인위적으로 깨우는 장치가 필요하다는 것은 잠이 부족한 증거이고, 그렇게 억지로 일어난 사람은 깨어 있는 동안에도 주의력이 산만해져서 고생할 것이다.

갓난아기는 깨어 있는 동안에도 비교적 움직이지 않는다. 다른 영장류와는 달리, 갓난아기의 근육조직은 별로 발달해 있지 않다. 원숭이 새끼는 갓 태어난 순간부터 어미에게 바싹 매달릴 수 있다. 심지어는 태어나고 있는 도중에도 두 손으로 어미의 털을 단단히 움켜쥘 수 있다. 이와는 대조적으로 인간의 갓난아기는 무력하기 짝이 없어서, 팔다리를 간신히 움직일 수 있을 뿐이다.

1개월이 지나야만 남의 도움을 받지 않고 엎드려서 턱을 들어올릴 수 있다. 2개월이 되면 엎드린 자세에서 가슴까지 들어올릴 수 있다. 3개월이 되면 대롱대롱 매달린 물건을 향해 팔을 뻗을 수 있다. 4개월이 되면 일어나 앉을 수 있지만, 어머니가 받쳐주어야 한다. 5개월에는 어머니의 무릎에 앉을 수 있고, 손으로 물건을 움켜쥘 수도 있다. 6개월이 되면 높은 의자에 앉을 수 있고, 매달려 있는 물건을 잡을 수 있다. 7개월에는 남의 도움을 받지 않고 혼자서 일어나 앉을 수 있다. 8개월에는 어머니가 붙잡아주면 서 있을 수 있다. 9개월이 되면 혼자 가구를 붙잡고 서 있을 수 있다. 10개월에는 두 손과 무릎으로 기어 다닐 수 있다. 11개월에는 부모가 붙잡아주면 아장아장 걸을 수 있다. 12개월이 된 아기는 단단한 물건을 붙잡고 혼자 힘으로 일어설 수 있다. 13개월이 되면 계단을 올라갈 수 있다. 태어난 지 14개월이 된 아기는 혼자 일어나서 받쳐주는 물건이 없어도 서 있을 수 있다. 15개월이 되면 마침내 남의 도움을 받지 않고 혼자 걸을 수 있는 위대한 순간이 온다. (물론 이것은 모두 평균 수치이지만, 우리 인간의 자세와 운동기관이 발달하는 속도를 대충 알려주는 훌륭한 지침 역할을 한다.)

아기는 남의 도움을 받지 않고 혼자 걷기 시작할 무렵, 최초의 말을 입밖에 내기 시작한다. 처음에는 간단한 단어 몇 개를 어눌하게 발음할 뿐이지만, 어휘 수는 놀랄 만큼 빠른 속도로 늘어난다. 2세가 되면 보통 아이는 거의 300개의 단어를 말할 수 있다. 3세가 되면 이 숫자가 다시 세 배로 늘어난다. 4세가 되면 약 1600개의 단어를 구사할 수 있고, 5세가 되면 어휘 수가 2100개에 이른다. 소리를 흉내 내는 분야에서 우리 인간이 보여주는 이 놀라운 학습 속도는 다른 어떤 동물에게서도 찾아볼 수 없다.

말이야말로 인간이 이룩한 가장 위대한 성취의 하나이다. 앞에서도 말했듯이, 협동활동인 사냥을 하려면 보다 정확하고 유익한 의사 전달 수단이 꼭 필요했고, 말은 바로 이런 절박한 필요성과 관련되어 있다. 우리와 가장 가까운 친척인 영장류도 이런 것은 갖고 있지 않다. 아니, 말과 조금이라도 비슷한 것조차 존재하지 않는다. 침팬지는 손놀림을 빨리 흉내 내는 점에서는 우리 못지않게 영리하지만, 아무리 영리한 침팬지도 말을 흉내 내지는 못한다.

어린 침팬지에게 말을 가르치려는 시도가 진지하게 이루어진 적이 있었지만, 성과는 별로 만족스럽지 못했다. 이 실험에서는 침팬지 새끼를 집에서 갓난아기와 똑같은 조건으로 키웠다. 침팬지가 입술을 움직이면 먹이를 주는 방법으로, 간단한 단어를 발음하면 상으로 맛있는 먹이를 얻어먹을 수 있다는 것을 납득시키기 위해 오랫동안 노력했다. 두 살 반이 되자, 침팬지 새끼는 '엄마'와 '아빠', '컵'이라는 단어를 말할 수 있게 되었다. 나중에는 그 단어들을 올바른 문맥에서 구사할 수 있게 되어, 물을 마시고 싶을 때는 '컵'이라고 속삭이게 되었다. 힘겨운 훈련이 끈질기게 계속되었지만, 여섯 살이 되어도 (우리 인간은 이때쯤이면 2000개가 훨씬 넘는 단어를 구사할 수 있다.) 전체 어휘 수는 일곱 개를 넘지 못했다.

이 차이는 목소리가 아니라 두뇌의 문제다. 침팬지는 구조적으로 볼 때 다양한 소리를 완벽하게 낼 수 있는 발성기관을 갖고 있다. 그 발성기관에는 침팬지가 말을 못하는 이유를 설명해줄 수 있는 어떤 결함도 없다. 결함은 바로 침팬지의 두뇌 속에 있는 것이다.

침팬지와는 달리, 어떤 새들은 목소리를 흉내 내는 놀라운 능력을 갖고 있다. 앵무새, 사랑새, 찌르레기, 까마귀, 그 밖에도 많은 새들이 눈썹 하나 까딱하지 않고 완전한 문장을 술술 지껄일 수 있다. 그러나 불행히도 이 새들은 새답게 너무 멍청해서 그 능력을 이용할 줄 모른다. 새들은 단지 사람이 가르쳐준 복잡한 소리의 연속을 그대로 흉내 내어, 외부에서 일어난 사건과는 아무 관계도 없이 정해진 순서에 따라 기계적으로 그것을 되풀이할 뿐이다. 그래도 역시 침팬지와 원숭이가 새보다 말을 더 못한다는 것은 놀라운 일이다. 몇 마디 간단한 단어만 있어도 자연 번식지에서 유용하게 써먹을 수 있을 텐데, 그들이 왜 지금까지 말을 개발하지 않았는지 이해하기가 어렵다.

눈물과 웃음의 신호 체계

• • •

이제 다시 우리 인간에게로 돌아와보자. 우리는 말을 할 수 있는 뛰어난 능력을 새로 얻었지만, 다른 영장류와 공유하고 있는 기본적이고 본능적인 신음소리와 투덜거리는 소리 및 비명소리를 내버린 것은 아니다. 우리가 타고난 소리 신호는 그대로 남아서 중요한 역할을 맡고 있다. 이 같은 소리 신호는 우리에게 말의 마천루를 세울 수 있는 목소리의 토대를 제공해줄 뿐만 아니라, 영장류의 전형적인 의사 전달 장치로써 독자적으로 존재한다.

언어 신호와는 달리 소리 신호는 훈련하지 않아도 저절로 나오고, 모든 문화에서 똑같은 의미를 갖는다. 비명소리, 흐느끼는 소리, 웃음소리, 고함소리, 신음소리, 규칙적인 울음소리는 어디서나 누구에게나 똑같은 메시지를 전달한다. 다른 동물이 내는 소리와 마찬가지로 이 소리 신호는 기본적인 감정과 관련되어 있으며, 소리를 내는 사람이 그런 소리를 내게 된 상황을 당장 우리에게 알려준다. 우리는 또한 본능적인 표정들 – 미소, 이를 드러낸 밝은 웃음, 찡그림, 빤히 쳐다보기, 겁먹은 얼굴, 성난 얼굴 등 – 도 그대로 간직하고 있다. 이런 표정들도 역시 모든 사회에서 똑같은 의미를 가지며, 아무리 많은 문화적 몸짓을 획득해도 본능적인 표정들은 살아남는다.

이런 기본적인 소리와 표정이 맨 처음에 어떻게 시작되는지를 살펴보는 것은 흥미로운 일이다. 우는 반응은 (우리 모두가 너무나 잘 알고 있듯이) 태어난 순간부터 존재한다. 5주일쯤 지나면 아기는 방긋 미소를 짓기 시작한다. 소리 내어 웃거나 가볍게 역정을 내는 반응은 서너 달이 지난 뒤에야 나타난다. 이런 행동양식은 좀 더 자세히 살펴볼 가치가 있다.

울음은 기분을 표현하는 최초의 신호일 뿐 아니라 가장 기본적인 신호이기도 하다. 미소와 웃음은 우리 인간만이 갖고 있는 독특하고 특수한 신호지만, 울음은 수천 종의 동물이 공유하고 있다. 사실상 모든 포유류 - 새는 말할 것도 없고 - 는 깜짝 놀라거나 아플 때면 날카롭게 비명을 지르거나 끽끽대거나 새된 소리로 울어댄다. 얼굴 표정이 시각적인 신호 장치로 발달한 고등 포유류의 경우에는 이런 소리 신호와 더불어 특유의 '겁먹은 표정'을 짓는다. 새끼든 다 자란 동물이든, 이런 반응을 보이는 것은 무언가가 심각하게 잘못되어 있다는 사실을 나타낸다. 새끼는 울음으로 부모에게 경고하고, 부모는 그 사회의 다른 구성원에게 경고하는 것이다.

어린 시절에는 걸핏하면 운다. 우리를 울리는 것이 너무 많다. 우리는 아파도 울고, 배고파도 울고, 혼자 남겨졌을 때도 울고, 낯선 자극을 받았을 때도 울고, 우리 몸을 떠받쳐주던 것이 갑자기 사라져버렸을 때도 울고, 절박한 목표를 달성하는 것이 방해를 받았을 때도 운다. 우리를 울리는 것들은 결국 두 가지 중요한 요인으로 압축할 수 있다. 육체적 고통과 정신적 불안이다. 어떤 경우든 이 신호가 주어지면, 부모는 당장 아기를 보호하는 반응을 일으킨다. (또는 일으켜야 한다.) 아기가 부모와 떨어져 있을 때 이 신호를 보내면, 그것은 당장 부모와 아기 사이의 거리를 좁히는 효과를 나타낸다. 아기의 울음소리를 들으면, 부모는 얼른 달려와서 아기를 껴안고 흔들어주거나 토닥거리거나 어루만져준다. 아기가 이미 부모와 접촉하고 있을 때 울기 시작하거나 접촉이 이루어진 뒤에도 계속 울어대면, 부모는 고통의 원인을 찾아내기 위해 아기의 몸을 조사한다. 부모의 반응은 신호가 꺼질 때까지 계속된다. (그리고 이런 점에서 울음은 미소 짓거나 웃는 반응과 근본적으로 다르다.)

우는 행위는 얼굴을 붉히고, 눈물을 흘리고, 입을 벌리고, 입술을 당기고, 잔뜩 숨을 들이마셨다가 격렬하게 내뿜고, 귀에 거슬리는 높고 날카로운 발성을 수반하는 근육의 긴장으로 이루어진다. 좀 더 나이 든 아기일 경우에는 부모에게 달려가서 매달리는 동작도 포함된다.

누구나 다 뻔히 알고 있는 이런 행동양식을 상세히 서술한 이유는 우리 인간의 특수한 신호인 웃음과 미소가 울음에서 발달했기 때문이다. "눈물이 날 때까지 웃었다"는 표현은 웃음과 울음의 이 같은 관계를 말하고 있는 것이지만, 진화론의 관점에서는 방향이 완전히 거꾸로다. 우리는 웃음이 나올 때까지 울었다. 이런 일이 어떻게 일어났을까? 우선 울음과 웃음이 얼마나 비슷한 반응 유형인가를 깨닫는 것이 중요하다. 웃음과 울음이 표현하는 기분은 너무 다르기 때문에, 우리는 좀처럼 이것을 깨닫지 못하는 경향이 있다. 울음과 마찬가지로 웃음은 입을 벌리고, 입술을 당기고, 잔뜩 숨을 들이마셨다가 격렬하게 내뿜는 근육의 긴장을 수반한다.

격렬하게 웃을 때는 얼굴을 붉히고 눈물을 흘리기도 한다. 그러나 웃음소리는 덜 귀에 거슬리고, 울음소리만큼 높고 날카롭지도 않다. 무엇보다도 웃음소리는 보다 짧아서 탁탁 끊어지고, 소리 사이의 간격도 훨씬 짧다. 웃음은 마치 우는 아이의 기다란 울부짖음이 토막토막 잘리는 동시에 더 부드러워지고 낮아진 것처럼 보인다.

우는 반응에서 부차적인 신호로 갈라져 나온 웃는 반응은 다음과 같은 방식으로 발달하는 것 같다. 앞에서도 말했듯이, 우는 반응은 태어난 순간부터 존재하지만 웃음은 서너 달이 지난 뒤에야 나타난다. 아기는 어머니를 알아보기 시작할 무렵부터 웃기 시작한다. 아버지를 알아보는 아기는 똑똑한 아기일 수 있지만, 어머니를 알아보는 아기는 웃는 아기다. 아기는 어머니의 얼굴을 알아보고 다른 어른들과 구별하는 법을 배우기 전에도 꼬르륵 목을 울리고 옹알거릴 수 있지만, 그것은 웃는 게 아니다.

아기가 어머니를 구별하기 시작하면 다른 낯선 어른들을 두려워하게 된다. 태어난 지 두 달이 된 아기는 낯을 가리지 않는다. 우호적인 어른이라면 누구나 환영한다. 그러나 두 달이 지나면 주위 세계에 대한 두려움이 싹트기 시작하게 되므로, 낯선 사람을 보면 아기는 당황하여 울음을 터뜨리기 쉽다. (그 후 아기는 다른 어른들도 자기에게 우호적일 수 있다는 것을 곧 알게 되어 그들에 대한 두려움을 잊어버리겠지만, 이것은 상대가 누군지 알아볼 수 있는 사람에게만 선택적으로 적용된다.)

어머니에게 각인되는 이런 과정 때문에 아기는 이상한 갈등을 경험할 수 있다. 어머니가 아기를 놀라게 하는 어떤 일을 하면, 아기는 서로 반대되는 두 가지 신호를 어머니에게서 받게 된다. 하나의 신호는 이렇게 말한다. "나는 네 엄마란다. 너를 보호해주는 사람이야. 그러니 두려워할 게 없어." 그리고 또 하나의 신호는 이렇게 말한다. "조심해라. 여기 너를 놀라게 하는 일이 있구나." 아기가 한 개체로서의 어머니를 알아보기 전에는 이런 갈등이 일어날 수 없다. 어머니가 무언가 깜짝 놀라게 하는 일을 하면, 그 순간에는 어머니가 그저 무서운 자극을 주는 원천일 뿐이지 다른 아무것도 아니기 때문이다. 그러나 아기가 어머니를 알아보기 시작한 후에는, 어머니가 이중적인 신호를 보낼 수도 있는 것이다. "위험이 있지만 아무 위험도 없다." 다른 식으로 표현하면 이렇게 된다. "겉으로는 위험해 보일지도 모르지만, 그 위험은 나에게서 나오는 거니까 너는 그 위험을 진지하게 받아들일 필요가 없단다." 그러면 아기는 두 가지 반응을 보이게 된다. 절반은 울고, 절반은 어머니를 알아보고 목을 꼬르륵거리는 것이다. 이 마술적인 결합이 바로 웃음을 낳는다. (적어도 진화 과정에서는 그러했다. 그 후 이 결합은 완전히 고정되어, 별개의 독자적인 반응으로 발전했다.)

따라서 웃음은 "나는 이 위험이 진짜가 아니라는 걸 알아요"라는 뜻이고, 아기는 웃음으로 이 메시지를 어머니에게 전달한다. 어머니는 이제 아기를 울리지 않고 기운차게 아기와 놀 수 있다. 아기들이 최초의 웃음을 터뜨리는 원인은 어머니가 "깍꿍" 하면서 아기를 놀라게 하는 아웅 놀이, 손뼉 치기, 박자에 맞춰 아기를 들어올렸다가 무릎 위로 떨어뜨리기, 머리 위로 높이 들어올리기 같은 놀이들이다. 나중에는 간질이기도 중요한 역할을 하지만, 이 놀이는 여섯 달이 지난 뒤에야 기능을 발휘한다. 이것들은 모두 아기를 놀라게 하는 자극이지만, '안전한' 보호자가 주는 자극이다. 아이들은 곧 이런 자극을 유발하는 법을 배운다. 예를 들어 숨바꼭질을 하면 숨어 있는 사람을 찾아내는 '충격'을 맛볼 수 있고, 술래잡기 놀이를 하면 붙잡히는 '충격'을 맛볼 수 있다.

따라서 웃음은 놀이 신호가 되고, 아이와 부모 사이의 극적인 상호작용이 앞으로도 계속 발전할 수 있다는 신호가 된다. 물론 이 같은 상호작용이 지나치게 무섭거나 고통스러워지면 아기의 반응은 웃음에서 울음으로 바뀔 수 있고, 울음은 당장 부모의 보호 반응을 다시 자극한다. 이런 체계 덕분에 아기는 자신의 육체적 능력과 주위 세계의 물질적 속성을 마음 놓고 탐구할 수 있다.

다른 동물들도 특수한 놀이 신호를 갖고 있지만, 우리만큼 인상적인 것은 아니다. 예를 들어 침팬지는 특유한 놀이 표정을 갖고 있으며, 즐거울 때 낮은 소리로 꾸르륵거리는 것은 우리의 웃음에 해당한다. 원래 이런 신호는 양면 가치를 갖고 있다. 반갑다고 인사할 때, 침팬지 새끼는 입술을 오므리거나 입을 벌려 이빨을 드러낸다. 놀이 표정은 우호적인 환영과 두려움이라는 두 가지 감정에 자극되어 나타나는 것이므로, 인사할 때의 표정과 놀랐을 때의 표정이 뒤섞인다. 침팬지는 두려워할 때처럼 턱을 딱 벌리지만, 입술을 앞으로 내밀고 이빨은 드러내지 않는다. 낮게 꾸르륵거리는 소리는 반갑다고 인사하는 소리인 "우우우"와 놀랐을 때 내지르는 비명의 중간이다. 놀이가 너무 거칠어지면, 침팬지는 입술을 도로 잡아당기고 꾸르륵거리는 소리는 짧고 날카로운 비명으로 바뀐다. 놀이가 너무 평온해지면, 턱은 닫히고 입술은 우호적인 침팬지가 골을 낼 때처럼 뾰로통하게 앞으로 튀어나온다.

따라서 상황은 근본적으로 우리 인간과 똑같지만, 낮게 꾸르륵거리는 침팬지 소리는 입을 활짝 벌리고 기운차게 웃는 인간의 웃음에 비하면 하찮은 신호에 불과하다. 침팬지가 자라면 놀이 신호의 중요성은 한결 줄어들지만, 인간의 경우에는 웃음이 일상생활로 확대되어 훨씬 더 큰 중요성을 얻는다. 털 없는 원숭이는 어른이 되어도 놀기 좋아하는 원숭이다. 털 없는 원숭이는 천성적으로 탐험을 좋아하며, 놀이는 모두 이 탐구적인 본성의 일부다. 털 없는 원숭이는 끊임없이 일을 극한까지 몰고 가서 자신을 놀라게 하려고 애쓰고, 몸을 다치지 않는 한도 내에서 자신에게 충격을 준 다음, 남에게까지 전염되는 유쾌한 웃음을 터뜨려 기분이 전환되었다는 신호를 보낸다.

물론 좀 더 나이 든 어린이나 어른들 사이에서는 누군가를 보고 웃는 것이 사회적 무기가 될 수 있다. 그런 웃음은 상대편이 놀랄 만큼 이상야릇할 뿐 아니라 진지하게 받아들일 가치가 없다는 것을 나타내기 때문에 이중으로 모욕적이다. 직업적인 코미디언은 일부러 이 같은 사회적 역할을 채택하여 관중에게 안도감을 줌으로써 돈을 번다. 관중들은 코미디언의 비정상적인 행동을 보고 자기 집단이 정상이라는 것을 확인하며 즐거워하는 것이다.

10대 청소년이 우상에게 보이는 반응도 여기서 예로 들기에 적절하다. 우상을 보면 그들은 깔깔대며 웃는 것이 아니라 새된 소리로 비명을 지르며 즐거워한다. 그들은 비명을 지를 뿐만 아니라 자기 몸과 남의 몸을 움켜잡기도 하고, 몸을 뒤틀고, 신음소리를 내고, 얼굴을 가리고, 머리카락을 쥐어뜯는다. 이런 반응은 모두 격렬한 고통이나 두려움을 나타내는 전형적인 신호지만, 이제는 틀에 박힌 행동양식이 되었다. 그 문지방은 인위적으로 낮추어졌다.

그런 행동은 더 이상 도움을 청하는 울부짖음이 아니라, 성적인 우상에 대하여 자기도 강렬한 감정적 반응을 느낄 수 있다는 것을 다른 청중들에게 알려주는 신호이다. 감정적 반응이 너무 강렬하면, 참을 수 없을 만큼 격렬한 자극이 모두 그러하듯이 순수한 고통을 느끼게 된다. 10대 소녀가 우상 앞에 갑자기 혼자 있게 되면, 절대로 그를 향해 비명을 지르지는 않을 것이다. 비명은 우상더러 들으라고 지르는 것이 아니라, 같은 청중인 다른 소녀들에게 들려주기 위해 지르는 것이다. 소녀들은 이런 식으로 자신의 감정적 민감성이 발달하고 있다는 것을 서로 확인하고 안심할 수 있다.

눈물과 웃음이라는 주제에서 떠나기 전에 또 한 가지 밝혀야 할 수수께끼가 있다. 어떤 어머니들은 아기가 태어난 뒤 석 달 동안 끊임없이 울어대는 아기 때문에 고통을 겪는다. 부모가 무슨 짓을 해도 그 울음을 막지는 못하는 것 같다. 부모들은 아기 몸에 무언가 근본적인 문제가 있는 것이 틀림없다는 결론을 내리고, 그에 따라 아기를 다루려고 애쓴다. 물론 그들의 생각은 옳다. 육체적으로 무언가가 잘못된 것이다. 그러나 이것은 울음의 원인이라기보다는 오히려 결과일 것이다. 중요한 단서는 태어난 지 서너 달쯤 지나면 마치 마술이라도 부린 것처럼 이 울음이 그친다는 사실이다. 그칠 줄 모르던 울음이 사라지는 것은 아기가 어머니를 낯익은 개인으로 알아볼 수 있게 되는 바로 그 시점이다.

우는 아기를 가진 어머니의 행동과 조용한 아기를 가진 어머니의 행동을 비교해보면 대답이 나온다. 우는 아기를 가진 어머니는 아기를 다룰 때 자신이 없고 신경질적이며 불안해한다. 반대로 조용한 아기를 가진 어머니는 신중하고 침착하며 차분하다. 그렇게 어린 나이에도 아기는 '안정' 및 '안전'과 '불안정' 및 '불안전'의 차이를 감촉으로 예민하게 알아차리는 것이다. 마음이 불안정한 어머니는 갓 태어난 아기에게 그 불안의 신호를 보내지 않을 수 없다. 그러면 아기는 적절한 방법으로 어머니에게 신호를 보내, 불안의 원인으로부터 자기를 보호해달라고 요구한다. 그러나 이런 방법은 어머니를 더욱 괴롭힐 뿐이고, 어머니의 고통은 다시 아기를 울린다. 결국 불쌍한 아기는 너무 울어서 육체적 고통을 느끼게 되고 그렇지 않아도 비참한 아기의 상태는 그 육체적 고통으로 더욱 나빠진다. 이 악순환을 막기 위해서는 어머니가 상황을 있는 그대로 받아들이고 마음을 진정시켜야 한다. 필요한 일은 그것뿐이다.

물론 어머니가 그렇게 하지 못한다 해도(이 점에서 아기를 속이는 것은 거의 불가능하다) 서너 달만 지나면 문제는 저절로 해결된다. 앞에서도 말했듯이, 이 단계가 되면 아기는 어머니에게 각인되어 본능적으로 어머니를 '보호자'로 인식하고, 그런 식으로 어머니에게 반응하기 시작하기 때문이다. 어머니는 이제 더 이상 아기를 흥분시키는 자극의 원천이 아니라, 낯익은 얼굴이다. 어머니가 계속 아기를 흥분시키는 자극을 준다 해도, 아기들은 더 이상 겁을 먹지 않는다. 그런 자극은 우호적인 성질을 가진 낯익은 원천에서 나오기 때문이다. 아기는 부모에게 차츰 밀착하게 되고, 이것은 어머니를 진정시켜 자동적으로 어머니의 불안을 줄여준다. 그래서 그칠 줄 모르던 아기의 울음이 사라지는 것이다.

특별한 시각적 자극, 미소
• • •

지금까지 나는 미소라는 문제를 다루지 않았다. 미소는 웃음보다 훨씬 더 분화한 반응이기 때문이다. 웃음이 울음의 부차적인 형태이듯, 미소는 웃음의 부차적인 형태이다. 미소는 얼핏 보기에 덜 격렬한 웃음의 일종인 것처럼 보이지만, 사실은 그렇게 간단하지 않다. 가장 가벼운 형태의 웃음이 미소와 구별되지 않는 것은 사실이고, 미소가 이런 방법으로 시작된 것도 분명하지만, 진화하는 과정에서 미소는 웃음의 굴레에서 해방되었고, 따라서 이제는 별개의 존재로 고려해야 한다는 것도 분명하다. 강도 높은 미소 - 이를 드러내고 얼굴을 빛내며 활짝 웃는 것 - 는 강도 높은 웃음과는 전혀 다른 기능을 갖고 있다. 강도 높은 미소는 우리 인간이 인사할 때에만 전문적으로 사용하는 신호가 되었다. 누군가에게 미소를 지으며 인사하면, 그들은 우리가 우호적이라는 것을 안다. 그러나 소리 내어 웃으면서 인사하면, 그들은 그 웃음의 의미를 의심할 수도 있다.

모든 사회적 접촉은 아무리 우호적인 상황에서도 가벼운 두려움을 불러일으킨다. 만나는 순간 상대편이 어떻게 행동할 것인지는 미지수다. 미소와 웃음은 둘 다 이런 두려움이 존재한다는 것을 나타내는 동시에, 두려움이 매력이나 승인 같은 감정과 결합했다는 것을 보여준다. 그러나 웃음이 강도 높게 발전하면, 그것은 언제든지 '너를 더욱 놀라게 해주겠다'는 신호, 즉 위험과 안전이 공존하는 상황을 더욱 철저히 이용하겠다는 신호가 된다. 반면에 강도가 낮은 웃음인 미소가 활짝 웃는 표정으로 발전하면, 그것은 상황이 그런 식으로 확대되지는 않을 거라는 신호다. 그런 표정은 최초의 기분이 어떤 강렬한 감정도 합성해내지 않고 끝났다는 것을 나타낸다. 서로 마주 보며 미소를 짓는 것은 그들이 둘 다 약간 불안을 느끼고 있지만, 동시에 매력도 느끼고 있다는 것을 서로에게 확인시켜준다. 약간 두려워하고 있다는 것은 공격적이 아니라는 것을 의미하고, 공격적이 아니라는 것은 우호적이라는 것을 의미한다. 미소는 이런 식으로 상대편을 끌어당기는 우호적인 장치로 발전한다.

우리에게 이런 신호가 필요했다면, 다른 영장류들은 왜 이런 신호를 갖지 않았을까? 그들도 물론 다양한 종류의 우호적인 몸짓을 갖고 있지만, 우리에게는 추가로 미소가 있고, 어린이와 어른의 일상생활에서 엄청난 중요성을 지니고 있다. 우리의 존재방식 가운데 무엇이 미소를 이토록 중요한 것으로 만들었을까? 대답은 우리의 유명한 털 없는 피부에 있는 것 같다. 원숭이 새끼는 태어나자마자 어미의 털을 꽉 잡고 매달린다. 그러고는 몇 시간이 지나도, 며칠이 지나도 거기에 계속 머물러 있다. 몇 주일 동안, 심지어는 몇 달 동안 원숭이 새끼는 어미의 몸이 제공하는 아늑한 피난처를 떠나려 하지 않는다. 원숭이 새끼가 처음으로 과감하게 어미 곁을 떠날 때도, 언제든지 어미에게 도로 달려와서 매달릴 수 있다. 원숭이 새끼는 친밀한 육체적 접촉을 확보할 수 있는 나름대로의 방법을 갖고 있다. 어미는 이런 접촉이 달갑지 않더라도(새끼가 나이 들고 무거워지면 어미는 새끼가 매달리는 것을 싫어한다), 그것을 거부하는 데 애를 먹을 것이다. 침팬지 새끼에게 양어머니 노릇을 해줘본 사람이라면 누구나 이것을 증언할 수 있다.

우리는 이 세상에 태어나면 원숭이보다 훨씬 더 위험한 입장에 놓인다. 너무 허약해서 매달릴 힘도 없을 뿐더러 매달릴 대상도 없다. 어머니와의 밀접한 접촉을 보장해주는 물리적인 수단을 모조리 박탈당했기 때문에, 우리는 오로지 어머니가 보내는 자극적인 신호에만 의존할 수밖에 없다. 어머니의 관심을 끌기 위해 목청껏 비명을 지를 수는 있지만, 일단 어머니의 관심을 끈 뒤에 그것을 계속 유지하려면 무언가 다른 일을 해야 한다. 침팬지 새끼도 우리처럼 관심을 끌기 위해 비명을 지른다. 그러면 어미는 달려가서 새끼를 안아 올린다. 새끼는 당장 어미에게 매달린다. 우리도 이때 어머니에게 매달려야 하지만, 불행히도 우리에게는 붙잡을 털이 없다. 대용품이 필요해지는 것은 바로 이 순간이다. 그 대용품은 우리를 안아준 어머니에게 보답하고, 우리 곁에 계속 머물러 있고 싶은 마음이 나게 할 만한 신호여야 한다. 우리가 사용하는 신호는 바로 미소다.

미소는 태어난 지 몇 주일 만에 시작되지만, 처음에는 어떤 특정한 대상을 향해 미소를 짓는 것은 아니다. 5주일째가 되면, 어떤 자극에 대해서는 항상 미소를 짓는 반응을 보인다. 아기의 눈은 이제 어떤 대상을 응시할 수 있다. 처음에는 자기를 쳐다보는 한 쌍의 눈에 가장 민감하다. 카드에 까만 점 두 개만 찍어도 민감한 반응을 불러일으킬 수 있다. 몇 주일이 지나면 입도 필요해진다. 이제 두 개의 까만 점을 찍고 그 밑에 입술을 나타내는 선을 그으면, 보다 효율적으로 아기의 반응을 이끌어낼 수 있다. 얼마 후에는 입을 벌려야만 반응을 나타내게 되고, 눈은 중요한 자극으로서의 의미를 잃어버리기 시작한다. 태어난 지 서너 달쯤이면 이 단계에 도달하는데, 이때부터 아기의 반응은 좀 더 한정되기 시작한다.

나이 든 얼굴이면 아무 얼굴에나 반응을 보이던 아기는 이제 어머니의 얼굴에만 반응을 보인다. 부모의 각인이 일어나고 있는 것이다.

여기서 놀라운 사실은 이런 반응이 발달하고 있을 때 아기는 네모나 세모, 또는 윤곽이 뚜렷한 어떤 기하학적 도형도 분간하지 못한다는 점이다. 다른 시각 능력은 저만치 뒤처져서 꾸물거리고 있는데, 제한된 종류의 모양 - 사람의 얼굴과 관련된 형상 - 을 알아보는 능력만 특별히 먼저 성숙하는 것처럼 보인다. 따라서 아기의 시선은 자연히 올바른 대상에만 머물게 된다. 그러므로 생물이 아닌 물체가 가까이에 있다 해도 아기가 그 무생물의 모양에 각인되는 것은 있을 수 없는 일이다.

생후 7개월째가 되면 아기는 어머니에 완전히 각인된다. 이제는 어머니가 무엇을 하든, 평생 동안 자녀에게 어머니의 이미지를 유지할 수 있다. 어린 오리 새끼는 어미 뒤를 따라다니는 행동으로 어미의 이미지를 얻고, 원숭이 새끼는 어미에게 매달리는 행위로 어미의 이미지를 얻는다. 우리는 미소 짓는 반응을 통하여 애정의 유대를 드러낸다.

미소는 시각적 자극으로서, 주로 입꼬리를 살짝 들어올리는 간단한 행동으로 독특한 형상을 얻었다. 미소 지을 때는 겁먹은 얼굴처럼 입이 약간 벌어지고 입술은 뒤로 당겨지지만, 입꼬리가 말려 올라가는 동작을 여기에 추가하면 표정의 성격이 완전히 달라진다. 우리는 이러한 발전을 이룩한 결과, 이와는 대조적인 또 다른 표정도 지을 수 있게 되었다. 그것은 바로 입꼬리를 아래로 내리는 표정이다. 입술 모양을 미소 지을 때와는 완전히 반대로 하면, 미소와는 정반대되는 신호를 보낼 수 있다. 웃음이 울음에서 발전했고 미소가 웃음에서 발전했듯이, 비우호적인 표정은 우호적인 표정에서 발전한 셈이다.

그러나 입술의 선만이 미소의 구성 요소는 아니다. 어른인 우리는 입술을 살짝 비틀기만 해도 우리 기분을 전달할 수 있지만, 아기는 훨씬 더 격렬한 투쟁을 벌여야 한다. 아기는 환하게 미소 지을 때면 발을 버둥거리며 두 팔을 휘두르고, 자극을 향해 두 손을 뻗어 이리저리 움직이고, 알아듣지 못할 소리를 옹알거리고, 고개를 뒤로 젖혀 턱을 내밀고, 몸통을 앞으로 기울이거나 한쪽으로 굴리고, 숨을 한껏 들이마셨다가 힘차게 내뿜는다. 아기의 눈은 더 반짝거리고, 약간 가늘어질 수도 있다. 눈 밑이나 눈가에 주름살이 나타나고, 때로는 콧잔등에도 주름이 잡힌다. 코 양옆과 입가의 피부가 겹치는 부분은 더욱 강조되고, 혀가 약간 튀어나올 수도 있다. 이런 다양한 요소들 가운데 몸짓은 어머니와 접촉하려는 아기의 노력을 보여주는 것 같다. 아기는 그 서투른 동작으로 우리 조상인 영장류가 어미에게 매달리던 반응의 흔적을 우리에게 보여주고 있는지도 모른다.

나는 아기의 미소에 대해서만 장황하게 설명했지만, 미소는 물론 두 사람이 주고받는 신호다. 아기가 어머니에게 미소를 지으면, 어머니도 미소로 응답한다. 서로 상대편에게 보상을 주고, 둘 사이의 유대는 양쪽으로 더욱 단단해진다. 너무 뻔한 말이라고 생각할지 모르지만, 여기에도 함정이 있을 수 있다. 어떤 어머니는 마음이 뒤숭숭하거나 불안하거나 아기에게 화가 나면, 억지로 미소를 지어 기분을 감추려고 애쓴다. 그들은 아기를 당황하게 만들고 싶지 않아서 이런 가짜 표정을 짓지만, 실제로는 이런 속임수가 오히려 해로울 수 있다. 앞에서도 말했듯이, 어머니의 기분을 아기에게 숨기는 것은 거의 불가능하다. 우리는 아주 어릴 때부터 어머니의 불안과 평온함이 보내오는 미묘한 신호에 예민한 반응을 보이는 것 같다. 말을 배우기 전에, 즉 상징적이고 문화적인 의사 전달 수단의 거대한 기계장치 속에 꼼짝없이 갇히기 전에는 작은 몸짓과 자세 변화, 그리고 목소리의 음색에 훨씬 더 많이 의존한다.

다른 동물들도 이런 것에는 매우 유능하다. '영리한 한스'라는 이름의 말은 숫자를 계산할 줄 안다고 해서 유명해졌는데, 사실 이 한스의 놀라운 능력은 조련사의 사소한 자세 변화에 예민하게 반응한 결과였다. 어떤 수를 더하라는 명령을 받으면, 한스는 그 숫자만큼 발을 구른 다음 멈춘다. 조련사가 방에서 나가고 다른 사람이 그 일을 떠맡아도, 한스는 여전히 옳은 답을 맞추었다. 말이 발을 구르는 횟수가 정답에 가까워지면, 그 낯선 사람도 몸을 약간 긴장시키지 않을 수 없기 때문이다.

우리도 모두 이런 능력을 갖고 있다. 어릴 때뿐 아니라 어른이 된 뒤에도 마찬가지다. (점쟁이들은 이 능력을 많이 이용한다. 어떤 말을 던졌을 때 상대편의 미묘한 반응을 보고, 그것이 옳은 방향인지 아닌지를 판단한다.) 그러나 말을 배우기 전인 어린 시절에는 이 능력이 특히 활발하게 활동하는 것 같다. 어머니가 긴장하여 불안한 몸짓을 하고 있으면, 아무리 숨기려고 애써도 아기에게 그 기분을 전달하게 된다. 그럴 때 어머니가 아무리 활짝 미소를 지어도 아기를 속일 수는 없다. 오히려 아기를 혼란에 빠뜨릴 뿐이다. 서로 모순되는 두 가지 메시지가 전달되고 있기 때문이다. 이런 일이 자주 일어나면 아기에게 영구적인 손상을 입힐 수 있다. 그런 어머니 밑에서 자란 아기는 나중에 사회에서 다른 사람과 접촉하고 생활에 적응하기가 어려워진다.

털 없는 원숭이는 가르치는 원숭이다

• • •

우리는 이제 미소라는 주제를 떠나 전혀 다른 활동으로 넘어가야 한다. 몇 달이 지나면 아기의 새로운 행동양식이 나타나기 시작한다. 공격성이 등장하는 것이다. 다목적인 울음에서 역정을 부리고 성을 내는 울음이 갈라져 나가기 시작한다. 아기는 고르지 못하고 불규칙적인 비명과, 팔다리로 난폭하게 차고 때리는 동작으로 공격성을 표현한다. 아기는 작은 물건을 던지고, 큰 물건을 흔들고, 침을 뱉고 토하고, 손에 잡히는 것이라면 무엇이든 깨물거나 할퀴거나 때리려고 애쓴다. 처음에는 이런 행위가 조정되지 않은 채 닥치는 대로 이루어진다. 울음은 아직도 두려움이 존재하고 있다는 것을 보여준다. 공격성은 아직 순수한 공격으로 성숙하지 못했다. 순수한 공격은 훨씬 나중에, 아기가 자신감을 갖고 자신의 육체적 능력을 완전히 알게 된 뒤에 나타난다. 공격성도 독특한 표정 신호를 갖고 있다. 이 신호는 입술을 꽉 다물고 상대편을 노려보는 것으로 이루어진다. 입술은 오므라들어 딱딱한 선을 이루고, 입꼬리는 뒤로 잡아당겨지는 것이 아니라 앞으로 나온다. 눈은 상대편을 뚫어지게 노려보고, 눈썹은 아래로 내려와 험상궂은 표정을 짓는다. 두 주먹은 불끈 움켜쥔다. 아기는 마침내 자기 권리를 주장하기 시작한 것이다.

아동 집단의 인구밀도를 높이면 이런 공격성이 더욱 강해질 수 있다는 사실이 밝혀졌다. 사람으로 가득 찬 상황에서는 집단 구성원들 사이의 우호적인 상호작용이 줄어들고, 파괴적이고 공격적인 행동양식이 현저하게 잦아질 뿐 아니라 정도도 심해진다. 다른 동물의 경우, 누가 우세한가를 가려내기 위해서 싸우기도 하지만 구성원들 사이의 간격을 넓히기 위해서도 싸운다는 사실을 기억한다면, 인구밀도가 높아졌을 때 공격성이 증가한다는 것은 의미심장하다. 이 문제는 나중에 다시 논하기로 하겠다.

부모의 의무에는 자식을 보호하고 먹이고 씻기고 같이 놀아주는 것이외에 훈련이라는 중요한 과정도 포함된다. 다른 동물의 경우와 마찬가지로 이 훈련은 상벌제도로 이루어진다. 상벌제도는 아기의 시행착오 학습을 차츰 수정하고 조정한다. 그러나 아기는 훈련 이외에 모방을 통해서도 빠른 속도로 배워나간다. 다른 포유류의 경우에는 이 모방 과정이 별로 발달하지 못했지만, 우리 인간의 모방 능력은 최고로 높아지고 정확해졌다. 다른 동물이 스스로 애써 배워야 하는 것의 대부분을 우리는 부모를 모방함으로써 재빨리 배운다. 털 없는 원숭이는 가르치는 원숭이다. 우리는 이 학습 방법에 완전히 길들어 있어서, 다른 동물도 똑같은 방법으로 이익을 얻을 거라고 생각하는 경향이 있다. 그래서 우리는 가르침이 다른 동물의 생활에서 맡고 있는 역할을 심히 과대 평가해왔다.

우리가 어른이 되었을 때 하는 일은 대부분 어린 시절에 부모를 모방하여 배운 것에 바탕을 두고 있다. 이런 행동이 추상적이고 고상한 도덕률의 원칙과 일치하기 때문에 우리는 특별한 행동을 하고 있는 듯한 착각에 빠지기 쉽지만, 실제로는 어린 시절에 부모를 모방하면서 우리 몸에 깊이 배어든, 그리고 오래전에 '잊혀진' 인상에 복종하고 있을 뿐이다. 사회가 관습과 '믿음'을 바꾸기가 그토록 어려운 이유는 (우리가 조심스럽게 감추고 있는 본능적인 충동과 아울러) 이런 인상에 무조건 복종하기 때문이다. 순수하고 객관적인 지성에 바탕을 둔 자극적이고 합리적인 새로운 생각에 맞닥뜨려도, 사회는 여전히 옛날의 습관과 편견을 고수할 것이다. 우리가 어린 시절에 조상들의 축적된 경험을 단숨에 흡수하는 중요한 '압지(壓紙)' 단계를 거치는 한, 이것은 우리가 짊어질 수밖에 없는 십자가다. 우리는 조상들이 발견한 귀중한 것들과 더불어 조상들의 편견도 함께 짊어지고 갈 수밖에 없는 것이다.

다행히 우리는 모방학습 과정이 본질적으로 갖고 있는 이 약점에 대하여 강력한 대항수단을 개발했다. 우리는 왕성한 호기심과 강렬한 탐구욕을 갖고 있는데, 이것이 모방적 성향에 반발함으로써 균형을 이룬다. 이 균형은 멋진 성공을 낳을 수 있는 잠재력을 갖고 있다. 어떤 문화가 모방의 노예가 되어 지나치게 완고해지거나 탐구욕이 지나쳐서 너무 대담하고 무분별해질 때에만 그 문화는 휘청거릴 것이다. 두 가지 충동이 균형을 이룬 문화는 많이 볼 수 있다. 온갖 금기와 오래된 관습의 멍에에 완전히 지배당하고 있는 작고 낙후된 사회는 지나치게 완고한 문화의 본보기다. 그러나 이런 문화도 선진 문화가 개종시켜 '도와주면' 순식간에 무분별한 문화의 본보기가 된다. 새로운 문화와 탐험의 흥분을 갑자기 과용하면, 사회를 안정시키는 힘 - 이 힘은 조상을 모방하는 것에서 나온다 - 이 무력해져 저울이 반대쪽으로 너무 많이 기울어진다. 그 결과, 문화적 혼란과 분열이 일어난다. 모방과 호기심, 노예처럼 무조건 모방하는 태도와 점진적이고 합리적인 실험이 차츰 완벽한 균형을 이루어가고 있는 사회는 운이 좋은 사회다.

새것 좋아하기와 새것 싫어하기

EXPLORATION

04

탐험

원숭이와 유인원 중에서도 털 없는 원숭이는 가장 뛰어난 기회주의자다. 우리는 나이가 들어도 어린 시절의 호기심을 간직하고, 때로는 호기심이 더욱 강해지기도 한다. 우리는 결코 조사를 멈추지 않는다. 이것만 알면 충분히 살아갈 수 있다고 해도, 절대로 그것으로 만족하지 않는다. 우리가 어떤 질문에 대답하면, 그 질문은 또 다른 질문을 낳는다. 이것은 우리 인류의 가장 위대한 생존 기술이 되었다.

04

EXPLORATION

탐험

●

새것 좋아하기와 새것 싫어하기

　미지의 것을 탐험하고 싶어하는 충동은 모든 포유류가 갖고 있지만, 일부 동물에게는 그 탐구욕이 다른 동물들보다 더 중요하다. 모험심은 주로 동물들이 진화 과정에서 어떻게 분화해왔느냐에 따라 결정된다.
　진화하는 과정에서 특유의 생존 기술을 완성하는 데에만 모든 노력을 쏟아부었다면, 주위 세계의 복잡성에는 별로 신경을 쓸 필요가 없다. 개미핥기에게는 개미만 있으면 되고, 코알라에게는 고무나무의 잎만 있으면 충분하다. 그들은 그것으로 만족하고 태평세월을 노래한다. 반면에 비전문가들 - 동물 세계의 기회주의자들 - 은 한시도 느긋하게 쉴 여유가 없다. 그들은 항상 다음 끼니를 걱정한다. 어디서 먹이를 구할 수 있을지 막막하다. 그래서 그들은 구석구석을 모조리 알아야 하고, 모든 가능성을 시험하면서 우연히 다가오는 기회를 놓치지 않으려고 항상 눈을 반짝여야 한다. 그들은 탐험해야 하고, 탐험을 계속해야 한다. 그들은 조사해야 하고, 끊임없이 재조사를 해야 한다. 그들은 항상 왕성한 호기심을 가져야 한다.

　이것은 단순히 먹이 문제만은 아니다. 자신을 방어하기 위해서도 그런 조치가 필요하다. 호저와 고슴도치 및 스컹크는 적을 아랑곳하지 않고 마음껏 시끄러운 소리를 내면서 코를 쿵쿵거리고 발을 쿵쿵거리며 돌아다닐 수 있지만, 아무 무기도 없는 포유류는 한시도 경계태세를 늦추어서는 안 된다. 그런 포유류는 위험신호와 탈출로를 알아야 한다. 살아남기 위해서는 자기 행동권을 샅샅이 알아두어야 한다.

　이런 식으로 생각하면, 전문가가 되지 않는 것이 오히려 비효율적인 것처럼 보일지도 모른다. 도대체 왜 기회주의적인 포유류가 생겨야 했는가? 그 대답은 간단하다. 개미핥기나 코알라 같은 전문가의 생활 방식에는 심각한 장애가 있기 때문이다. 특수한 생존 장치가 제대로 작동만 한다면 걱정할 게 없지만, 환경이 크게 변화하면 전문가는 오도 가도 못하게 된다. 전문가가 경쟁자들을 앞지르기 위해 극단적으로 전문화했다면 유전자 구조를 크게 변화시킬 수밖에 없었을 테고, 따라서 위기가 닥쳐왔을 때 이 변화를 재빨리 역전시킬 수는 없을 것이다. 고무나무 숲이 사라지면 코알라도 사라질 것이다. 쇠처럼 단단한 입을 가진 육식동물이 호저의 뻣뻣한 털을 아작아작 씹어먹을 수 있는 능력을 개발한다면, 호저는 만만한 먹이가 될 것이다.

　기회주의자들은 항상 살기가 고달프지만, 환경이 빠른 속도로 변화해도 거기에 재빨리 적응할 수 있다. 몽구스의 먹이인 쥐와 생쥐를 빼앗으면, 몽구스는 새알과 뱀으로 주식을 바꿀 것이다. 원숭이에게서 과일과 견과류를 빼앗으면, 원숭이는 나무뿌리와 새싹을 먹을 것이다.

　원숭이와 유인원은 모든 비전문가들 가운데서도 가장 기회주의적이다. 그 집단은 비전문화의 전문가가 되었다. 그리고 원숭이와 유인원 중에서도 털 없는 원숭이는 가장 뛰어난 기회주의자다. 이것은 털 없는 원숭이의 유태보존적 진화가 갖고 있는 또 하나의 측면이다. 어린 원숭이 새끼는 모두 호기심이 왕성하지만, 자라날수록 그 호기심은 차츰 줄어드는 경향을 보인다. 그러나 우리는 나이가 들어도 어린 시절의 호기심을 간직하고, 때로는 호기심이 더욱 강해지기도 한다. 우리는 결코 조사를 멈추지 않는다. 우리는 이것만 알면 충분히 살아갈 수 있다고 해도, 절대로 그것으로 만족하지 않는다. 우리가 어떤 질문에 대답하면, 그 질문은 또 다른 질문을 낳는다. 이것은 우리 인류의 가장 위대한 생존 기술이 되었다.

새로운 것에 끌리는 경향을 '네오필리아(neophilia : 새것 좋아하기)'라고 부르며, 이는 '네오포비아(neophobia : 새것 싫어하기)'와 대조를 이룬다. 낯선 것은 모두 위험물일 가능성이 있다. 따라서 낯선 것에는 조심스럽게 접근해야 한다. 그럴 바에는 차라리 피하는 게 낫지 않을까? 하지만 낯선 것을 피한다면 그것에 대해서 어떻게 알 수 있겠는가? 새것을 좋아하는 충동은 미지의 것을 알 때까지 우리를 계속 몰아댈 게 틀림없다. 우리는 낯선 것에는 계속 관심을 갖지만, 일단 그것을 알고 나면 별것도 아니라는 듯이 코웃음을 치면서 저장 창고에 쌓아둔다. 창고에 쌓인 이 귀중한 경험들은 나중에 필요할 때면 언제든지 꺼내 쓸 수 있다.

어린이는 항상 이런 일을 한다. 어린이는 새것을 좋아하는 충동이 너무 강하기 때문에 부모가 억제할 필요가 있다. 그러나 부모는 아이의 호기심을 감독할 수는 있을지 모르지만, 결코 그것을 억누를 수는 없다. 어린이가 성장함에 따라 탐험을 좋아하는 성향은 이따금 위험 수위에 이르곤 한다. 어른들은 아이가 '야생동물처럼 군다'고 걱정한다. 그러나 사실은 정반대다. 어른들이 조금만 틈을 내어 다 자란 야생동물이 어떤 식으로 행동하는가를 배운다면, '그들'이야말로 야생동물이라는 것을 알게 될 것이다. 다 자란 야생동물은 새끼들의 탐험을 억제하려고 애쓰고, 사람과 비슷한 보수주의의 아늑함에 안주한다. 우리에게는 다행히도 어린 시절의 창의성과 호기심을 그대로 간직하고 있는 어른들이 많다. 이들이야말로 인류가 계속 진보하고 팽창할 수 있게 해주는 사람들이다.

감동적인 '새것 좋아하기'

• • •

어린 침팬지가 노는 것을 관찰해보면, 그들의 행동과 우리 어린이들의 행동이 비슷하다는 것을 금방 깨닫게 된다. 그들은 둘 다 새로운 '장난감'에 매혹된다. 그들은 열심히 새로운 장난감으로 달려가, 그것을 집어 들고 내동댕이치고 비틀고 두드리고 산산조각을 내버린다. 침팬지와 어린이는 간단한 놀이를 고안한다. 침팬지의 호기심은 우리만큼 강하고, 처음 몇 년 동안은 꼭 우리처럼 행동한다. 아니, 사실은 우리보다 더 낫다. 그들의 근육조직은 인간보다 더 빨리 발달하기 때문이다. 그러나 얼마 후에는 뒤처지기 시작한다. 그들의 두뇌는 이 훌륭한 출발을 발판으로 삼을 수 있을 만큼 복잡하지 못하다. 그들의 집중력은 약하고, 몸이 성장해도 집중력은 강해지지 않는다. 무엇보다도 그들은 자기들이 발견한 독창적인 기술에 대해서 부모와 세세하게 의견을 교환할 능력을 갖고 있지 않다.

이 차이를 가장 분명히 밝힐 수 있는 방법은 특수한 예를 드는 것이다. 그림 그리기나 그림 탐구를 예로 드는 게 가장 적합하다. 그림 그리기는 하나의 행동양식으로서 수천 년 동안 우리 인류에게 매우 중요했기 때문이다. 알타미라 동굴과 라스코 동굴에 남아 있는 선사시대의 그림이 그것을 입증해준다.

기회와 적당한 재료를 주면, 어린 침팬지는 마치 우리가 하얀 백지에 자국을 내면서 시각적 가능성을 탐구할 때만큼 흥분한다. 이런 관심은 비교적 적은 노력을 들여 큰 성과를 얻는 투자 보상 원리와 관계가 있다. 모든 종류의 놀이에는 이 원리가 작용하고 있는 것을 볼 수 있다. 많은 노력을 들여야 하는 놀이활동도 있지만, 가장 만족스러운 것은 적은 노력을 들였는데도 뜻밖에 큰 반응을 낳는 경우이다. 우리는 이것을 놀이의 '극대화한 보상' 원리라고 부를 수 있다. 침팬지와 어린이는 물건을 두드리기를 좋아한다. 그들이 보다 좋아하는 것은 가장 적은 노력으로 가장 큰 소리를 내는 물건들이다. 가볍게 던지기만 해도 높이 튀어오르는 공, 살짝 손을 대기만 해도 방 저편으로 날아가는 풍선, 힘들이지 않고 모양을 만들 수 있는 모래, 부드럽게 밀어도 쉽게 굴러가는 바퀴 달린 장난감, 이런 것들은 가장 큰 매력을 가진 물건들이다.

아기는 연필과 종이를 처음 보았을 때는 그것이 약속해주는 상황을 알아차리지 못한다. 기껏해야 연필을 가지고 종이를 톡톡 두드릴 뿐이다. 그러나 이 행위는 유쾌한 놀라움을 불러일으킨다. 연필로 종이를 두드리면 소리만 나는 것이 아니라, 눈에 보이는 결과도 낳는다. 연필 끝에서 무언가가 나와 종이에 자국을 남긴다. 선이 그어진다.

침팬지나 어린이가 처음으로 시각예술을 발견하는 이 순간을 관찰하는 것은 참으로 감동적이다. 그들은 자신의 행동이 가져다준 뜻밖의 선물에 호기심을 느끼고, 그 선을 뚫어지게 바라본다. 침팬지나 어린이는 잠시 그 결과를 바라보다가 다시 한 번 실험을 되풀이한다. 물론 두 번째도 성공이다. 그들은 신이 나서 자꾸만 선을 긋는다. 종이는 금방 꾸불꾸불한 선으로 뒤덮인다. 시간이 갈수록 그림 그리는 동작은 더욱 격렬해진다. 자신이 없는 듯 머뭇거리며 하나씩 종이 위에 그어지던 선들은 여러 번 앞뒤로 왔다 갔다 하는 끼적거림으로 바뀐다. 선택할 여지가 있다면, 그들은 연필보다는 크레용과 분필과 물감을 더 좋아한다. 그런 것들이 종이를 스치면 훨씬 더 뚜렷한 결과를 낳기 때문이다.

  침팬지나 어린이는 태어난 지 일 년 반쯤 지나면 이런 활동에 처음으로 흥미를 보이기 시작한다. 그러나 두 돌이 지날 때까지는 대담하고 자신만만하게 여러 겹으로 끼적거리는 행위가 기세를 얻지 못한다. 세 살이 되면 보통 어린이는 시각예술의 새로운 단계로 접어든다. 혼란스러운 끼적거림을 단순화하기 시작하는 것이다. 어린이는 자극적인 혼돈 속에서 기본적인 도형들을 추출해내기 시작한다. 어린이는 우선 가위표를 실험한 다음, 동그라미와 네모와 세모를 실험한다. 선의 양쪽 끝이 만나서 하나의 공간을 둘러쌀 때까지 종이 가장자리를 따라 꾸불꾸불한 선을 긋는다. 선은 이제 하나의 윤곽이 된다.

  그 후 몇 달 동안 이 단순한 도형들은 서로 결합하여 간단한 추상적 무늬를 만든다. 동그라미는 가위표로 절단되고, 네모의 모서리는 대각선과 결합한다. 이것은 최초의 회화적 표현에 앞서 나타나는 중요한 단계다. 어린이의 경우, 이 위대한 전진은 태어난 지 3년째 되는 후반에 일어난다. 그러나 침팬지에게는 이 단계가 결코 오지 않는다. 침팬지는 부채꼴과 가위표와 동그라미를 그릴 수 있고 때로는 동그라미 안에 표시를 할 수도 있지만, 그 이상은 한 걸음도 나아갈 수 없다. '표시된 동그라미' 단계는 평범한 어린이가 최초의 초상화를 제작하기 바로 전 단계라는 것을 생각하면 더욱 흥미롭다. 어린이는 동그라미 윤곽 안에 몇 개의 선이나 점을 그린다. 그러면 마치 마술이라도 부린 것처럼 하나의 얼굴이 어린 화가를 쏘아보고 있는 것이다. 어린이의 머릿속에서 갑자기 깨달음의 불빛이 번득인다. 추상적인 실험 단계, 무늬를 창조하는 단계는 지났다. 이제는 새로운 목표에 도달해야 한다. 완전한 초상화가 어린이의 목표다. 새로운 얼굴이 그려진다. 이번에는 눈과 입이 제자리에 놓여 있는 좀 더 나은 얼굴이다. 자세한 부분이 덧붙여진다. 머리카락, 귀, 코, 팔, 다리가 생긴다. 다른 이미지도 탄생한다. 어린이는 꽃과 집, 동물, 배, 자동차를 그린다. 이것은 침팬지가 결코 정복할 수 없는 고지다. 침팬지는 정상 – 동그라미를 그리고 그 안에 점을 찍는 단계 – 에 도달하면, 몸은 계속 성장하지만 그림은 성장하지 못한다. 언젠가는 천재 침팬지가 발견될지도 모르지만, 그런 일은 결코 생길 것 같지 않다.

어린이에게는 이제 그림 탐구의 초상화 단계가 눈앞에 펼쳐져 있지만, 그것이 엄청난 발견인데도 추상 무늬를 그리던 옛날의 영향은 여전히 남아 있다. 특히 다섯 살부터 여덟 살까지의 어린이에게서는 그 영향을 쉽게 찾아볼 수 있다. 이 시기에 어린이들은 유난히 매력적인 그림을 제작한다. 그 그림들은 추상 무늬 단계에 다져놓은 튼튼한 기초공사 위에 세워져 있기 때문이다. 초상화는 여전히 단순한 분화 단계에 머물러 있고, 확고한 기초공사에 바탕을 둔 자신만만한 도형과 무늬가 초상화에 배열되어 매력적인 결합을 이룬다.

점으로 가득 찬 동그라미가 정확한 초상화로 발전하는 과정도 인상적이다. 그것이 얼굴을 나타낸다는 사실을 발견했다고 해서 하룻밤 사이에 완벽한 초상화를 그릴 수 있게 되는 것은 아니다. 완벽한 초상화는 분명 중요한 목표가 되지만, 거기에는 시간이 걸린다. (사실은 10년 이상의 세월이 필요하다.) 우선 기본 윤곽이 약간 정돈되어야 한다. 눈은 선이 아니라 동그라미가 되어야 하고, 입은 힘찬 수평선이 되어야 하며, 얼굴 한가운데에는 두 개의 점을 찍거나 동그라미를 그려 코를 나타낸다. 바깥 동그라미 가장자리에는 머리카락을 그려야 한다. 그리고 발전은 거기서 잠시 멈출 수 있다. 결국 얼굴은 어머니의 신체부위 가운데 가장 중요하고 주목하지 않을 수 없는 부분이다. 적어도 시각적인 관점에서는 그렇다.

그러나 조금 지나면 더 많은 진전이 이루어진다. 머리카락의 일부를 나머지보다 약간 길게 그리는 간단한 방법을 통하여, 얼굴뿐인 이 초상화에서 팔과 다리가 뻗어나올 수 있다. 팔과 다리에서는 다시 손가락과 발가락이 돋아나온다. 이 시점에서도 초상화의 기본 형태는 여전히 초상화 이전 단계의 동그라미에 바탕을 두고 있다. 이 동그라미는 옛 친구이기 때문에 늦게까지 남아 있다. 바로 앞 단계에서 얼굴이 되었던 옛 친구 동그라미는 이제 얼굴과 몸이 결합한 형태가 되었다. 이 단계에서는 두 팔이 머리처럼 보이는 동그라미의 양옆에서 뻗어나와 있지만, 어린이는 별로 걱정하는 것 같지 않다. 그러나 이런 동그라미가 영원히 그대로 남아 있을 수는 없다. 그것은 세포처럼 분열하여 아래쪽에 두 번째 세포를 만들어야 한다. 또는 동그라미 밑으로 뻗어 내려간 외줄기 선이 도중에 둘로 갈라져 두 개의 다리선을 이루어야 한다. 두 다리선이 결합하는 위치는 적어도 발보다는 높다. 세포분열을 시키거나 다리선을 그리는 방법으로 몸통이 태어난다. 어떤 일이 일어나든, 팔은 여전히 머리 옆에서 막대기처럼 뻣뻣하게 튀어나와 있다. 그리고 팔은 당분간 그곳에 머물다가 좀 더 올바른 위치로 내려와, 몸통 위에서 양옆으로 뻗어나가게 된다.

탐험가가 지칠 줄 모르고 여행을 계속하면서 이런 단계들을 하나씩 천천히 밟아 나아가는 것을 관찰하면 흥미진진하다. 탐험가는 점점 더 많은 모양과 결합을 시도하고, 보다 다채로운 이미지와 보다 복잡한 색깔과 보다 다양한 구조를 실험한다. 이런 과정을 거쳐 결국에는 정확한 초상화가 완성되고, 바깥 세계의 정확한 모습을 종이에 담아서 보존할 수 있게 된다.

그러나 이 단계에 도달하면 이 활동이 본래 갖고 있던 탐험적인 성격은 그림을 통한 의사 전달이라는 절박한 요구에 밀려 그 밑으로 가라앉는다. 침팬지와 어린이가 초기에 그린 그림은 의사 전달과는 아무 관계도 갖고 있지 않았다. 그것은 발견과 창조의 행위, 시각예술이 얼마나 다양할 수 있는가를 시험하는 행위였다. 그것은 신호를 보내는 그림이 아니라 '행위예술'이었다. 그것은 어떤 보상도 요구하지 않았다. 그 자체가 바로 보상이었고, 놀이를 위한 놀이였다. 그러나 어린 시절의 놀이가 대부분 그러하듯이, 그것은 곧 어른의 오락으로 변화한다. 사회적 의사 전달이 그것을 접수하고, 원래의 창의성은 사라진다. 선을 가지고 이리저리 산책하는 순수한 흥분은 사라진다. 대부분의 어른들은 낙서할 때에만 그것이 다시 나타나는 것을 허락한다. (이것은 어른들이 창의성을 잃어버렸다는 뜻이 아니라, 단지 창의성의 영역이 좀 더 복잡하고 전문적인 영역으로 옮아갔다는 뜻이다.)

탐험적인 미술에는 다행한 일이지만, 이제는 주위 세계의 이미지를 훨씬 더 효율적으로 재현할 수 있는 과학적인 방법이 개발되었다. 사진과 그 파생물 때문에, 주위 세계의 정보를 담는 '재현 그림'은 시대에 뒤떨어진 것이 되었다. 이것은 어른의 예술을 오랫동안 속박해온 무거운 책임의 굴레를 끊어주었다. 그림은 이제 성숙한 어른의 형태로 또다시 주위 세계를 탐험할 수 있게 되었다. 오늘날 일어나고 있는 일이 바로 이것이라는 사실은 구태여 언급할 필요도 없을 것이다.

놀이 규칙

• • •

내가 이 특수한 탐험 행동을 예로 든 것은 이것이 우리와 가장 가까운 친척인 침팬지와 우리의 차이를 가장 뚜렷이 드러내고 있기 때문이다. 다른 측면에서도 비슷한 비교를 할 수 있다. 그중에서 한두 가지는 짤막하게나마 언급할 가치가 있다. 침팬지와 인간은 둘 다 소리의 세계를 탐험한다. 앞에서도 말했듯이, 침팬지는 어떤 이유에선지는 모르지만 목소리의 창조력을 사실상 갖고 있지 않다. 그러나 '타악기 두드리기'는 침팬지의 생활에서 중요한 역할을 맡고 있다. 어린 침팬지는 물건을 두드리고 발을 구르고 손뼉을 치는 행위가 낼 수 있는 소리를 되풀이하여 조사한다. 어른이 되면 그들은 이런 경향을 오랫동안 계속되는 사회적 북 치기로 발전시킨다. 침팬지는 차례로 발을 구르고 비명을 지르고 나무나 풀을 잡아 뜯으면서, 나무 그루터기와 속이 빈 통나무를 두드린다. 한 마리가 시작하면 다른 침팬지들도 그 뒤를 따른다. 이런 합동 연주는 30분이 넘게 계속될 수도 있다. 이 연주의 정확한 기능은 모르지만, 집단 구성원끼리 서로 흥분시키는 효과를 낸다.

인간의 경우에도 북 치기는 가장 널리 퍼져 있는 음악적 표현양식이다. 인간은 침팬지와 마찬가지로 어린 나이에 북 치기를 시작한다. 어린이가 주위에 있는 물건이 갖고 있는 타악기로서의 가치를 시험해보기 시작하는 것도 침팬지와 거의 똑같다. 그러나 어른 침팬지의 타악기 연주는 단순히 박자에 맞춰 둥둥 두드리는 것에 불과한 반면, 우리는 그것을 복잡한 다성 리듬으로 다듬고 다양한 고저장단으로 더욱 폭을 넓힌다. 우리는 또한 속이 빈 대롱 속에 숨을 불어넣고 금속 조각을 긁거나 퉁겨서 더 많은 소리를 만든다. 침팬지는 꽥꽥 비명을 지르고 '우우' 하는 소리를 내지만, 우리는 독창적인 노래를 부른다. 우리의 음악 연주는 복잡하게 발달했지만, 단순한 사회 집단에서는 그런 음악 연주가 나무 그루터기를 두드리며 '우우' 하는 소리를 내는 침팬지의 합동 연주와 거의 같은 역할 – 집단 구성원끼리 서로 흥분시키는 역할 – 을 맡았던 것 같다. 그림 그리기와는 달리, 음악 연주는 자세한 정보를 대규모로 전달하기 위한 행동양식으로 바뀌지 않았다.

어떤 문화에서는 북 치는 소리로 메시지를 전달했지만, 이런 극소수의 예외를 제외하면 음악은 주로 공동체의 분위기를 자극하고 화합시키는 수단으로 발전했다. 그러나 음악의 독창적이고 탐험적인 성격은 점점 더 강해졌고, 외부의 사물을 '재현'해야 하는 의무에서 벗어나 있었기 때문에 음악은 추상적인 아름다움을 실험하는 중요한 분야가 되었다. (그림은 정보를 전달해야 하는 중요한 의무 때문에, 얼마 전에야 겨우 음악을 따라잡았을 뿐이다.)

춤도 음악이나 노래와 거의 똑같은 과정을 밟았다. 침팬지는 북을 치면서 몸을 흔들고 껑충껑충 뛰는데, 분위기를 고조시키는 우리 인간의 음악 연주도 역시 이런 동작을 수반한다. 음악과 마찬가지로 인간의 그런 동작은 정교하게 다듬어지고 확대되어 복잡한 예술로 발전했다.

춤과 밀접한 관계를 가진 것은 운동의 발달이었다. 율동적인 몸놀림은 침팬지 새끼와 어린이의 놀이가 공통적으로 갖고 있는 특징이다. 이런 동작은 곧 일정한 양식을 갖게 되지만, 그 체계적인 유형 속에는 강한 가변성의 요소가 남아 있다. 그러나 침팬지의 신체 놀이는 발전하거나 성숙하지 않고 용두사미로 끝나버린다. 반면에 우리는 그런 몸놀림이 갖고 있는 가능성을 최대한으로 탐구하고, 복잡한 형태를 가진 수많은 운동과 스포츠로 다듬어 어른의 생활 속에 받아들인다. 운동도 역시 사회 집단을 통합시키는 장치로 중요하지만, 본질적으로 운동은 우리의 신체

능력에 대한 탐구를 유지하고 확대하는 수단이다.

그림 그리기에서 파생한 글쓰기와 말하기는 정보를 전달하고 기록하는 중요한 수단으로 발전했지만, 아름다움을 탐구하는 수단으로도 대규모로 활용되었다. 우리 조상의 끙끙대는 소리와 꽥꽥거리는 소리가 복잡한 상징적 언어로 발달한 덕분에, 우리는 가만히 앉아서 머릿속으로 온갖 생각을 갖고 '놀' 수도 있고, 연속된 단어 묶음을 솜씨 있게 조작하여 미학적이고 실험적인 장난감이라는 새로운 목적에 사용할 수도 있게 되었다.

그리하여 우리는 이 모든 영역 – 그림, 조각, 데생, 음악, 노래, 춤, 운동, 놀이, 스포츠, 글쓰기와 말하기 – 에서 평생 동안 복잡하고 세분화한 탐험과 실험을 마음껏 계속할 수 있다. 행위자와 관찰자로서 정교한 훈련을 쌓으면, 이런 탐구가 제공하는 엄청난 잠재력에 우리가 얼마나 민감한가를 알아차릴 수 있다. 이런 활동의 부차적인 기능(돈을 벌고 지위를 얻는 등)을 옆으로 제쳐놓으면, 이런 활동은 모두 생물학적으로 볼 때 어린 시절의 놀이 유형이 어른의 생활에까지 연장되었거나 어른의 정보 전달 체계에 '놀이 규칙'이 덧붙여진 것이다.

이 '놀이 규칙'은 다음과 같이 요약할 수 있다. (1)낯선 것이 있으면 그것을 잘 알게 될 때까지 조사해야 한다. (2)익숙해진 것에는 율동적인 반복을 부과해야 한다. (3)이 반복은 되도록 여러 가지 방법으로 다양하게 변화시켜야 한다. (4)이 같은 다양한 변형들 가운데 가장 만족스러운 것을 골라서, 다른 것은 제쳐놓고 그것을 발전시켜야 한다. (5)이런 변형들을 서로 결합하고 재결합시켜야 한다. (6)이런 행위는 모두 그 자체가 목적이 되어야 한다.

이런 원칙은 행위의 규모가 작든 크든 상관없이 모두 적용된다. 모래밭에서 놀고 있는 어린아이도, 교향곡을 작곡하는 작곡가도 이 원칙을 지킨다.

　마지막 규칙은 특히 중요하다. 탐험하는 행위는 먹고 싸우고 짝을 짓는 기본적인 생존양식에서도 중요한 역할을 한다. 그러나 이런 분야에서는 탐험 행위가 활동을 자극하는 초기 단계에만 나타나고, 그 후에는 그 활동의 특수한 요구에 맞게 조정된다. 동물의 경우에는 대부분 여기서 탐험 행위가 끝난다. 이것은 탐험 자체를 위한 탐험이 아니다. 그러나 고등 포유류와 우리 인간의 경우에는 탐험 행위가 생존의 굴레에서 벗어나 별개의 충동으로 발전했다. 탐험의 기능은 주위 세계에 대한 미묘하고 복잡한 인식을 우리에게 제공하고, 주위 세계에 대한 우리 자신의 능력을 깨닫게 해주는 것이다. 이러한 인식은 살아남는다는 특수한 목표와 관련된 상황에서만 높아지는 것이 아니라 전반적으로 높아진다. 우리가 이런 식으로 얻은 인식은 언제 어디서나 어떤 상황에도 적용할 수 있다.

'네오필리아' 충동과 '네오포비아' 충동의 갈등

● ● ●

　나는 이 논의에서 과학기술의 발전을 생략했는데, 그것은 주로 살아남기 위해 싸우고(무기) 먹고(농업) 보금자리를 짓고(건축) 편안함을 얻는(의학) 기본적인 목표를 달성할 때 사용하는 특수한 방법과 관련되어 있기 때문이다. 그러나 세월이 흘러 과학기술의 발전이 서로 맞물리게 됨에 따라, 과학 분야에도 순수한 탐구욕이 침입해 들어온 것은 흥미로운 일이다. 과학 탐구 – 찾고 뒤진다는 이 명칭 자체로 그것이 놀이라는 것이 드러나고 있다 – 는 대부분 앞에서 열거한 놀이 규칙에 따라 이루어진다. '순수한' 탐구에 종사하는 과학자는 사실상 예술가와 똑같은 방식으로 상상력을 발휘한다. 그는 어떤 목적을 달성하기 위한 방편으로써의 실험이 아니라 아름다운 실험에 대해 이야기한다. 그는 예술가와 마찬가지로 탐험 자체를 위한 탐험에 관심을 갖는다. 연구 결과가 실용적인 특수한 목적에 유용하게 쓰이면 더욱 좋지만, 이것은 부차적인 문제다.

예술가든 과학자든 탐험 행위를 할 때는 새로운 것을 좋아하는 충동(네오필리아 충동)과 새로운 것을 싫어하는 충동(네오포비아 충동) 사이에 갈등이 일어난다. 새것을 좋아하는 충동은 우리를 새로운 경험으로 내몰고, 우리는 새로움을 갈망한다. 새것을 싫어하는 충동은 우리를 억제하고, 우리는 낯익은 것에 안주하고 싶어한다. 우리를 흥분시키는 새로운 자극과 우호적인 낯익은 자극이 우리를 양쪽에서 끌어당긴다. 우리는 그 사이에 끼여서 끊임없이 이쪽저쪽으로 오락가락하는 상태에 놓여 있다. 새것을 좋아하는 충동을 잃어버리면 우리는 더 이상 발전하지 못하고 침체할 것이다. 새것을 싫어하는 충동을 잃어버리면 우리는 곧장 재난 속으로 빠져들 것이다. 이런 갈등 상태는 머리 모양과 옷, 가구와 자동차의 유행이 끊임없이 바뀌는 이유를 설명해줄 뿐만 아니라, 모든 문화적 진보의 토대이기도 하다. 우리는 탐험하고 후퇴하고, 조사하고 안주한다. 우리는 우리 자신과 우리가 살고 있는 복잡한 환경에 대한 인식과 이해를 조금씩 넓혀간다.

이 주제를 떠나기 전에 마지막으로 탐험 행동의 특별한 측면 하나를 언급하지 않을 수 없다. 어린 시절의 중요한 전환점이 되는 사회적 놀이 단계와 관련한 것이다. 아주 어릴 때는 사회적 놀이가 주로 부모를 대상으로 삼지만, 차츰 같은 또래의 다른 아이들을 더 중시하게 된다. 어린이는 '놀이 집단'의 구성원이 된다. 이것은 어린이의 발달과정에서 매우 중요한 단계다. 놀이 집단에 끼는 것은 탐험적인 참여로서, 다 자란 뒤에도 오래도록 영향을 미친다. 물론 이 민감한 시기의 탐험은 어떤 형태의 탐험이든 두고두고 지속적 결과들을 낳지만 - 음악이나 그림을 탐험하지 않은 아이는 어른이 된 뒤에도 이런 분야를 잘 이해하지 못한다 - 다른 아이들과의 놀이 접촉은 다른 활동보다 훨씬 더 중요하다. 어린 시절에 음악을 탐험하지 않고 어른이 된 뒤에 처음으로 음악과 접촉하게 된 사람은 음악을 이해하기가 어려울지 모르지만, 완전히 불가능한 것은 아니다. 반면에 놀이 집단의 일원으로 사회적 접촉을 갖는 것을 엄격히 차단당한 어린이는 어른이 된 뒤 사회적 상호작용에 반드시 심한 장애를 겪는다.

원숭이를 대상으로 실험한 결과, 어린 시절에 다른 원숭이로부터 격리된 원숭이는 다 자란 뒤에도 사회적 접촉을 피할 뿐 아니라 성행위나 부모의 역할에도 거부반응을 보인다는 사실이 밝혀졌다. 다른 새끼들과 따로 떨어져 혼자 자라난 원숭이는 나중에 같은 또래의 원숭이를 만나도 놀이 집단활동에 참여하지 못했다. 격리된 원숭이들은 육체적으로 건강했고 고독한 상태에서도 잘 자랐지만, 일반적으로 거칠고 혼란스러운 놀이 집단활동에 가담하지 못했다. 그들은 놀이방 구석에 꼼짝도 하지 않고 웅크리고 앉아서, 대개는 두 팔로 몸을 단단히 끌어안거나 눈을 가리고 있었다. 성숙한 뒤에도 육체적으로는 건강했지만 성행위에 전혀 관심을 보이지 않았다. 억지로 교미를 시키자, 혼자 자라난 암컷들은 정상적으로 새끼를 낳기는 했지만, 마치 자기 몸에 들러붙는 징그러운 기생충이라도 되는 것처럼 새끼를 대했다. 그들은 새끼를 공격하여 멀리 쫓아내고, 아예 죽여버리거나 무시했다.

침팬지 새끼에 대해서도 비슷한 실험이 이루어졌는데, 침팬지의 경우에는 장기적인 사회 복귀 훈련과 특별한 보호로 이러한 행동장애를 어느 정도 치료할 수 있었지만, 그래도 역시 행동장애의 위험은 과소평가할 수 없다. 우리 인간의 경우, 과보호를 받은 어린이는 어른이 되었을 때 반드시 사회적 접촉에 고통을 받는다. 이것은 외동아이일 경우에 특히 심각하다. 형제자매가 없으면 초기에 대단히 불리한 입장에 놓인다. 같은 또래의 놀이 집단과 어울려 거칠게 뒹굴고 노는 것은 외동아이를 사회생활에 적응시키는 효과를 나타내지만, 이런 사회화 과정을 경험하지 않은 외동아이는 평생 동안 수줍어하고 소극적이며 성생활이 어렵거나 불가능해지기 쉽다. 그리고 어떻게든 부모가 된다 해도 아주 나쁜 부모가 될 것이다.

이렇게 볼 때, 양육 과정은 두 가지 단계를 갖고 있는 것이 분명하다. 하나는 초기의 내향적인 단계이고, 또 하나는 후기의 외향적인 단계다. 이 두 단계는 모두 중요하며, 원숭이의 행동을 잘 관찰하면 거기에 대해 많은 것을 배울 수 있다. 원숭이 새끼는 초기 단계에서는 어미에게서 사랑과 보상과 보호를 받는다. 그리하여 새끼는 안전함을 이해하게 된다. 후기 단계에서는 밖으로 나가 다른 원숭이 새끼들과의 사회적 접촉에 참여하는 것이 장려된다. 어미는 옛날만큼 새끼를 사랑해주지 않으며, 바깥 세계가 그 개체를 위협하는 심각한 상황에서만 새끼를 보호하는 행동을 취한다. 심각한 위험이 없는데도 새끼가 계속 어미의 털투성이 치마끈에 매달려 있으면, 어미는 자라나는 새끼에게 실제로 벌을 주기도 한다. 새끼는 이제 상황을 이해하고, 어미에게서 차츰 독립하고 있다는 사실을 받아들이게 된다.

이 상황은 우리 인간의 경우에도 기본적으로는 똑같다. 두 가지 기본 단계에서 부모가 아기를 잘못 다루면, 아이는 나중에 심각한 문제를 겪게 될 것이다. 아기가 안전을 이해하는 초기 단계를 겪지는 않았지만 독립 단계에서 적당히 활동적이었다면, 새로운 사회적 접촉은 쉽게 해낼 수 있겠지만 그 접촉을 계속 유지하거나 깊은 접촉을 갖지는 못할 것이다. 반대로 초기 단계에서는 충분한 안전을 누렸지만 나중에 과보호를 받았다면, 어른이 되었을 때 새로운 접촉을 갖기가 어렵고 오래된 접촉에만 필사적으로 매달리는 경향이 있다.

모험은 균형 있게
• • •

극단적으로 사회적 접촉을 꺼리는 경우를 좀 더 자세히 관찰해보면, 가장 극단적이고 특유한 형태의 반탐험적 행동을 목격할 수 있다. 지나치게 내향적인 사람은 사회적으로 비활동적이 될 수 있지만, 육체적으로는 결코 비활동적이 아니다. 그들은 다람쥐가 쳇바퀴를 돌리듯 되풀이되는 틀에 박힌 행동에 열중하게 된다. 몇 시간 동안이고 계속해서 몸을 앞뒤로 또는 좌우로 흔들고, 고개를 위아래로 끄덕이거나 좌우로 젓고, 빙글빙글 맴돌거나 근육을 실룩거리고, 몸을 조였다가 푸는 동작을 되풀이한다. 때로는 엄지손가락이나 몸의 다른 부위를 빨기도 하고, 자기 몸을 쿡쿡 찌르거나 꼬집고, 이상한 얼굴 표정을 되풀이하여 짓거나, 작은 물건을 율동적으로 두드리거나 굴리기도 한다.

우리는 모두 이따금 이런 종류의 '발작'을 보이지만, 그런 사람들에게는 이 동작이 오랫동안 지속되는 중요한 신체적 표현 형태가 된다. 그들은 주위 환경에서 심한 위협을 느낀다. 그래서 사회적 접촉을 갖기가 두렵고 불가능하기 때문에, 똑같은 행동을 되풀이하여 거기에 익숙해짐으로써 위안과 자신감을 얻으려고 애쓴다. 한 가지 행동을 율동적으로 되풀이하면 그 행동은 점점 친숙해지고 따라서 '안전'해진다. 지나치게 내향적인 사람은 여러 가지 다양한 활동을 하는 대신, 그가 가장 잘 알고 있는 몇 가지 행동에만 집착한다. 그에게는 "모험을 하지 않으면 얻는 것도 없다"라는 속담이 "모험을 하지 않으면 잃는 것도 없다"로 바뀐다.

앞에서도 말했듯이, 심장이 고동치는 리듬은 편안한 어머니의 자궁 속으로 다시 데려가는 역행적 성격을 갖고 있는데, 이것은 여기에도 적용된다. 많은 행동양식이 심장의 고동과 거의 같은 박자로 이루어지는 것처럼 보이지만, 그렇지 않은 행동양식도 끊임없는 반복으로 익숙해지면 '마음을 달래주는' 역할을 한다. 사회적 발달이 늦은 사람은 낯선 방에 들어가면 그 틀에 박힌 행동이 더욱 심해진다는 사실이 입증되었다. 이것은 여기서 설명한 개념과도 일치한다. 환경이 새로워지면 새로운 것에 대한 두려움이 더욱 강해지고, 이것을 상쇄하기 위해서는 마음을 달래주는 장치가 더 많이 필요해진다.

틀에 박힌 행동은 되풀이되면 될수록 인위적으로 만든 어머니의 심장박동과 비슷해진다. 그것이 주는 '친밀감'은 점점 늘어나 사실상 돌이킬 수 없는 지경에 이른다. 그 행동을 일으킨 극단적인 새것 공포증이 사라진다 해도(이 공포증은 없애기가 어렵다), 틀에 박힌 행동은 계속 발작적으로 되풀이될 수 있다.

사회적으로 잘 적응한 사람도 이따금 이런 '발작'을 보일 수 있다. 그런 발작은 대개 긴장된 상황에서 일어나고, 여기서도 마음을 달래주는 역할을 한다. 그 몸짓은 누구나 다 알고 있다. 중요한 전화가 오기를 기다리는 경영자는 손가락으로 책상을 톡톡 두드리거나 북을 치듯 손바닥으로 박자를 맞춘다. 병원 대기실에서 진찰을 기다리는 여자는 손가락으로 핸드백을 쥐었다 폈다 한다. 어린이는 난처한 입장에 빠지면 몸을 좌우로 흔든다. 아기가 태어나기를 기다리는 아버지는 시계추처럼 병원 복도를 오락가락한다. 시험을 치는 학생은 연필을 빤다. 장교는 걱정거리가 생기면 콧수염을 어루만진다. 정도가 심하지만 않다면, 이런 사소한 반탐험적 장치는 우리에게 유익하다. 이런 행동은 우리가 이제 곧 다가올 '새로운 것의 과용(過用)'을 잘 견딜 수 있도록 도와준다. 그러나 지나치게 사용하면 돌이킬 수 없게 되어 거기에 사로잡혀버릴 우려가 있다. 일단 버릇이 되면, 그런 행동은 필요하지 않을 때도 끈질기게 우리에게 달라붙을 것이다.

판에 박힌 행동은 몹시 따분한 상황에서도 나타난다. 이것은 우리 인간만이 아니라 동물원의 동물들에게서도 뚜렷이 볼 수 있다. 때로는 놀랄 만큼 정도가 심해질 수도 있다. 사로잡힌 동물들은 기회만 있다면 사회적 접촉을 가질 텐데, 갇혀 있기 때문에 그럴 수가 없다. 이 상황은 기본적으로 사회에서 물러나 있는 경우와 똑같다. 동물원 우리의 제한된 환경이 사회적 접촉을 봉쇄하여, 그들을 고립된 상황으로 몰아넣는다. 동물원 우리의 빗장은 사회를 등진 개체가 맞닥뜨리는 심리적 장벽에 해당하는 물리적 장벽이다. 그 울타리는 강력한 반탐험적 장치이며, 탐험할 것이 전혀 없기 때문에 동물원의 동물은 틀에 박힌 동작을 규칙적으로 되풀이함으로써 자기에게 남겨진 유일한 방법으로 자신을 표현하기 시작한다.

우리 속에 갇힌 동물들이 끊임없이 앞뒤로 오락가락한다는 것은 누구나 다 알고 있지만, 이것은 수많은 이상한 행동양식의 하나에 불과하다. 정해진 양식을 가진 자위행위도 나타날 수 있다. 때로는 자위행위를 하면서 더 이상 페니스를 만지지 않는 경우도 있다. 그런 동물(대개 원숭이)은 자위행위를 할 때처럼 팔과 손을 앞뒤로 움직이지만, 실제로 페니스를 만지지는 않는다. 어떤 원숭이 암컷은 자기 젖꼭지를 되풀이하여 빨기도 한다. 새끼는 앞발을 빤다. 침팬지는 귓속에 지푸라기를 집어넣어 쿡쿡 찌른다. 코끼리는 몇 시간 동안이나 끝없이 고개를 끄덕인다. 어떤 동물은 되풀이하여 자기 몸을 물어뜯거나 털을 잡아 뽑기도 한다. 심각한 자해행위가 일어날 수도 있다. 이런 반응은 긴장된 상황에서 나타나기도 하지만, 대부분은 지루함에 대한 반응일 뿐이다. 환경에 전혀 변화가 없으면 탐험욕은 침체한다.

한두 가지 판에 박힌 행동을 하는 외로운 동물을 관찰하는 것만으로는 무엇이 그런 행동을 일으키는지를 정확히 알 수가 없다. 그런 행동의 원인은 지루함일 수도 있지만 긴장일 수도 있다. 긴장이 원인이라면, 주위 환경의 직접적인 상황 때문일 수도 있지만 비정상적인 성장 과정에서 생긴 장기적인 현상일 수도 있다. 몇 가지 간단한 실험을 해보면 해답을 얻을 수 있다. 동물원 우리 속에 이상한 물건을 넣었을 때 틀에 박힌 행동이 사라지고 탐험이 시작되면, 그 행동은 분명 지루함 때문이다. 그러나 틀에 박힌 행동이 오히려 늘어나면, 그 행동은 분명 긴장 때문이다. 같은 종에 속하는 동물을 우리 속에 집어넣어 정상적인 사회 환경을 만들어주어도 그런 행동이 계속되면, 틀에 박힌 행동을 하는 동물은 어린 시절에 비정상적으로 고립된 환경에서 자란 것이 거의 확실하다.

동물원 동물들의 이런 별난 행동은 우리에게서도 찾아볼 수 있다.(이것은 아마 우리가 살고 있는 도시가 동물원과 거의 비슷하게 설계되었기 때문일 것이다.) 우리는 동물원의 괴짜들에게서 교훈을 얻어야 한다. 동물원의 괴짜들을 보고, 우리는 새것을 싫어하는 성향과 새것을 좋아하는 성향을 균형 있게 유지하는 것이 얼마나 중요한가를 깨달아야 한다. 그 균형을 유지하지 않으면 우리는 제대로 기능을 발휘할 수 없다. 우리의 신경계는 최선을 다하겠지만, 신경계가 아무리 애써도 우리의 진정한 잠재 능력을 서투르게 흉내 내는 결과밖에는 얻지 못할 것이다.

달아나고 달려들려는 충동

FIGHTING

05

싸움

공격의 목표가 파괴 아닌 지배라는 점에서 우리가 다른 동물과 달라야 할 이유는 전혀 없다. 그런데 공격이 너무 멀리서 이루어지고 집단이 협동정신으로 똘똘 뭉쳐 있기 때문에, 싸움에 가담하는 사람들은 원래의 목표가 무엇인지 잘 알 수 없게 되어버렸다. 이 불행한 발전이 인류를 파멸시키는 원인이 되어 인류의 급속한 멸종으로 이어질 것인지는 두고 봐야 알 일이다.

05

FIGHTING

싸움

•

달아나고 달려들려는 충동

　우리가 갖고 있는 공격성의 본질을 이해하려면, 우리의 종의 기원을 배경으로 하여 그 성향을 관찰해야 한다. 오늘날 우리는 대규모로 생산되고 대규모로 파괴하는 폭력에 너무 열중해 있기 때문에, 이 문제를 논의할 때 객관성을 잃기 쉽다. 가장 분별 있는 지식인들조차도 공격을 억제해야 할 필요성에 대해 토론할 때는 난폭할 만큼 공격적이 되는 경우가 많은 것이 사실이다.
　이것은 결코 놀라운 일이 아니다. 우리는 온건하게 표현하면 지금 곤경에 빠져 있다. 20세기 말에는 우리 인류가 전멸하게 될 가능성이 크다. 지구를 떠나야 할 그때가 왔을 때 우리가 위안으로 삼을 수 있는 것이라고는, 우리가 하나의 종으로서 지구에 잠시 머물며 뭔가 흥미진진한 일을 했다는 사실뿐이다. 인류의 역사는 별로 긴 기간이 아니지만, 놀랄 만큼 많은 사건이 일어난 기간이었다. 우리의 공격능력과 방어능력은 둘 다 완벽해졌다. 이것은 어떤 방패도 뚫을 수 있는 창과 어떤 창도 뚫을 수 없는 방패처럼 기묘한 모순을 이룬다. 그러나 우리는 이런 기묘한 결합을 검토하기 전에, 창도 없고 총도 없고 폭탄도 없는 동물 세계로 돌아가 폭력의 본질을 검토해야 한다.

동물들이 서로 싸울 때는 충분한 이유가 있다. 그들은 계급 사회에서 우위를 확보하기 위해 싸우거나, 특정 지역에 대한 텃세권을 확립하기 위해 싸운다. 정해진 영역이 없는 동물은 단순히 계급적 우위를 확보하기 위해 싸운다. 계급제도가 없는 동물은 순전히 텃세권을 확보하기 위해 싸운다. 일정한 영역에서 계급사회를 이루고 있는 동물은 두 가지 형태의 공격에 맞서야 한다. 우리는 이 마지막 집단에 속해 있다. 따라서 두 가지 방법으로 싸운다.

우리는 영장류로서 이미 계급제도를 갖고 있었다. 이것은 영장류의 기본적인 생활방식이다. 영장류 집단은 끊임없이 이동하고, 일정한 영역을 확립할 만큼 한곳에 오래 머무는 경우는 드물다. 이따금 다른 집단과 영역 싸움이 일어날 때도 있지만, 그 싸움은 조직적이기보다 돌발적이며, 보통 원숭이의 생활에는 비교적 적은 중요성밖에 갖지 않는다. 반면에 '쪼는 순위(이것은 서열을 말하는데, 이런 현상이 닭에서 처음으로 발견되었기 때문에 이런 이름이 붙었다. 닭의 경우에는 순위가 높은 쪽이 낮은 쪽을 쪼아댄다)'는 원숭이의 일상생활에 매우 중요하다. 대부분의 원숭이와 유인원은 엄격히 확립된 사회계급제도를 갖고 있어서, 우세한 수컷이 집단을 통솔하고 나머지 구성원들은 우두머리에게 종속하는 정도에 따라 그 밑에 차례대로 늘어선다. 우두머리가 너무 늙거나 쇠약해져서 지배력을 유지할 수 없게 되면, 젊고 용감한 수컷이 우두머리를 몰아내고 대신 두목의 망토를 입는다. (이 망토라는 말은 상징적인 뜻이지만, 실제로 망토를 입는 경우도 있다. 왕위를 빼앗은 수컷의 목덜미에서 기다란 털이 케이프처럼 자라나, 문자 그대로 망토를 입게 되는 것이다.) 집단은 항상 함께 있기 때문에, 우두머리는 폭군으로서의 역할을 끊임없이 수행한다. 그러나 그럼에도 불구하고 그는 항상 그 공동체에서 가장 영양 상태가 좋고 가장 깔끔하게 몸손질이 되어 있으며, 성적으로도 가장 매력적인 원숭이이다.

영장류의 사회조직이 모두 이처럼 독재적인 것은 아니다. 폭군은 거의 모든 집단에 존재하지만, 힘센 고릴라의 경우처럼 자상하고 너그러운 폭군일 때도 있다. 그는 암컷을 독차지하지 않고 계급이 낮은 수컷들과 공유하며, 식사시간에도 너그럽다. 그가 자신의 권위를 내세우는 것은 공유할 수 없는 일이 생기거나 반란의 조짐이 엿보이거나 힘이 약한 구성원들끼리 거칠게 싸울 때뿐이다.

털 없는 원숭이가 고정된 기지를 갖고 서로 협력하는 사냥꾼이 되었을 때, 이 기본 체제가 바뀌어야 했을 것은 분명하다. 성적 행동과 마찬가지로 영장류의 전형적인 사회체제도 새로 획득한 육식동물의 역할에 걸맞게 수정되어야 했다. 털 없는 원숭이 집단은 텃세권을 가진 동물이 되어야 했다. 집단은 정해진 지역을 지켜야 했고, 상호 협력이 필요한 사냥의 성격 때문에 이 지역 방어는 개별적이 아니라 집단적으로 이루어져야 했다. 집단 내부에서는 영장류 집단의 독재적인 계급제도를 상당히 수정하여, 사냥할 때 힘이 약한 구성원의 완전한 협력을 확보해야 했다. 그러나 이 계급제도를 완전히 폐지할 수는 없었다. 결단을 내려야 할 때는 좀 더 힘이 강한 구성원과 최고 지도자가 있는 온건한 계급제도가 필요했다. 물론 이 지도자는 숲속에 사는 털투성이 우두머리처럼 폭군이 될 수는 없었고, 부하들의 감정도 고려해주어야 했다.

영역에 대한 집단 방어와 계급조직 이외에, 자녀가 부모에게 의존하는 기간이 길어진 것은 또 다른 형태의 자기 주장을 요구했다. 성장 기간이 길어졌기 때문에 우리는 한 쌍의 남녀가 짝을 이루는 가족제도를 채택할 수밖에 없었고, 남자는 이제 가장으로서 전체 개체군의 기지 안에 있는 자신의 집을 제각기 방어하게 되었다. 따라서 우리에게는 하나 둘이 아니라 세 가지의 기본적인 공격 형태가 있는 셈이다. 우리가 몸소 경험하여 알고 있듯이, 이 세 가지 공격 형태는 사회가 고도로 복잡해진 오늘날에도 분명히 존재한다.

우리의 공격성은 어떻게 작용하는가? 공격에는 어떠한 행동양식이 뒤따르는가? 우리는 남을 어떻게 위협하는가?

자율신경계의 신호

•••

우선 다른 포유류를 살펴보기로 하자. 포유류가 자극을 받아 공격적으로 되면, 몸 안에서 수많은 생리적 변화가 일어난다. 모든 신체조직은 자율신경계의 도움을 얻어 언제라도 행동할 태세를 갖추어야 한다. 자율신경계는 서로 반대되는 작용을 하면서 균형을 이루는 두 개의 하부조직, 즉 교감신경계와 부교감신경계로 이루어져 있는데, 교감신경계는 격렬한 활동에 대비하여 몸을 조율하는 반면, 부교감신경계는 자제심을 유지하고 회복하는 일을 한다. 교감신경계는 이렇게 말한다. "자, 이제 행동할 준비가 다 됐어. 빨리 움직여." 반면에 부교감신경계는 이렇게 말한다. "진정하라고. 긴장을 풀고 힘을 아껴야지."

정상적인 상황에서는 몸이 이 두 가지 목소리를 듣고, 둘 사이에서 알맞은 균형을 유지한다. 그러나 공격성을 강하게 자극받으면, 몸은 교감신경계의 말만 듣게 된다. 교감신경계가 활동을 개시하면, 아드레날린이

혈액 속으로 들어가 순환계 전체가 심한 영향을 받는다. 심장 박동이 빨라지고, 혈액이 피부와 내장에서 근육과 두뇌로 옮아간다. 혈압이 높아진다. 적혈구 생산 속도가 급속히 빨라진다. 피가 응고하는 데 걸리는 시간이 줄어든다. 게다가 음식을 소화하고 저장하는 과정이 중단된다. 타액 분비가 억제된다. 위의 운동과 위액 분비 및 창자의 연동운동은 모두 금지된다. 또한 직장과 방광은 정상적인 상황과 달리 쉽게 배설물을 내보내지 않는다. 저장되어 있던 탄수화물이 간에서 쏟아져 나와 피를 당으로 가득 채운다. 호흡활동이 급격히 늘어난다. 숨은 더욱 빨라지고 거칠어진다. 체온 조절 장치가 작동하기 시작한다. 털이 곤두서고, 땀이 솟는다.

　이 모든 변화는 동물의 전투 준비를 도와준다. 마치 마술이라도 부린 것처럼 피로가 단숨에 사라져, 이제 곧 다가올 육체적 생존 투쟁에 엄청난 에너지를 쏟아부을 수 있게 된다. 피는 가장 많은 산소를 필요로 하는 부위로 힘차게 보내진다. 두뇌는 재빨리 생각해야 하기 때문에 피가 많이 필요하고, 근육은 격렬히 움직여야 하기 때문에 피가 많이 필요하다. 혈당량이 늘어나면 근육의 효율성이 높아진다. 혈액 응고가 빨라지면, 상처를 입어 피가 흘러나와도 재빨리 엉기기 때문에 손실이 줄어든다. 혈액 응고 속도가 빨라진 것과 더불어 지라에서 적혈구가 빨리 생산되어 나오는 것은 호흡기관이 빨리 산소를 받아들임으로써 이산화탄소를 빨리 제거하도록 도와준다. 피부 표면의 털이 곤두서면 피부가 공기에 노출되어 몸을 식히는 데 도움이 되고, 땀구멍에서 땀이 쏟아져 나오는 것도 똑같은 작용을 한다. 그리하여 격렬한 활동으로 체온이 지나치게 높아질 위험은 줄어든다.

　이처럼 모든 신체기관이 활동을 개시하면 언제라도 공격을 시작할 준비가 갖추어진 셈이지만, 뜻하지 않은 장애가 있다. 전면전은 값진 승리로 끝날 수도 있지만, 승자에게 심각한 손상을 입힐 수도 있다. 적은 항상 공격성뿐 아니라 두려움도 불러일으킨다. 공격성은 동물을 앞으로 내몰고, 두려움은 동물의 발목을 잡는다. 마음속에서 격렬한 갈등이 일어난다. 일반적으로 동물은 공격성을 자극받아도 곧장 총력전에 돌입하지는 않는다. 우선 공격하겠다고 위협하는 행동부터 시작한다. 내면의 갈등으로 머뭇거리는 동물은 전투에 대비하여 잔뜩 긴장해 있지만, 아직 전투를 시작할 마음의 준비는 갖추어지지 않았다. 이런 상태에서 위협적인 몸짓에 겁을 먹은 적이 슬금슬금 꽁무니를 빼면 그보다 더 바람직한 것은 없다. 이렇게 되면 피를 흘리지 않고도 승리를 얻을 수 있다. 같은 집단의 구성원에게 지나친 손상을 입히지 않고도 분쟁을 해결할 수 있고, 이 과정에서 막대한 이익을 얻게 될 것은 분명하다.

모든 고등 포유류에게는 이런 방향 – 실제로 싸움을 벌이지 않고 승부를 가리는 의례적인 전투 – 으로 나아가려는 강력한 경향이 존재한다. 육체적 전투는 거의 다 사라지고, 위협과 거기에 대한 반격이 그 자리를 차지했다. 물론 전형적인 싸움도 이따금 벌어지지만, 이것은 공격적인 신호와 거기에 대한 반격으로 분쟁을 해결하지 못했을 경우에 마지막으로 쓰는 수단일 뿐이다. 앞에서 열거한 생리적 변화는 밖으로 표출되고, 그 신호의 강도는 공격적인 동물이 얼마나 격렬하게 행동할 준비를 갖추고 있는가를 적에게 알려준다.

이것은 행동양식으로는 아주 유효하게 작용하지만, 생리적으로는 약간의 문제를 일으킨다. 신체조직은 엄청난 작업에 대비하여 모든 준비를 갖추었는데, 기대했던 격렬한 활동은 실현되지 않는다. 자율신경계는 이 상황에 어떻게 대처할까? 자율신경계는 모든 전투력을 전선에 집결시켜 행동할 준비를 갖추었다. 그런데 전투는 실제로 벌어지지 않은 채, 준비 태세 자체만으로 전쟁을 승리로 이끌어버렸다. 그러면 이제 무슨 일이 일어날까?

교감신경계가 맹렬히 활동한 결과 자연스럽게 육체적 전투가 벌어진다면, 신체의 모든 대비 태세는 충분히 활용될 것이다. 에너지가 소모되고, 결국에는 부교감신경계가 다시 작동하여 차츰 생리적인 진정 상태를 되찾게 될 것이다. 그러나 공격성과 두려움이 팽팽히 맞선 갈등 상태에서 모든 것이 일시적으로 정지한다. 그러면 부교감신경계가 맹렬한 반격을 가하여, 자율신경의 시계추가 미친 듯이 앞뒤로 흔들린다. 위협과 반격의 긴장된 순간들이 똑딱똑딱 소리를 내며 지나가는 동안, 우리는 교감신경계가 일으키는 증상들 사이사이에 부교감신경계의 활동이 섬광처럼 번득이는 것을 본다. 입 안이 바싹 마르는 것은 교감신경계가 일으키는 증상이지만, 이제는 침이 너무 많이 나올 수도 있다. 복부의 긴장이 무너져 갑자기 대변이 나오기도 한다. 방광 속에 그토록 강력히 억제되어 있던 오줌이 홍수처럼 쏟아져 나올 수도 있다. 피부에서 빠져나갔던 혈액이 앞다투어 돌아와, 창백해졌던 얼굴이 시뻘게지기도 한다. 깊고 빠른 호흡 작용이 갑자기 방해를 받으면, 헐떡거림과 한숨으로 바뀐다.

이런 현상들은 교감신경계의 지나친 행동에 반격을 가하려는 부교감신경계의 필사적인 노력이다. 정상적인 상황에서는 어느 한쪽의 격렬한 반응이 다른 쪽의 격렬한 반응과 동시에 일어나는 것이 불가능하지만, 적을 공격적으로 위협하는 극단적인 상황에서는 모든 것이 순간적으로 궤도를 벗어난다. (이것은 심한 충격을 받았을 때 기절하거나 정신이 몽롱해지는 이유를 설명해준다. 그런 경우에는 두뇌로 몰려들었던 피가 갑자기 빠져나가기 때문에 의식을 잃게 된다.)

적을 위협하는 신호체계에 관한 한, 이런 생리적 혼란은 예기치 않은 선물이다. 이것은 적에게 훨씬 더 풍부한 신호를 보내주기 때문이다. 기분을 나타내는 이 같은 신호들은 진화 과정에서 수많은 방법으로 강화되고 정교하게 다듬어져왔다. 많은 포유류의 경우, 대변과 소변은 냄새로 영역을 표시하는 중요한 장치가 되었다. 가장 흔히 볼 수 있는 예는 집에서 기르는 개가 자기 텃세권 안에 있는 전봇대 같은 곳에 다리를 들고 오줌을 누는 것이다. 그리고 이런 활동은 경쟁자들끼리 마주치는 위협적인 상황에서 더욱 활발해진다. (우리 도시의 거리는 개들의 이런 활동을 극단적으로 자극한다. 거리에서는 너무나 많은 경쟁자들의 텃세권이 겹치기 때문에, 개들이 이 수많은 경쟁자들과 맞서기 위해서는 텃세권이 겹치는 지역에 저마다 누구보다도 강한 냄새를 남겨놓아야 한다.)

어떤 동물은 똥 누는 기술을 발전시켰다. 하마는 특별히 평평해진 꼬리를 갖고 있는데, 이 꼬리는 똥을 눌 때 부채질하듯 재빨리 앞뒤로 흔들린다. 그러면 똥은 부채를 통해 사방으로 흩어진다. 많은 동물들은 똥에 자기만의 강한 냄새를 덧붙여주는 특수한 항문 분비샘을 발전시켰다.

피부를 창백하게 만들거나 시뻘겋게 만드는 순환계 장애는 얼굴이나 엉덩이에 노출된 피부가 늘어나면서 하나의 신호로 발전했다. 입을 딱 벌리고 하품을 하거나 쉿 소리를 내는 호흡기 장애는 끙끙거리거나 으르렁거리는 소리를 비롯한 많은 공격적 발성으로 발전했다. 이것이야말로 소리에 의한 모든 의사 전달 체계의 기원이라는 주장도 제기되었다. 호흡기 장애에서 발전한 또 하나의 기본 경향은 몸을 부풀리는 현상이다. 많은 동물들이 적을 위협할 때 몸을 부풀리고 때로는 특수한 공기주머니를 부풀리기도 한다. (이런 현상은 특히 새에게서 흔히 볼 수 있다. 새들은 호흡기관의 일부로서 이미 수많은 공기주머니를 갖고 있다.)

공격성을 자극받으면 털이 곤두서는 현상은 볏과 갈기와 술 모양의 털 같은 특수한 신체기관을 발달시켰다. 이런 신체기관과 부분적으로 털이 난 부위는 더욱 눈에 잘 띄게 되었다. 털은 더 길어지거나 뻣뻣해졌다. 이런 부위의 색깔은 대부분 주위의 털과 강렬한 대조를 이루도록 바뀌었다. 동물이 공격성을 자극받으면, 털이 곤두서서 더 크고 무서워 보인다. 그리고 과시하기 위한 신체 부위는 더 커지고 색깔도 더욱 선명해진다.

공격성이 촉발되었을 때 땀을 흘리는 현상도 냄새 신호의 원천이 되었다. 여기서도 땀 냄새를 더욱 강화하기 위한 특수한 진화가 이루어졌다. 땀샘의 일부가 엄청나게 커져서 복합적인 냄새 분비샘으로 발전했다. 이런 땀샘은 많은 동물의 얼굴과 발, 꼬리 등 다양한 신체부위에서 찾아볼 수 있다.

이 모든 발전은 동물의 의사 전달 체계를 풍부하게 해주었고, 그들이 기분을 표현하는 언어는 더욱 섬세해지고 보다 많은 정보를 전달하게 되었다. 이것은 공격성이 촉발된 동물의 위협적인 행동을 보다 정확히 '읽을 수 있게' 해준다.

전이활동

• • •

그러나 지금까지 이야기한 것은 전체의 절반에 불과하다. 우리는 자율신경계의 신호에 관해서만 논의했다. 이런 신호 외에도 팽팽히 긴장한 근육의 움직임과 위협하는 동물의 몸짓에서 나오는 또 다른 영역의 신호가 있다. 자율신경계가 하는 일은 근육활동에 대비하여 몸을 준비시키는 것뿐이다. 그러나 근육은 무엇을 했는가? 근육은 적의 공격에 대비하여 긴장했는데, 적은 아직 공격해오지 않았다.

이런 상황은 서로 모순되는 몸짓, 즉 공격 의도를 가진 일련의 움직임과 적의 공격을 두려워하는 불안정한 행동을 낳는다. 공격하려는 충동과 달아나려는 충동은 몸을 양쪽으로 잡아당긴다. 그래서 몸은 앞으로 돌진하다가 뒤로 멈칫 물러서며, 땅바닥에 웅크렸다가 위로 펄쩍 뛰어오르며, 앞으로 구부러졌다가 뒤로 젖혀진다. 공격하려는 충동이 우세를 얻는 순간, 달아나려는 충동이 당장 그 명령을 취소한다. 후퇴하는 움직임은 공격하는 움직임의 견제를 받는다. 이런 전반적인 흥분은 진화 과정에서 적을 위협하는 특수한 자세로 바뀌었다. 공격 의도를 나타내는 움직임은 일정한 형식을 갖게 되었고, 두려움을 나타내는 움직임은 율동적인 뒤틀림과 흔들림으로 틀을 갖추게 되었다. 새롭게 나타난 공격 신호들이 발전하여 완벽한 체계를 이루게 된 것이다.

그 결과, 우리는 많은 동물에게서 의례적인 위협 동작과 전투적인 '춤'을 목격할 수 있다. 싸움에 참여하는 동물들은 특유한 과장된 몸짓으로 상대편 주위를 빙글빙글 돈다. 그들의 몸은 뻣뻣하게 긴장해 있다. 그들은 어깨를 낮추거나 고개를 끄덕이거나 몸을 좌우로 흔들거나 부르르 떨거나 일정한 걸음걸이로 오락가락할 수도 있고, 일정한 양식을 갖춘 특유한 달리기를 되풀이할 수도 있다. 그들은 땅을 발로 긁거나 등을 활처럼 구부리거나 머리를 낮추기도 한다. 공격 의도를 나타내는 이 모든 움직임은 중요한 의사 전달 신호로 작용하는 동시에 자율신경계의 신호와 효과적으로 결합하여, 공격성이 어느 정도로 자극받았으며 공격하려는 충동과 달아나려는 충동 사이의 균형이 어떤 상태에 있는지를 적에게 정확히 알려준다.

그러나 이것으로 끝나는 것은 아니다. 전이활동이라는 행동양식에서 생겨나는 또 하나의 중요한 특수 신호가 있다. 공격하려는 충동과 달아나려는 충동 사이에서 격렬한 갈등을 겪고 있는 동물은 이따금 이상야릇하고 엉뚱한 행동을 보이는데, 이것도 내면의 갈등이 낳은 부작용이다. 팽팽히 긴장해 있는 동물은 공격하거나 달아나고 싶어서 필사적이지만 이럴 수도 없고 저럴 수도 없기 때문에, 상황과는 전혀 관계없는 행동으로 억눌린 에너지를 발산하는 것 같다. 달아나려는 충동은 공격하려는 충동을 방해하고, 공격하려는 충동은 달아나려는 충동을 가로막는다. 그래서 동물은 다른 방식으로 감정을 표출하는 것이다.

서로 으르렁거리며 맞서 있던 두 경쟁자가 느닷없이 먹이를 먹기 시작하는 것을 이따금 볼 수 있다. 그 동작은 기묘할 만큼 부자연스럽고 불완전하다. 그러다가 다시금 완전한 위협 자세로 되돌아간다. 또는 전형적인 위협 자세를 취하는 틈틈이 제 몸을 발톱으로 긁거나 혀로 핥는 경우도 있다. 어떤 동물은 전이활동으로 소굴을 짓기도 한다. 가까이에 있는 재료를 주워다가 상상 속의 소굴에다 그 건축 자재를 떨어뜨리는 것이다. 또 어떤 동물은 '즉석 잠'에 빠져서 잠깐 조는 자세로 고개를 감추거나, 하품을 하거나 기지개를 켜기도 한다.

이런 전이활동에 대해서는 많은 논란이 있어왔다. 전이활동을 상황과 무관한 행동으로 보는 것은 객관적 타당성이 전혀 없다고 주장하는 사람도 있다. 동물이 먹는 것은 배가 고프기 때문이고, 몸을 긁는 것은 가렵기 때문이라는 것이다. 다시 말하면, 위협 자세를 취하고 있던 동물이 느닷없이 먹이를 먹거나 몸을 긁는 이른바 전이활동을 보일 때, 그 동물이 배가 고프지 않다는 것을, 또는 몸이 가렵지 않다는 것을 어떻게 증명할 수 있느냐고 그들은 주장한다. 그러나 이 같은 주장은 책상머리에서 꾸며낸 이론일 뿐이다. 온갖 동물의 공격 성향을 실제로 관찰하고 연구한 사람이라면, 그런 주장이 얼마나 터무니없는 것인가를 알 수 있을 것이다. 생사가 걸려 있는 그 긴장된 상황에서 경쟁자들이 비록 잠시나마 휴식을 취하고 순전히 먹기 위해 먹거나 몸을 긁기 위해 긁거나 잠을 자기 위해 자리라고 생각하는 것은 한마디로 웃기는 얘기다.

전이활동을 일으키는 역학 작용에 대하여 학자들이 뭐라고 주장하든 간에, 한 가지 사실만은 분명하다. 즉, 기능적인 관점에서 그런 전이활동은 귀중한 위협 신호를 발전시키는 또 하나의 원천이 된다는 점이다. 많은 동물은 전이활동을 과장하여 더욱 눈길을 끌게 되었다.

이 모든 행동, 즉 자율신경계의 신호와 공격 의도를 내보이는 움직임, 두 가지 의미를 가진 어중간한 자세와 전이활동은 일정한 형식을 갖추게 되었고, 통틀어 포괄적인 위협 신호를 이룬다. 경쟁자를 만났을 때 이런 의식 절차를 거치면, 대개는 주먹다짐을 하지 않고도 충분히 분쟁을 해결할 수 있다. 그러나 좁은 지역에 많은 개체가 붐비고 있을 때는 이것이 뜻대로 되지 않는 경우가 많은데, 그럴 때는 진짜 싸움이 벌어지고 위협 신호는 잔인한 육체적 공격으로 바뀐다. 이빨은 물어뜯고 베고 찌르는 무기이며, 머리와 뿔은 들이받고 찌르는 무기, 몸은 격돌하고 부딪치고 밀어붙이는 무기, 다리는 할퀴고 차고 휘두르는 무기, 손은 움켜잡고 짓누르는 무기, 꼬리는 휘두르고 채찍질하는 무기로 사용된다.

그러나 한쪽이 다른 쪽을 죽이는 경우는 극히 드물다. 사냥감을 죽이는 특수한 기술을 개발한 동물들조차도 자기 종족과 싸울 때는 이 기술을 거의 사용하지 않는다. (여기서 먹이를 공격하는 행동과 경쟁자를 공격하는 활동의 관계를 잘못 가정하여 심각한 잘못을 저지르는 경우가 있다. 이 두 가지 행동은 동기도 다르고 수행 방법도 전혀 다르다.) 적을 충분히 제압하면, 승자는 적에게 더 이상 관심을 보이지 않는다. 적은 이제 위협이 될 수 없기 때문이다. 항복한 적에게 쓸데없이 에너지를 소모해봤자 무슨 이익이 있겠는가. 승자는 적을 더 이상 해치거나 괴롭히지 않고, 슬금슬금 도망가게 내버려둔다.

동물들의 이 같은 전투활동을 우리 인간과 결부시키기 전에 한 가지 더 검토해야 할 측면이 있다. 그것은 바로 패배자의 행동이다. 입장이 불리해지면, 되도록 빨리 삼십육계 줄행랑을 치는 것이 상책이다. 그러나 항상 도망칠 수 있는 것은 아니다. 탈출로가 물리적으로 봉쇄되어 있을 수도 있고, 밀접한 유대관계를 가진 사회 집단의 일원이라면 승자의 세력권 안에 머물러 있어야 한다. 어떤 경우든, 패배자는 자기가 더 이상 위협이 될 수 없고 싸움을 계속할 생각도 없다는 것을 승자에게 분명히 알려야 한다. 불리한데도 계속 싸우다가 심한 상처를 입거나 기진맥진하면, 이것도 충분한 신호가 될 수 있다. 승자는 다치거나 지쳐서 꼼짝도 하지 못하는 패배자를 놓아두고 다른 곳으로 가버릴 것이다. 그러나 이런 불행한 사태가 일어나기 전에 패배를 인정한다는 신호를 보낼 수 있다면 심각한 처벌을 모면할 수 있을 것이다. 패배자는 복종을 나타내는 특유한 행동으로 승자에게 이것을 알릴 수 있다. 이런 복종적인 몸짓은 공격자를 달래고 그의 공격성을 순식간에 누그러뜨림으로써 분쟁 해결을 촉진한다.

위협 신호와 항복 신호

• • •

패배자가 백기를 드는 방법에는 여러 가지가 있다. 이것은 적의 공격성을 자극했던 위협 신호를 거두는 소극적인 방법과 비공격적인 신호를 보내는 적극적인 방법으로 나눌 수 있다. 첫 번째 부류는 단순히 우세한 동물을 진정시킬 뿐이지만, 두 번째 부류는 우세한 동물의 기분을 적극적으로 바꾸어준다. 가장 유치한 형태의 복종은 죽이든 살리든 마음대로 하라는 듯이 꼼짝도 하지 않는 완전한 무저항이다. 공격은 격렬한 움직임을 수반하기 때문에, 정지 자세는 자동적으로 비공격의 신호가 된다. 완전한 무저항은 땅에 엎드려 웅크리는 자세와 결합하는 경우가 많다. 공격하려면 몸을 최대한으로 확대해야 하기 때문에, 거꾸로 몸을 움츠리는 것은 적을 달래는 작용을 한다. 공격자에게 등을 보이는 것도 도움이 된다. 이것은 정면 공격 자세와 반대되는 자세이기 때문이다.

위협 자세와 반대되는 몸짓은 그 밖에도 많이 있다. 적을 위협할 때 고개를 낮추는 동물은 고개를 들면 적을 달랠 수 있다. 공격할 때 털을 곤두세우는 동물은 털을 가라앉히면 복종하겠다는 신호가 된다. 드문 경우지만, 패배자가 공격당하기 쉬운 부위를 적에게 자진해서 내미는 방법으로 패배를 인정할 수도 있다. 예를 들어 침팬지는 사태가 불리해지면 복종하는 몸짓으로 손을 내민다. 마치 어서 힘껏 깨물어달라는 듯한 몸짓이다. 공격적인 침팬지는 절대로 그런 짓을 하지 않을 것이기 때문에, 이 애원하는 몸짓은 우세한 침팬지를 달래는 작용을 한다.

두 번째 부류의 신호는 상대편에게 반대되는 자극을 주는 장치로 작용한다. 패배자는 비공격적 반응을 자극하는 신호를 보내고, 이 자극에 따라 공격자의 몸속에서 솟아나온 비공격적 반응은 싸우려는 충동을 억눌러 가라앉힌다. 여기에는 세 가지 방식이 있다. 특히 널리 퍼져 있는 방식은 새끼가 먹이를 달라고 애원하는 자세를 취하는 방법이다. 힘이 약한 동물은 웅크리고 앉아서 새끼의 특유한 자세로 우세한 동물에게 애원한다. 이 책략은 특히 암컷이 수컷의 공격을 받고 있을 때 즐겨 사용한다.

이 방식은 아주 효과적이어서, 수컷은 실제로 암컷에게 먹이를 토해준다. 그러면 암컷은 수컷이 토해놓은 먹이를 삼킴으로써 먹이를 구걸하는 의식을 끝마친다. 수컷은 이제 새끼를 돌보고 보호하는 기분이 되어 있기 때문에 공격성을 잃어버리고, 암수는 함께 마음을 가라앉힌다. 이것은 많은 동물이 구애할 때 짝에게 먹이를 갖다주는 행동의 토대가 된다. 특히 짝짓기의 초기 단계에서 수컷이 공격성을 보이는 새의 경우에 이런 행동을 흔히 볼 수 있다.

비공격적 반응을 자극하는 또 하나의 방법은 힘이 약한 동물이 암컷의 성교 자세를 취하는 것이다. 그 동물이 암컷이든 수컷이든, 성행위를 할 수 있는 상황이든 아니든, 느닷없이 수컷에게 엉덩이를 들이대는 암컷의 자세를 취한다. 공격자에게 이런 식으로 엉덩이를 내보이면 성적 반응을 자극하여, 공격적인 기분을 가라앉힐 수 있다. 그러면 우세한 수컷이나 암컷은 복종하는 수컷이나 암컷의 몸 위에 올라타고 성교하는 흉내를 낸다.

비공격적 반응을 자극하는 세 번째 방식은 털을 손질해주거나 손질받고 싶은 기분을 불러일으키는 것이다. 동물 세계에서는 서로 털을 손질해주는 경우가 많은데, 이런 활동은 대개 공동체 생활이 보다 평온하고 평화로울 때 이루어진다. 힘이 약한 동물은 승자에게 털을 손질해달라고 부탁하거나, 털을 손질해드리겠으니 허락해달라고 부탁하는 신호를 보낸다. 원숭이는 이 책략을 자주 이용하며, 그런 신호를 보낼 때의 특유한 얼굴 표정도 갖고 있다. 힘이 약한 원숭이는 마치 입맛을 다시듯 입술을 재빨리 움직여 쩝쩝 소리를 내는데, 이것은 정상적인 털 손질 의식의 일부를 변형한 일종의 항복 의식이다. 원숭이가 다른 원숭이의 털을 손질해줄 때는 입속에 들어간 피부의 일부와 거기에 붙어 있는 찌꺼기를 퉤퉤 뱉어내면서 쩝쩝 입맛을 다신다. 이 동작을 과장하고 속도를 빨리 하면 언제라도 이 의무를 수행할 각오가 되어 있다는 신호가 되고, 공격자의 공격성을 가라앉히는 작용을 한다. 그런 신호를 보면, 공격자는 긴장을 풀고 패배자에게 털을 내맡기는 경우가 많다. 조금 지나면 우세한 원숭이는 완전히 마음이 가라앉고, 힘이 약한 원숭이는 무사히 도망칠 수 있다.

　이런 것들은 동물들이 자신의 공격 행위를 관리하는 장치이자 의식이다. "자연의 이빨과 발톱은 붉다"는 말은 원래 육식동물이 먹잇감을 잔인하게 죽이는 것을 일컫는 말이고, 동물들의 모든 싸움에 일반적으로 적용하는 것은 잘못이다. 사실, 이보다 더 진실과 동떨어진 말은 없을 것이다. 어떤 동물이 멸종하지 않으려면 동족을 멋대로 죽일 수는 없다. 동족상잔은 금지되고 통제되어야 한다. 먹이를 죽일 때 사용하는 무기가 더욱 강력해지고 잔인해질수록, 경쟁자인 동족과의 분쟁을 해결하기 위해 그 무기를 사용하는 것은 더욱 강력히 금지되어야 한다. 텃세권과 계급제도를 둘러싸고 벌어지는 분쟁에 관한 한, 이것이 '정글의 법칙'이다. 이 법칙에 따르지 않은 동물은 오래전에 멸종했다.

　그러면 우리는 이 상황에 얼마나 들어맞는가? 우리 인간의 특수한 위협 신호와 항복 신호는 무엇인가? 우리는 어떻게 싸우고, 그 싸우는 방법을 어떻게 통제하는가?

　공격성이 자극을 받으면, 우리 몸속에는 다른 동물과 똑같은 생리적 변화와 근육 긴장 및 흥분이 일어난다. 다른 동물과 마찬가지로 우리도 다양한 전이활동을 보인다. 그러나 어떤 점에서 보면, 우리는 이런 기본적 반응을 강력한 신호로 발전시키지 못했다. 예를 들어 우리는 몸의 털을 곤두세워 적을 위협할 수 없다. 큰 충격을 받으면 아직도 몸의 털이 곤두서지만 ("너무 놀라서 내 머리카락이 쭈뼛 곤두섰다"), 위협 신호로는 거의 쓸모가 없다. 그러나 다른 점에서는 우리가 다른 동물보다 훨씬 더 잘할 수 있다. 우리는 털 없는 피부를 갖고 있기 때문에 효과적으로 털을 곤두세울 수는 없지만, 바로 이 털 없는 피부가 붉어지거나 창백해짐으로써 훨씬 더 강력한 신호를 보낼 수 있다. 우리는 '분노로 창백해질' 수도 있고 '화가 나서 얼굴이 새빨개질' 수도 있으며 '두려워서 새하얗게 질릴' 수도 있다.

우리가 여기서 살펴봐야 할 것은 하얀 색깔이다. 하얀색은 활동을 뜻한다. 이것이 공격적인 행동과 결합하면 대단히 위험한 신호가 된다. 두려움을 나타내는 행동과 결합하면 공포 신호가 된다. 앞에서도 말했듯이, 얼굴이 창백해지는 것은 교감신경계의 활동으로 일어나는 변화다. 교감신경계는 '행동 개시'를 명령하는 신경계이기 때문에, 상대편의 창백해진 얼굴을 가볍게 다루었다가는 큰코다친다. 반면에 얼굴이 붉어지는 것은 그보다 덜 걱정스럽다. 이런 변화는 부교감신경계가 균형을 유지하기 위해 반격을 가하고 있다는 신호이고, 따라서 '행동 개시'를 명령하는 신경계가 이미 흔들리고 있다는 것을 알려준다. 화가 나서 새빨개진 얼굴로 당신을 노려보는 사람은 창백해진 얼굴로 입을 꾹 다물고 있는 사람보다 당신을 공격할 가능성이 훨씬 적다. 얼굴이 붉어진 사람은 심한 갈등을 느끼고 있어서 공격하려는 충동이 억눌려 있지만, 얼굴이 창백해진 사람은 당장 달래주거나 훨씬 더 강력한 위협 신호로 반격을 가하지 않으면 느닷없이 당신을 공격할 가능성이 훨씬 높다.

이와 마찬가지로, 숨을 가쁘게 들이쉬는 것은 위험한 신호지만, 이것이 불규칙하게 콧바람을 내쉬거나 꾸르륵 목을 울리는 소리로 발전하면 이미 위협이 줄어든 상태다. 공격을 시작한 초기에는 입 안이 바짝 마르지만 공격이 강력하게 금지되면 입에서 군침이 나오는데, 여기에도 똑같은 관계가 존재한다. 오줌과 똥이 마렵고 기절하는 것은 대개 바싹 긴장했을 때의 엄청난 충격파가 지나간 뒤 조금 늦게 나타나는 현상이다.

공격하려는 충동과 달아나려는 충동이 동시에 강하게 작용하면, 우리는 특유한 몸짓과 자세를 보인다. 공격 의도를 나타내는 가장 낯익은 몸짓은 움켜쥔 주먹을 번쩍 들어올리는 것이다. 이 몸짓은 두 가지 방식으로 틀을 갖추게 되었다. 우리는 상대편과 어느 정도 거리를 두고 있을 때, 즉 주먹을 날리기에는 너무 멀리 떨어져 있을 때 이 몸짓을 한다. 따라서 주먹을 들어올리는 몸짓은 이제 물리적인 것이 아니라 시각적인 신호가 되었다. (가령 팔을 굽혀 옆으로 들어올리면, 공산당이 전의를 불러일으키기 위해 형식화한 도전적인 몸짓이 된다.) 이것은 팔을 앞뒤로 흔드는 동작을 덧붙여 더욱 의례적인 몸짓이 되었다. 이런 식으로 주먹을 흔드는 것도 역시 물리적인 효과가 아니라 시각적인 효과를 낳는다. 우리는 주먹으로 되풀이하여 '강타'를 날리지만, 상대편이 반격을 가할 수 없는 안전한 거리에서 주먹을 휘두른다.

그러는 동안 온몸은 금방이라도 적에게 다가가려는 몸짓을 보이지만, 그 행동이 너무 지나치지 않도록 거듭하여 자신을 억제한다. 우리는 큰소리가 나도록 두 발을 힘껏 구르기도 하고, 주먹으로 가까이에 있는 물건을 힘껏 내리치기도 한다. 이 마지막 행동은 다른 동물들에게서도 자주 볼 수 있는데, 동물의 경우에는 이것을 방향전환 활동이라고 부른다. 공격성을 자극하는 대상(적)을 직접 공격하기에는 너무 두렵기 때문에, 아무 죄도 없는 구경꾼이나(누구나 한두 번은 이렇게 날벼락을 맞은 경험이 있을 것이다) 무생물처럼 덜 위협적인 다른 대상을 공격할 수밖에 없다. 무생물을 공격하면 박살이 나거나 망가질 수도 있다. 아내가 꽃병을 마룻바닥에 내동댕이치면, 꽃병은 물론 산산조각이 나서 마룻바닥에 흩어진다. 그러나 아내가 정말로 내동댕이치고 싶었던 것은 꽃병이 아니라 남편의 머리통이다. 침팬지와 고릴라가 자주 이런 행동을 보이는 것은 흥미롭다. 그들은 나뭇가지와 풀을 잡아 뜯고 후려갈기고 사방으로 내던지면서 화풀이를 하는데, 이것 역시 강력한 시각적 효과를 낸다.

이처럼 공격적인 몸짓을 보일 때는 특유의 위협적인 얼굴 표정을 짓는 것이 중요하다. 얼굴 표정은 소리 신호와 더불어 우리의 공격적인 기분을 전달하는 가장 확실한 방법이다. 앞에서 이야기한 미소는 우리 인간만이 갖고 있는 독특한 표정이지만, 공격적인 얼굴은 아무리 표정이 풍부하다 해도 다른 고등 영장류의 표정과 거의 다를 바가 없다. (화가 난 원숭이나 겁을 내고 있는 원숭이는 우리도 한눈에 알아볼 수 있지만, 어떤 것이 우호적인 원숭이의 표정인지는 배워야 알 수 있다.)

규칙은 아주 간단하다. 공격하려는 충동이 달아나려는 충동보다 우세할수록 얼굴은 보다 앞으로 튀어나온다. 반대로 두려움이 앞설 때는 얼굴 전체가 뒤로 당겨진다. 공격적인 얼굴에서는 눈썹이 앞으로 튀어나와 잔뜩 찌푸린 표정을 짓는다. 이마는 반반해지고, 입꼬리는 앞으로 나오고, 입술은 오므라들어 직선을 이룬다. 두려움이 기분을 지배하게 되면, 겁먹은 위협적인 표정이 나타난다. 눈썹이 올라가고, 이마에 주름살이 잡히고, 입꼬리는 뒤로 당겨지고, 입술은 벌어져서 이가 드러난다. 이 표정은 흔히 겉보기에 매우 공격적으로 보이는 다른 몸짓을 수반한다. 그 때문에 주름 잡힌 이마와 드러난 이빨은 이따금 '격렬한' 분노의 신호로 여겨지기도 하지만, 사실은 분노가 아니라 두려움의 표시다. 몸의 나머지 부분은 위협적인 몸짓을 계속 유지하고 있지만, 이 표정은 마음속에 커다란 두려움이 존재하고 있다는 것을 알려주는 조기 경보 신호다.

그러나 이 표정도 아직은 위협적인 얼굴이고, 따라서 섣불리 다루어서는 안 된다. 두려움이 기분을 완전히 지배하면, 적은 얼굴을 잡아당기는 것을 그만두고 꽁무니를 뺄 것이다.

우리의 이런 표정은 원숭이와 공통이니까, 커다란 비비원숭이와 맞닥뜨릴 경우에 대비하여 기억해두는 것도 좋을 것이다. 그러나 이런 표정 이외에도 우리가 문화적으로 창조해낸 또 다른 표정이 있다. 예를 들어 혀를 쏙 내밀거나 뺨을 부풀리거나 코에 엄지손가락을 대고 다른 손가락을 펴서 흔들거나 이목구비를 과장되게 찡그리는 표정은 우리의 위협 신호에 상당히 많은 목록을 덧붙여준다. 대부분의 문화는 몸의 다른 부위를 이용하여 상대편을 위협하거나 모욕하는 몸짓도 다양하게 개발했다. 공격 의도를 표현하는 몸짓('미친 듯이 날뛰는' 몸짓)은 일정한 양식을 갖춘 다양한 '출전의 춤'으로 다듬어졌다. 이 격렬한 춤은 적에게 직접 시각적인 효과를 주려는 과시가 아니라, 집단의 강력한 적개심을 불러일으켜 공동체를 하나로 통합하는 기능을 맡게 되었다.

문화적 신호

• • •

우리는 치명적인 인공 무기를 개발하여 지구상에서 가장 위험한 동물이 되었기 때문에, 상대편의 적개심을 가라앉히는 신호도 유난히 다양하게 갖고 있다. 이것은 결코 놀라운 일이 아니다. 몸을 잔뜩 웅크리고 비명을 지르는 것은 우리가 다른 영장류와 공유하고 있는 기본적인 복종 반응이다. 그러나 우리는 이밖에도 복종을 나타내는 다양한 몸짓의 틀을 만들었다. 몸을 웅크리는 것은 엎드리는 동작으로 발전했고, 엎드리는 것보다 강도가 낮은 복종은 무릎을 꿇거나 허리를 굽히거나 무릎을 굽혀 절하는 형태로 표현된다. 여기서 중요한 신호는 우세한 사람보다 몸의 위치를 낮추는 것이다. 위협할 때는 몸을 최대한 부풀려, 가능한 한 몸집이 커 보이게 한다. 따라서 복종하는 행동은 그 반대 과정을 밟아서 되도록 몸을 낮추어야 한다. 우리는 되는 대로 아무렇게나 몸을 낮추지 않고, 수많은 단계를 두어 제각기 특수한 의미를 가진 독특한 양식을 개발했다.

인사하는 행위는 이런 점에서 흥미롭다. 그것은 우리의 문화적 신호가 원래의 몸짓과 얼마나 동떨어질 수 있는가를 보여주기 때문이다. 군인의 경례는 얼핏 보기에 공격적인 몸짓처럼 보인다. 그것은 강타를 날리기 위해 팔을 들어올리는 신호의 변형과 비슷하다. 중요한 차이는 주먹을 쥐지 않는다는 점과 손가락 끝이 상대편을 가리키지 않고 모자를 가리킨다는 점이다. 이것은 물론 모자를 벗는 행위를 수정한 양식이고, 모자를 벗는 것은 원래 몸의 높이를 낮추는 절차의 일부였다.

영장류의 웅크리는 몸짓에서 허리를 굽히는 동작이 유래한 것도 흥미롭다. 여기서 중요한 특징은 눈의 높이를 낮추는 것이다. 똑바로 쏘아보는 것은 가장 철저한 공격의 전형적인 특징이다. 이것은 가장 격렬한 얼굴 표정의 일부이며, 가장 호전적인 몸짓을 모조리 수반한다. (어린이들의 놀이인 '눈싸움'이 그토록 하기 어려운 이유는 바로 이 때문이고, 어린이들이 단순한 호기심에서 빤히 쳐다보면 "발칙하게 사람을 빤히 쳐다보다니"라고 호되게 야단맞는 것도 이 때문이다.) 사회 관습의 변화에 따라 허리를 굽히는 각도가 상당히 완만해졌지만, 그래도 얼굴을 낮추는 요소는 여전히 간직하고 있다. 예를 들어 왕궁에 사는 남자들은 끊임없는 반복을 통해 절하는 반응을 수정해왔는데, 이들은 지금도 절할 때 얼굴을 낮추지만, 옛날처럼 허리를 굽히지 않고 꼿꼿이 편 채 고개만 까딱한다.

　비공식적인 자리에서는 그저 눈길을 돌리거나 '눈동자를 한곳에 고정시키지 않는' 표정으로 남의 시선을 피하거나 남을 뚫어지게 바라보는 무례한 짓을 피한다. 정말로 공격적인 사람만이 꽤 오랫동안 누군가를 뚫어지게 바라볼 수 있다. 얼굴을 맞대고 대화할 때도 우리는 대개 상대편에게서 눈길을 돌리고 이야기한 다음, 우리의 말에 대한 반응을 알아보기 위해 문장이나 단락이 끝날 때마다 상대를 힐끔 바라보곤 한다. 직업 강사는 한동안 단련을 거쳐 청중을 똑바로 바라볼 수 있게 되기 전에는 청중의 머리 위를 쳐다보거나 강단을 내려다보거나 강당의 옆 또는 뒤를 바라본다. 강사는 우세한 입장에 있는데도, 그렇게 많은 청중들이 모두 (안전한 자리에 앉아서) 자기를 똑바로 쳐다보기 때문에, 처음에는 청중들에게 억제할 수 없는 두려움을 느낀다. 이 두려움은 상당한 경험을 쌓은 뒤에야 극복할 수 있다.

　배우가 무대에 서면 수많은 관객이 그에게 시선을 집중한다. 배우가 무대에 등장하기 전에 그토록 안절부절못하는 이유는 이 단순하고 공격적이며 물리적인 시선 때문이기도 하다. 물론 연기의 질과 관객의 반응도 배우에게는 걱정거리가 되지만, 많은 사람의 위협적인 응시는 보다 근본적인 위험이다. (호기심 어린 응시도 무의식 속에서는 위협적인 응시와 혼동되기 때문에 마찬가지다.)

　안경과 선글라스를 쓰면 응시의 효과를 인위적으로 그리고 부수적으로 강화하기 때문에, 얼굴이 좀 더 공격적으로 변한다. 안경을 쓴 사람이 쳐다보면, 우리는 더욱 강렬한 시선을 느낀다. 부드러운 태도를 가진 사람들은 테가 얇거나 테 없는 안경을 선택하는 경향이 있는데(아마 그들 자신도 그런 안경을 선택하는 이유를 깨닫지 못할 것이다), 이것은 응시의 효과를 최소한으로 줄여주기 때문이다. 이런 식으로 그들은 상대편을 자극하여 반격을 불러일으키는 것을 피한다.

남의 시선을 피하거나 남을 응시하지 않기 위해 취하는 보다 격렬한 형태의 행동은 두 손으로 눈을 가리거나 팔을 구부려 그 속에 얼굴을 파묻는 것이다. 눈을 감는 간단한 행동도 시선을 차단하는데, 낯선 사람과 마주 보며 이야기할 때면 으레 되풀이하여 눈을 감는 사람도 있다. 눈을 깜박거리는 것은 정상적인 반응이지만, 이런 사람의 경우에는 마치 눈을 깜박거릴 때 눈을 감고 있는 순간이 길게 연장된 것 같다. 편안한 상황에서 가까운 친구들과 이야기할 때는 이런 반응이 사라진다. 그들이 낯선 사람의 '위협적인' 모습을 안 보려고 애쓰는 것인지, 아니면 남을 응시하는 정도를 줄이려고 애쓰는 것인지, 또는 양쪽 다인지는 분명치 않다.

시선은 강력한 위협 효과를 갖고 있기 때문에, 많은 동물들이 자위 수단으로 눈알 모양의 무늬를 발달시켰다. 나방은 날개에 적을 깜짝 놀라게 하는 한 쌍의 눈알 무늬를 갖고 있다. 이 무늬는 적의 공격을 받을 때까지는 감추어져 있다가, 적이 덤벼들면 날개가 활짝 펴지면서 선명한 눈알 무늬가 적의 눈앞에서 번득인다. 이것이 적을 위협하는 데 상당한 효과가 있다는 것은 실험으로 입증되었다. 적들은 느닷없이 눈앞에 눈알 무늬가 나타나면, 더 이상 나방을 괴롭히지 않고 재빨리 달아날 때가 많다. 많은 어류와 일부 조류, 포유류까지도 이런 수법을 채택했다.

우리 인간의 경우, 시중에 나오는 상품들이 이따금 이런 장치를 사용한다. (일부러 그럴 수도 있고, 아닐 수도 있다.) 자동차 설계자들은 헤드라이트를 눈알 모양으로 만들고, 보닛 앞부분의 선은 눈살을 찌푸린 험상궂은 얼굴 모양으로 조각하여, 전반적으로 보다 공격적인 인상을 주는 경우가 많다. 뿐만 아니라 그들은 '눈알 무늬' 사이에 금속 그릴이라는 형태로 '드러낸 이빨'을 덧붙인다. 도로가 갈수록 자동차로 붐비고 운전이 점점 더 호전적인 활동이 되었기 때문에, 자동차의 위협적인 얼굴은 더욱 개선되고 다듬어져 운전자들에게도 공격적인 이미지를 부여하고 있다. 그보다는 규모가 작지만, 어떤 상품은 OXO, OMO, OZO, OVO처럼 위협적인 얼굴을 연상시키는 상표를 갖고 있다. 제조업자들에게는 다행한 일이지만, 이런 상품들은 소비자에게 불쾌감을 주기는커녕, 오히려 소비자의 눈길을 끌기 쉽고, 깜짝 놀라서 그쪽을 바라본 소비자는 그것이 아무 위협도 될 수 없는 골판지 상자에 불과하다는 것을 알게 된다. 그러나 그 효과는 이미 작용했고, 소비자는 이미 경쟁 상품보다 '그' 상품에 관심이 끌린 것이다.

앞에서도 말했듯이, 침팬지는 약한 손을 내밀어 우세한 침팬지를 달랜다. 우리 인간도 마찬가지다. 빌거나 애원할 때의 전형적인 자세는 침팬지가 손을 내미는 몸짓과 다를 바가 없다. 오늘날 널리 퍼져 있는 인사 방법인 악수는 이 몸짓을 변형한 것이다. 우호적인 몸짓은 흔히 복종하는 몸짓에서 나온다. 미소와 웃음에서 이런 일이 어떻게 일어나는지는 앞에서 이미 살펴보았다. (미소와 웃음은 지금도 상대편을 달래야 하는 상황에서 이따금 나타난다. 이럴 때는 대개 겁먹은 미소와 소리 죽여 킥킥거리는 신경질적인 웃음의 형태를 취한다.) 악수는 지위가 대체로 비슷한 사람들 사이의 대등한 인사 예절이지만, 지위가 대등하지 않을 때는 열등한 쪽이 손을 잡고 허리를 굽혀 그 손에 입 맞추는 형태로 바뀐다. (남성과 여성 및 다양한 계층이 점점 '평등'해짐에 따라 손에 입을 맞추는 인사 형태는 갈수록 드물어지고 있지만, 교회처럼 형식적인 계급제도를 엄격히 고수하고 있는 특수한 영역에서는 지금도 이런 인사 방법이 존재하고 있다.) 악수는 자기 손을 잡고 흔들거나 상대편의 손을 제 두 손으로 부여잡는 형태로 바뀐 경우도 있다. 어떤 문화권에서는 이것이 기본적인 인사법이지만, 다른 문화에서는 '애원'하는 경우에만 이런 몸짓을 한다.

수건을 던지거나 백기를 드는 복종적인 행동에는 그 밖에도 많은 문화적 특성이 있지만, 여기서는 그 문제에 관심을 가질 필요가 없다. 그러나 상대편에게 정반대의 자극을 주는 한두 가지 간단한 책략에 대해서는 언급할 가치가 있다. 이것은 다른 동물의 비슷한 행동양식과 재미있는 관계를 갖고 있기 때문이다. 동물이 공격적이거나 공격적이 될 가능성을 가진 동물에게 비공격적인 감정을 불러일으키기 위한 수단으로 새끼의 행동양식이나 성적인 행동양식, 또는 털을 다듬어주는 행동양식을 보인다는 이야기는 여러분도 기억할 것이다. 이런 몸짓이 불러일으킨 비공격적 감정은 난폭한 감정과 싸워 그것을 억제한다.

우리 인간의 경우, 어른이 어린애 같은 행동을 보이는 것은 특히 구애할 때 흔히 볼 수 있다. 연애하는 남녀는 흔히 '유아어'를 사용하는데, 이것은 그들이 장차 부모가 될 예정이기 때문이 아니라 유아어가 짝에게 다정한 감정을 불러일으키기 때문이다. 유아어는 모든 남녀가 갖고 있는 어머니나 아버지다운 보호 본능을 자극하여 공격적인 감정(또는 좀 더 무서운 감정)을 억눌러준다. 새들의 경우에는 이것이 짝에게 먹이를 갖다주는 행동양식으로 발전했다는 것을 생각할 때, 우리 인간의 구애 단계에서 서로 음식을 먹여주는 행동이 놀랄 만큼 늘어나고 있는 것을 보면 재미있다. 우리가 상대편의 입에 맛있는 음식을 넣어주거나 초콜릿을 선물하느라 그토록 애를 쓰는 것은 연애할 때뿐이다.

이제 성적인 분야에서 정반대의 자극을 주는 행동에 대해 알아보자. 이런 행동은 정말로 성행위와 관련된 상황에서 일어나는 것이 아니라, 공격적인 상황에서 종속적인 쪽(남자 또는 여자)이 지배적인 쪽(남자 또는 여자)에 대해 '여성적'인 태도를 취하는 경우에 나타난다. 이런 행동은 널리 퍼져 있지만, 수컷이 암컷의 엉덩이에 올라타는 원래의 성교 자세가 사라짐에 따라 상대편을 달래기 위해 동물의 암컷처럼 엉덩이를 내미는 특수한 경우는 사실상 사라졌다. 이제는 주로 남학생이 벌을 받을 때에만 엉덩이를 내미는 자세를 취하고, 우세한 수컷이 엉덩이에 올라타고 치골을 규칙적으로 움직이는 행위는 회초리를 규칙적으로 내리치는 행위로 바뀌었다. 학생들을 회초리로 때리는 것이 실제로는 옛날부터 내려온 영장류의 의식적인 성교 형태라는 사실을 학교 선생님들이 완전히 이해한다면, 그래도 이런 체벌을 계속할지 의심스럽다. 구태여 복종적인 암컷의 자세를 취하도록 강요하지 않아도 희생자들에게 똑같은 고통을 줄 수 있을 것이다. (여학생들이 엉덩이를 맞는 경우가 드물다는 사실은 의미심장하다. 이 행위가 성교 형태에서 유래했다는 것은 그것으로도 분명해진 셈이다.)

선생님들이 이따금 남학생에게 바지를 내려 엉덩이를 드러내고 벌을 받도록 강요하는 이유는 더 많은 고통을 주기 위해서가 아니라, 매질이 진행되는 동안 엉덩이가 점점 빨개지는 것을 우세한 수컷이 직접 눈으로 볼 수 있기 때문이라고 상상력이 풍부한 어떤 권위자는 말했다. 빨개지는 엉덩이는 영장류 암컷이 완전히 발정했을 때 엉덩이가 홍조를 띠는 것을 생생하게 상기시켜준다. 정말로 그런지 어떤지는 모르지만, 한 가지만은 분명하다. 이 별난 의식은 우세한 쪽의 분노를 달래어 비공격적인 감정을 자극하는 책략으로서는 깨끗이 실패했다는 점이다. 불행한 남학생이 우세한 수컷을 성적으로 은밀하게 자극할수록, 그 별난 의식은 영원히 계속될 가능성이 많다. 치골을 규칙적으로 움직이는 행위는 회초리를 규칙적으로 내리치는 상징적인 행위로 바뀌었기 때문에, 희생자는 출발점으로 곧장 되돌아온다. 그가 직접적인 공격을 성공적인 공격으로 바꾸는 데 성공했다 해도, 이 성적인 공격은 또 다른 상징적인 공격 행위로 바뀌기 때문에, 희생자는 이중으로 시달림을 받게 된다.

정반대의 자극을 주는 세 번째 책략인 시중은 우리 인간에게 사소하지만 유용한 역할을 맡고 있다. 우리는 흥분한 사람을 달래기 위해 어루만지거나 토닥여줄 때가 많고, 사회적으로 우세한 지위에 있는 사람들은 부하들에게 시중을 받느라 오랜 시간을 보낸다. 그러나 이 문제는 나중에 다시 살펴보기로 하자.

전이활동의 진실

∙ ∙ ∙

전이활동도 긴장된 상황에서는 거의 항상 나타나 중요한 역할을 맡고 있다. 그러나 우리는 전형적인 몇 가지 전이활동만 보이지는 않는다는 점에서 다른 동물과 다르다. 우리는 억눌린 감정을 발산하기 위한 배출구로 사실상 모든 행동을 이용한다. 마음에 갈등이 일어나면, 우리는 장식품을 매만지거나 담배를 피우거나 안경을 닦거나 손목시계를 들여다보거나 술을 따르거나 음식을 씹기도 한다. 물론 이런 행동들은 정상적인 상황에서도 나타날 수 있지만, 전이활동의 역할을 하는 경우에는 그 행동이 본래 갖고 있는 기능을 더 이상 발휘하지 않는다. 장식품은 이미 알맞게 배열되어 있기 때문에 구태여 매만질 필요가 없다. 마음이 어지러운 상황에서 다시 배열하면 오히려 뒤죽박죽이 되어버릴 수도 있다. 긴장된 상황에서는 다 피우지도 않은 담배를 신경질적으로 비벼 끈 뒤에 금방 새 담배에 불을 붙이기도 한다. 긴장했을 때의 흡연량은 중독된 신체조직이 생리적으로 요구하는 니코틴 요구량과 아무 관계도 없다. 긴장했을 때는 이미 깨끗한 안경을 열심히 힘들여 닦기도 한다. 그럴 필요도 없는데 시계 태엽을 열심히 감아주기도 한다. 우리는 시계를 들여다보지만, 시계가 몇 시를 가리키고 있는지는 눈에 들어오지 않는다. 전이활동으로 음식을 씹을 때는 배가 고파서 먹는 게 아니다.

우리는 그것이 가져다주는 정상적인 보상을 얻기 위해서가 아니라, 긴장을 푸는 수단으로 무언가를 하기 위해 그런 행동을 할 뿐이다. 전이활동은 사회적 만남의 초기 단계에 유난히 자주 나타난다. 낯선 사람을 만날 때는 겉으로 아무리 상냥한 척해도 한 꺼풀만 벗기면 그 밑에는 은밀한 두려움과 공격성이 숨어 있다. 만찬회나 소규모의 사교적 모임에서 악수나 미소로 서로의 공격성을 달래는 의식이 끝나면, 당장 전이활동을 위한 담배와 술과 가벼운 음식이 나온다. 연극이나 영화 같은 대규모 오락에서도 일부러 중간에 짧은 막간을 두어, 관객이 좋아하는 전이활동에 잠시나마 탐닉할 수 있게 해준다.

우리가 좀 더 격렬한 공격적 긴장을 느끼고 있을 때는 다른 영장류와 똑같은 전이활동에 의존하는 경향이 있다. 그럴 경우, 우리의 배출구는 훨씬 원시적으로 된다. 긴장했을 때 침팬지는 신경질적으로 되풀이하여 몸을 긁는 동작을 보일 수 있는데, 이것은 가려워서 긁는 정상적인 반응과는 다른 독특한 특징을 갖는다. 침팬지는 주로 머리 부위만 긁어대고, 때로는 팔만 계속 긁기도 한다. 동작 자체도 일정한 양식을 갖고 있다. 우리도 거의 똑같은 방식으로 부자연스럽게 몸손질하는 전이활동을 보인다. 우리는 머리를 긁적거리고, 손톱을 깨물고, 두 손바닥으로 얼굴을 '씻고', 턱수염이나 콧수염이 있으면 그것을 잡아당기고, 머리 장식을 매만지고, 코를 문지르거나 후비거나 킁킁거리거나 풀고, 귓불을 만지작거리고, 귀를 후비고, 턱을 문지르고, 입술을 핥고, 손을 헹구듯 두 손을 비벼

댄다.

갈등을 크게 느끼고 있는 사람을 주의 깊게 관찰해보면, 이런 행동이 진정한 몸손질과는 다른 의례적인 방식으로 이루어지는 것을 알 수 있다. 전이활동으로 머리를 긁는 방식은 사람마다 두드러지게 다를 수 있지만, 머리를 긁는 사람은 저마다 정해진 독특한 방식을 갖고 있다. 정말로 몸손질을 하는 것이 아니기 때문에, 다른 신체 부위를 모조리 무시하고 한 부위에만 관심을 집중해도 상관없다. 작은 집단에서 종속적인 지위에 있는 사람은 전이활동으로 몸손질을 하는 빈도가 높기 때문에, 그것을 잘 관찰하면 누가 종속적인 구성원인가를 쉽게 알 수 있다. 그런 행동을 거의 보이지 않는 사람은 그 집단의 실권자로 인정해도 좋다. 겉보기에 지배적인 사람이 실제로는 사소한 전이활동을 많이 보이고 있다면, 이것은 그 자리에 참석해 있는 다른 사람이 그의 공식 지위를 어떤 식으로든 위협하고 있다는 것을 의미한다.

이 모든 공격적 행동양식과 복종적 행동양식을 논할 때, 우리는 관련자들이 모두 '진실을 말하고' 특별한 목적을 달성하기 위해 의식적으로 행동을 바꾸지 않았다는 점을 전제로 삼았다. 사람은 다른 의사 전달 수단보다 말로 '거짓말을 하는' 경우가 훨씬 더 많지만, 말 아닌 의사 전달 수단으로 거짓말을 하는 현상도 전적으로 무시할 수는 없다. 지금 논의하고 있는 행동양식으로 거짓을 '말하는' 것은 지극히 어렵지만, 불가능한 것은 아니다. 앞에서도 말했듯이, 어머니가 아기에게 감정을 감추려고 애써도 대개는 아무 소용이 없다. 행동으로 아기에게 거짓말을 하는 것은 어머니들이 깨닫는 것보다 더욱 철저하게 실패하기 마련이다. 그러나 어른들은 말로 표현되는 정보 내용에 훨씬 더 열중하기 때문에, 어른들 사이에는 행동으로 거짓말을 해도 성공할 가능성이 많아진다.

행동 거짓말쟁이에게는 불행한 일이지만, 그런 사람은 거짓말을 할 때 대체로 특별히 선택한 신호체계만을 이용한다. 그러나 그가 알지 못하는 다른 신호체계들은 그의 거짓말을 폭로한다. 가장 성공적인 행동 거짓말쟁이들은 특별한 신호를 바꾸려고 의식적으로 애쓰지 않고, 기본적인 사고방식을 그들이 전달하고 싶은 쪽으로 바꾸어버린다. 스스로 거짓을 진실이라고 믿어버리면, 자세한 부분은 저절로 해결된다. 이런 방법은 영화배우 같은 직업적인 거짓말쟁이들이 자주 사용하여 큰 성공을 거두고 있다. 그들은 행동으로 거짓말을 하는 것이 직업인데, 이런 생활은 이따금 사생활에도 큰 손해를 줄 수 있다. 정치가와 외교관들도 행동으로 거짓말을 해야 할 경우가 많지만, 이들은 배우와는 달리 사회적으로 '거짓말 허가증'을 받지 않았기 때문에, 거기에서 오는 죄책감이 연기를 방해하는 경향이 있다. 게다가 그들은 배우와는 달리 오랫동안의 훈련 과정을 거치지 않았다.

전문적인 훈련을 받지 않아도 조금만 노력하면, 그리고 이 책에 제시된 사실들을 주의 깊게 공부하면, 바라는 효과를 얻을 수는 있다. 나는 일부러 경찰관을 상대로 이것을 몇 번 시험해보았는데, 어느 정도 성공을 거두었다. 복종하는 몸짓을 보면 마음이 가라앉는 강력한 생물학적 경향이 존재한다면, 적절한 신호를 사용해서 이 경향을 조작할 수도 있을 거라고 나는 생각했다. 대부분의 운전자들은 사소한 교통법규 위반으로 경찰관에게 붙잡히면 당장 결백하다고 주장하거나 이런저런 핑계를 댄다. 이런 방식으로 그들은 자신의 (움직이는) 영역을 지키려 들고, 그 결과 운전자는 경찰관을 자기 영역에 침범한 경쟁자로 만들어버린다. 이것은 최악의 행동방침이다. 이런 행동은 경찰관의 반격을 불러일으킬 뿐이다.

그러나 비굴하게 복종하는 태도를 취하면, 경찰관은 감정이 누그러지는 것을 피하기가 점점 어려워질 것이다. 바보같이 운전이 서툴러서 잘못을 저질렀다고 죄를 순순히 인정하면, 경찰관은 당장 우세한 입장에 서게 되고, 그 위치에서는 힘없는 약자를 공격하기가 어렵다. 당신을 불러 세운 행동의 효율성에 대해 고마움과 경의를 표하는 것도 잊어서는 안 된다. 그러나 말로 표현하는 것만으로는 충분치 않다. 반드시 적절한 자세와 몸짓을 덧붙여야 한다. 무엇보다도 중요한 것은 재빨리 자동차 밖으로 나와서 경찰관 쪽으로 걸어가야 한다는 점이다. 경찰관이 당신 쪽으로 다가오게 해서는 안 된다. 경찰관에게 어떤 일을 하도록 강요하는 것은 그를 위협하는 짓이다. 게다가 자동차 안에 그대로 앉아 있으면, 당신은 자신의 영역에 남아 있게 된다. 밖으로 나오면, 영역을 떠났기 때문에 자동적으로 지위가 약해진다. 게다가 자동차 안에 앉아 있는 자세는 본래 지배적인 자세다. 앉아 있는 자세가 가진 힘은 우리 행동의 독특한 요소다. '왕'이 서 있으면 아무도 앉지 않는다. '왕'이 일어나면 모두 따라서 일어난다. 이것은 더 많이 복종할수록 몸의 자세를 낮춘다는 일반 원칙의 특수한 예외다.

따라서 자동차 밖으로 나오면 당신은 텃세권과 지배적인 자세를 벗어버리고, 그 뒤에 나올 복종적인 행동에 걸맞은 약한 입장에 서게 된다. 그러나 일어섰을 때도 몸을 똑바로 세우지 말고 웅크리는 것이 중요하다. 고개를 약간 숙이고 몸을 전체적으로 구부려야 한다. 말투도 사용하는 단어 못지않게 중요하다. 걱정스러운 얼굴 표정과 시선을 피하는 동작도 가치가 있다. 그리고 자기 몸을 손질하는 몇 가지 전이활동을 여분으로 덧붙이면 효과가 있다.

불행히도 차를 운전할 때는 누구나 자기 영역을 지키려는 공격적인 기분을 갖게 되기 때문에, 이런 기분을 감추기가 매우 어렵다. 공격적인 기분을 감추고 행동으로 거짓말을 하려면 상당한 훈련을 쌓거나 행동 신호에 대한 지식을 갖고 있어야 한다. 당신이 일상생활에서도 지배력을 별로 행사하지 못한다면, 비록 의식적으로 꾸민 행동이라 할지라도 경찰관에게 굽실거리는 것은 유쾌한 경험이 아닐 것이다. 그런 사람은 차라리 벌금을 내는 게 바람직하다.

공격의 목표는 파괴 아닌 지배

• • •

이 장은 싸우는 행위를 다루는 자리인데, 나는 지금까지 줄곧 전투를 피하는 방법만 다루었다. 결국 사태가 악화되어 물리적인 충돌이 벌어졌을 때, 털 없는 - 비무장 - 원숭이의 행동은 다른 영장류가 보이는 반응과 재미있는 대조를 이룬다. 다른 영장류에게는 이빨이 가장 중요한 무기지만, 우리에게는 손이 가장 중요한 무기다. 영장류는 움켜잡고 물어뜯지만, 우리는 움켜잡고 조이거나 주먹으로 때린다. 아주 어린 아이들의 경우에만 비무장 전투에서 물어뜯기가 중요한 역할을 한다. 물론 그들은 아직 팔과 손의 근육이 충분히 발달하지 않아서 그걸로는 별로 큰 타격을 줄 수 없다.

우리는 오늘날 레슬링과 유도, 권투 같은 스포츠에서 어른들의 비무장 전투를 볼 수 있지만, 이처럼 일정한 양식을 갖추지 않은 원래 형태의 싸움은 좀처럼 보기 어렵다. 진지한 전투가 시작되면, 당장 한두 가지의 인공 무기가 동원된다. 가장 유치한 형태의 싸움에서는 이런 무기를 던지거나 손에 쥐고 휘두른다. 침팬지도 특수한 상황에서는 이 정도까지 공격을 확대할 수 있다. 침팬지는 반쯤 사로잡힌 상태에 놓이면 나뭇가지를 집어 들고 박제 표범의 몸을 후려치거나, 흙덩어리를 부수어 도랑 너머로 지나가는 사람에게 던지기도 한다. 그러나 침팬지가 야생 상태에서도 이런 방법을 어느 정도 사용하고 있다는 증거는 거의 없고, 경쟁자들끼리 싸울 때는 절대로 이런 방법을 사용하지 않는다.

그러나 인공 무기는 주로 다른 동물에 대항하여 몸을 지키고 사냥감을 죽이는 수단으로 발달했기 때문에, 침팬지의 행동을 보면 우리가 맨 처음에 어떻게 무기를 사용하기 시작했는가를 어렴풋이나마 알 수 있다. 같은 사람끼리 싸울 때 무기를 사용하는 것은 타고난 성향이 아니라 이차적인 경향인 게 거의 분명하지만, 일단 무기를 갖게 된 인간은 상대가 누구든 긴급할 때는 언제든지 무기를 사용하게 되었다.

가장 단순한 형태의 인공 무기는 단단한 나무토막이나 돌멩이처럼 변형시키지 않은 자연물이었다. 이런 자연물의 모양을 간단히 다듬으면, 던지고 때리는 유치한 행위는 창을 던지고 칼로 베고 자르고 찌르는 동작으로 확대된다.

공격 방법에서 그 후에 나타난 경향은 공격자와 피공격자 사이의 거리가 점점 멀어지는 것이었다. 이 경향이야말로 우리 인류를 거의 파멸로 몰고 간 원인이다. 창은 멀리서도 효과를 발휘하지만, 사정거리가 제한되어 있다. 활은 그보다는 낫지만 정확성이 부족하다. 총은 사정거리를 극적으로 넓혀주었고, 하늘에서 떨어지는 폭탄은 훨씬 더 넓은 지역을 공격할 수 있고, 지대지 로켓은 공격자의 '주먹'을 훨씬 더 멀리까지 가져갈 수 있다. 그 결과, 경쟁자들은 패배하는 게 아니라 무차별로 살해당한다.

앞에서도 설명했듯이, 같은 종끼리 싸울 때 생물학적 차원에서 적절한 공격은 적을 죽이는 게 아니라 복종시키는 것이다. 적은 궁지에 몰리면 달아나거나 복종하기 때문에, 생명을 파괴하는 마지막 단계는 오지 않는다. 도망치든 복종하든, 전투는 그것으로 끝나고 분쟁은 해결된다. 그러나 공격이 이루어지는 순간 두 경쟁자가 너무 멀리 떨어져 있어서 승자가 패자의 복종 신호를 읽을 수 없을 때는 격렬한 공격이 계속된다. 원래 공격은 승자가 패자의 비굴한 복종의 몸짓을 직접 목격하거나 적이 꽁무니 빠지게 도망쳐야만 멈출 수 있다. 오늘날처럼 공격 거리가 멀어지면 복종의 몸짓도 도망치는 모습도 볼 수 없고, 그 결과는 다른 어떤 동물에게서도 유례를 찾아볼 수 없는 대규모의 무차별 학살이 될 수밖에 없다.

이 파괴 행위를 거들고 부추기는 것은 특수하게 발달한 우리의 협동 정신이다. 먹이를 사냥할 때는 이 중요한 자질을 개발한 것이 우리에게 큰 도움을 주었지만, 오늘날에는 다른 동물이 아니라 우리 자신에게 그 영향이 미치고 있다. 같은 인간끼리 싸울 때에도 자기 편을 도우려는 강력한 충동이 자극을 받게 된 것이다. 사냥할 때 동료에게 바치는 충성은 싸울 때 동지에게 바치는 충성으로 바뀌었고, 전쟁이 생겨났다. 그 모든 전쟁의 공포를 낳은 주요 원인이 우리 인간에게 큰 도움을 준 바로 그 성향이라는 것은 정말 얄궂은 일이다. 우리를 계속 충동질하고 사람 목숨을 우습게 아는 갱과 폭도, 군대를 낳은 것은 서로 협력하려는 성향이다. 이 성향이 없다면 그들은 응집력을 잃을 것이고, 공격은 또다시 옛날처럼 '개인화'할 것이다.

우리는 사냥감을 죽이는 전문 사냥꾼으로 진화했기 때문에 자연히 경쟁자를 죽이는 살인자가 되었고, 적을 죽이는 것은 우리의 타고난 성향이라고 주장하는 사람도 있다. 그러나 앞에서도 설명했듯이, 증거는 이 주장에 반대한다. 동물이 원하는 것은 살상이 아니라 패배다. 공격의 목표는 파괴가 아니라 지배이며, 이 점에서는 우리도 근본적으로 다른 동물과 차이가 없는 것 같다. 우리가 다른 동물과 달라야 할 이유는 전혀 없다. 그런데 공격이 너무 멀리서 이루어지고 집단이 협동정신으로 똘똘 뭉쳐 있기 때문에, 싸움에 가담하는 사람들은 원래의 목표가 무엇인지 잘 알 수 없게 되어버렸다. 그들은 이제 적을 지배하기 위해서가 아니라 동료를 돕기 위해 공격하고, 직접적인 복종의 몸짓에 관대해지도록 타고난 성향은 발휘할 기회가 거의 없거나 전혀 없다. 이 불행한 발전이 인류를 파멸시키는 원인이 되어 인류의 급속한 멸종으로 이어질 것인지는 두고 봐야 알 일이다.

　이 진퇴양난의 궁지가 머리를 긁적거리는 전이활동을 수없이 초래한 것은 지극히 자연스러운 일이다. 가장 바람직한 해결책은 쌍방의 완전한 무장해제다. 그러나 실제로 이것은 거의 실현할 수 없는 극단적인 방법이다. 미래의 모든 전투가 자연발생적이고 직접적인 복종 신호를 다시 작동시킬 수 있는 백병전으로 치러지도록 하는 것은 불가능한 일이다. 또 다른 해결책은 모든 사회 집단의 구성원들을 비애국자로 만드는 방법이다. 그러나 이것은 우리 인간이 기본적으로 갖고 있는 생물학적 자질과 충돌할 것이다. 어느 한쪽 방향으로 동맹이 결성되면 다른 쪽의 동맹은 깨질 것이다. 사회 집단을 이루려는 타고난 경향은 우리의 유전자에 커다란 변화라도 일어나 우리의 복잡한 사회구조가 저절로 해체되지 않는 한 결코 뿌리뽑을 수 없다.

　세 번째 해결책은 전쟁을 대신할 수 있는 상징적이고 해롭지 않은 대체물을 만들어 널리 보급하는 방법이다. 그러나 이것이 정말로 해롭지 않다면, 진짜 문제는 거의 해결되지 못할 것이다. 우리 인류가 안고 있는 진짜 문제는 생물학적 차원에서 보면 집단의 텃세권을 방어하는 것이고,

인구 과잉이라는 관점에서 보면 집단의 텃세권을 넓히는 문제이다. 전쟁 대신 난폭하고 떠들썩한 축구 시합을 아무리 많이 열어봤자, 이 문제는 해결되지 않는다.

네 번째 해결책은 공격에 대한 지적 통제력을 향상시키는 방법이다. 우리의 지성이 우리를 이런 혼란 속에 빠뜨렸으니까, 우리를 이 혼란에서 데리고 나가야 하는 것도 우리의 지성이라고 주장하는 사람도 있다. 불행히도 텃세권 방어라는 기본적인 문제에 관한 한, 고도로 발달한 우리의 두뇌 중추도 아직 낮은 수준에 머물러 있는 동물적 본능의 충동질에 너무나 쉽사리 흔들린다. 지적 통제력은 지금까지는 우리를 도와줄 수 있었지만, 더 이상은 도와줄 수 없다. 지적 통제력은 우리가 마지막 수단으로 의지하기에는 믿음직스럽지 못하다. 단순하고 불합리한 감정적인 행동도 우리의 지성이 이룩한 모든 업적을 단숨에 무너뜨릴 수 있다.

생물학적으로 이 진퇴양난의 궁지를 해결할 수 있는 건전한 해결책은 인구를 대폭 줄이는 방법뿐이다. 또는 다른 행성으로 인류를 급속히 확산시키는 것도 좋은 방법이다. 앞에서 열거한 네 가지 행동방침의 도움을 얻을 수 있다면 금상첨화다. 인구가 오늘날처럼 무서운 속도로 계속 늘어나면 통제할 수 없는 공격 행위가 극적으로 늘어나리라는 것은 이미 알려진 사실이다. 이것은 실험으로 분명히 입증되었다. 인구가 지나치게 과밀한 상태는 사회적 긴장과 정신적 압박을 초래함으로써, 우리를 굶어죽게 하기 전에 우리의 공동체 조직부터 먼저 무너뜨릴 것이다. 과밀 상태는 지적 통제력이 강화되는 것을 직접 방해하고, 감정이 폭발할 가능성을 크게 높여준다. 이런 상황을 막으려면 출산율을 눈에 띄게 떨어뜨릴 수밖에 없다. 불행히도 여기에는 두 가지 심각한 장애가 있다.

앞에서도 말했듯이, 가족 - 이것은 지금도 우리 사회의 기본 단위다

- 은 자녀를 기르는 장치다. 가족은 자녀를 낳아서 보호하고 기르는 체제로서 오늘날과 같은 복잡한 상태로 발전했다. 이 기능이 심각하게 제한되거나 일시적으로 제거된다면 한 쌍의 남녀가 짝을 이루는 유형도 영향을 받게 될 것이고, 그렇게 되면 그 나름대로 독특한 사회적 혼란이 일어날 게 뻔하다. 반면에 번식의 홍수를 막기 위하여 특별히 선발된 부부에게만 자유롭게 자녀를 낳도록 허락하고 다른 부부는 자녀를 낳지 못하게 금지한다면, 이것은 우리 사회에 꼭 필요한 협동심을 저해할 것이다.

단순히 수적인 관점에서 보면, 모든 성인 남녀가 짝을 이루어 자녀를 낳을 경우, 한 쌍의 부부가 자녀를 둘씩만 낳으면 공동체의 규모는 한결같은 수준을 유지할 수 있다. 두 자녀는 사실상 부모의 자리를 대신 차지할 것이다. 결혼하지 않거나 자녀를 낳지 않는 사람도 많고 사고나 그 밖의 원인으로 일찍 죽는 어린이가 많다는 사실을 고려하면, 가족의 평균 규모는 좀 더 커져도 괜찮다. 그러나 자녀가 적어지면 한 쌍의 남녀가 짝을 이루는 구조에 더 무거운 부담을 줄 것이다. 자녀를 키우는 부담이 줄어들면, 한 쌍의 남녀관계를 단단히 유지하기 위해서는 다른 방향으로 더 많은 노력을 기울여야 할 것이다. 그러나 장기적인 관점에서 보면, 이것은 숨 막히는 인구 과밀 상태와는 비교도 되지 않을 만큼 사소한 위험에 불과하다.

요컨대, 세계 평화를 보장하는 가장 좋은 해결책은 피임이나 낙태를 널리 보급하는 방법이다. 낙태는 너무 과격한 수단이어서 감정에 심각한 문제를 일으킬 수 있다. 게다가 일단 정자와 난자가 만나 수정란을 형성하면 그것은 사회의 새로운 구성원을 이룬 셈이므로, 그것을 파괴하는 행위는 사실상 우리가 억제하려고 애쓰는 행위와 똑같은 유형을 가진 공격 행위다. 따라서 피임이 더 바람직한 것은 두말할 나위가 없다. 피임에 반대하는 종교적 또는 도덕적 파벌은 자신들이 전쟁을 조장하는 위험한 일에 가담하고 있다는 사실을 직시해야 한다.

종교라는 이상한 행동양식

・・・

이왕에 종교 문제가 제기되었으니, 우리 인간의 공격 행위가 갖고 있는 다른 측면으로 넘어가기 전에 종교라는 이상한 동물적 행동양식을 좀 더 자세히 살펴보는 것도 가치가 있을 것이다. 종교는 결코 다루기 쉬운 문제가 아니지만, 우리는 동물학자이기 때문에 남의 이야기만 듣지 말고 실제로 무슨 일이 일어나고 있는지를 직접 관찰하기 위해 최선을 다해야 한다. 그러면 우리는 다음과 같은 결론에 도달하지 않을 수 없다. 행동과학적인 의미에서 종교활동은 많은 사람이 한데 모여 지배적인 존재를 달래기 위해 오랫동안 복종의 몸짓을 되풀이하는 것이라고.

지배적인 존재는 문화에 따라 다양한 형태를 갖고 있지만, 엄청난 힘을 갖고 있다는 점에서는 똑같다. 지배적인 존재는 때로는 다른 동물의 형태를 갖기도 하고, 그 동물을 이상적으로 변형시킨 형태를 가질 때도 있다. 때로는 우리 인간 가운데 좀 더 현명하고 나이 든 사람의 모습으로 묘사되고, 때로는 좀 더 추상적인 존재가 되어 단순히 '높으신 분' 같은 용어로 불리기도 한다. 이런 존재에 대한 복종적인 반응으로는 눈을 감거나, 고개를 숙이거나, 애원하는 몸짓으로 두 손을 깍지 끼거나, 무릎을 꿇거나, 땅에 입을 맞추거나, 완전히 땅바닥에 납작 엎드리는 경우도 있고, 울부짖거나 노래하는 발성 행위를 수반하는 경우가 많다. 이같이 복종을 나타내는 행위가 성공하면, 지배적인 존재를 달랠 수 있다. 지배적인 존재는 반드시 그런 것은 아니지만 대개 '신'이라고 불린다.

그런데 눈으로 보거나 손으로 만질 수 있는 형태로 존재하는 신은 하나도 없다. 그렇다면 인간은 무엇 때문에 신을 창조했는가? 그 해답을 찾으려면 우리 조상의 기원으로 거슬러 올라가야 한다. 서로 협력하는 사냥꾼으로 발전하기 전에는 우리도 오늘날 다른 원숭이나 유인원에게서 볼 수 있는 것과 같은 유형의 사회 집단을 이루고 살았을 게 틀림없다. 그런 사회 집단은 일반적으로 수컷 한 마리의 지배를 받는다. 그는 우두머리이고 군주이며, 집단의 모든 구성원은 그를 달래주지 않으면 호된 꼴을 당한다. 그는 또한 외부의 위험으로부터 집단을 보호하고 힘이 약한 구성원들 사이의 싸움을 해결하는 일에서는 가장 적극적이다. 집단 구성원들의 모든 생활은 지배적인 원숭이나 유인원을 중심으로 이루어진다. 그는 만능의 역할을 맡고 있기 때문에 신 같은 지위를 갖는다.

이제 우리의 직접적인 조상에게로 눈길을 돌려보자. 집단 사냥에 성공하려면 협동정신을 키우는 것이 중요해졌기 때문에, 지배적인 존재가 집단 구성원들의 소극적인 충성이 아닌 적극적인 충성을 유지하려면 권력을 함부로 사용할 수 없었을 게 분명하다. 그는 집단 구성원들이 단지 두려움 때문이 아니라 진심으로 충성을 바치도록 만들어야 했다. 그는 좀 더 '그들 가운데 하나'가 되어야 했다. 원숭이 시절의 구식 폭군은 사라져야 했고, 그 대신 좀 더 너그럽고 좀 더 협동적인 털 없는 원숭이 지도자가 등장했다.

이 단계는 서서히 발전하고 있는 새로운 유형의 '상호협동' 조직에는 반드시 필요했지만, 한 가지 문제를 낳았다. 집단의 우두머리가 갖고 있던 완전한 지배력이 제한된 지배력으로 바뀌었기 때문에, 그는 더 이상 무조건적인 충성을 누릴 수 없게 되었다. 이러한 변화는 새로운 사회 체제에는 필수불가결한 것이었지만, 하나의 공백을 남겼다. 원숭이 시절의 배경 때문에 집단을 통제할 수 있는 전지전능한 존재가 필요해졌고, 우리 조상들은 신을 창조함으로써 그 빈자리를 메웠다. 그리고 창조된 신의 영향력은 집단 지도자의 제한된 영향력을 보완해주는 힘으로 작용할 수 있게 되었다.

얼핏 보기에는 종교가 그토록 성공한 것이 놀랍게 여겨지지만, 종교가 갖고 있는 막강한 영향력은 전능하고 지배적인 집단 우두머리에게 복종하는 우리의 기본적인 경향, 원숭이나 유인원 조상들에게서 직접 물려받은 생물학적 성향의 힘이 그만큼 크다는 것을 의미할 뿐이다. 이 때문에 종교는 사회의 응집력을 높이는 수단으로 중요한 역할을 맡았고, 우리의 먼 조상들이 놓여 있던 독특한 상황을 고려해볼 때 종교가 없었다면 우리 인류가 과연 이만큼 진보할 수 있었을지 의심스럽다.

종교는 기묘한 부산물을 많이 낳았다. 우리가 죽으면 '저 세상'에 가서 마침내 신을 만나게 된다는 믿음도 그런 부산물 가운데 하나다. 신은 이미 설명한 이유 때문에 이승에서 우리와 함께 있을 수는 없지만, 이런 아쉬움은 저승에 가서 보상받을 수 있다. 저승에 가서 신을 쉽게 만날 수 있도록, 죽은 뒤의 시체를 처리하는 방법과 관련하여 온갖 기묘한 관습이 발달했다. 전지전능한 신을 만나려면 충분한 준비를 갖추어야 하고, 복잡한 매장 의식을 거행해야 한다.

종교가 지나치게 형식에 얽매이게 되거나 신의 직업적인 '보조자'들이 신의 권력을 대행하고 싶은 유혹에 저항하지 못하면, 종교는 갖가지 불필요한 고통과 불행을 낳기도 한다. 그러나 종교의 파란만장한 역사에도 불구하고, 종교는 우리의 사회생활에 없어서는 안 될 요소다. 우리는 종교를 수용할 수 없게 될 때마다 때로는 조용히 때로는 난폭하게 종교를 거부하지만, 종교는 금방 새로운 모습으로 되돌아온다. 그러나 겉으로는 새로운 모습으로 보이겠지만, 옛날의 기본요소는 모두 그대로 간직하고 있다. 우리는 '무언가를 믿어야' 한다. 오직 공통된 믿음만이 우리를 굳게 단결시키고 우리를 통제해주기 때문이다.

이런 점을 근거로 하여, 충분히 강력하기만 하다면 어떤 종교든 상관없지 않느냐고 주장할 수도 있다. 그러나 반드시 그렇지는 않다. 종교는 감동을 주어야 하고, 또 감동을 주는 것처럼 보여야 한다. 우리 공동체의 본질은 정교하게 다듬어진 집단적 종교의식을 거행하고 거기에 참여할 것을 요구한다. '허례허식'을 제거하면 심각한 문화적 공백이 생길 테고, 종교의 가르침은 깊은 감동을 주지 못할 것이다. 물론 지나치게 낭비적이고 터무니없는 신앙은 공동체의 질적 발전을 저해하는 경직된 행동양식으로 우리를 몰아넣을 수 있다.

우리는 대단히 영리하고 탐구적인 동물이다. 이런 사실과 관련된 믿음이야말로 우리에게 가장 유익할 것이다. 우리가 사는 세계를 과학적으로 이해하고 지식을 얻는 것이 옳다는 믿음, 수많은 형태의 미학적 현상을 창조하고 감상하는 것이 옳다는 믿음, 일상생활에서 우리의 경험을 넓고 깊게 하는 것이 옳다는 믿음은 이제 급속도로 우리 시대의 '종교'가 되어가고 있다. 경험과 인식은 다소 추상적인 신이다. 무지와 어리석음은 그 신을 화나게 할 것이다. 우리의 학교는 종교적 훈련장이고, 도서관과 박물관, 미술관, 극장, 연주회장, 체육관은 우리의 공동 예배 장소이다. 집에서는 책과 신문, 잡지, 라디오와 텔레비전으로 예배를 드린다. 어떤 의미에서 우리는 아직도 내세를 믿고 있다. 창조적인 작업을 했을 때, 우리는 그 작업을 통하여 죽은 뒤에도 '계속 살아남을 것'이라는 느낌을 갖기 때문이다. 이 느낌도 창조적인 작업이 주는 보상의 일부다. 모든 종교와 마찬가지로 이 종교도 위험 요소를 갖고 있지만, 어차피 종교를 가져야 한다면 이것이 우리 인간의 독특한 생물학적 자질에 가장 적합한 종교인 것 같다. 점점 더 많은 사람들이 이 종교를 채택하고 있는 것은 인류가 이제 곧 전멸할지도 모른다는 비관론에 대항하여 우리를 위로해 주는 낙관론의 원천이 될 수도 있다.

가족과 개인을 위한 공격

• • •

종교에 대한 이 논의를 시작하기 전에 우리는 우리 인간의 공격 행위가 갖고 있는 여러 가지 측면 가운데 한 가지, 즉 집단 영역 방어의 본질에 대해서만 검토했다. 그러나 앞에서도 설명했듯이, 털 없는 원숭이는 세 가지 공격 형태를 가진 동물이기 때문에 이제는 나머지 공격 형태에 대해서도 고찰해야 한다. 하나는 큰 집단 내부에서 가족 단위의 영역을 지키기 위한 공격이고, 또 하나는 계급제도에서 개인의 지위를 유지하기 위한 공격이다.

가족 단위의 본거지를 지키는 공간적 방어는 건축기술의 발달에 중요한 요인으로 작용해왔다. 아무리 큰 건물도 주거용으로 설계될 때는 한 가족이 한 단위씩 사용할 수 있도록 칸을 나눈다. 건물은 거의 또는 전혀 '분업'을 해오지 않았다. 식당이나 술집처럼 공동으로 음식을 먹거나 술을 마시는 건물이 생겨났지만, 그래도 가족 단위의 본거지인 주택에서 식당이 사라지지는 않았다. 다른 것은 모두 발전했지만, 우리 도시의 설계는 아직도 가족만의 작은 영역으로 집단을 분할하고 싶어하는 털 없는 원숭이 시절의 욕구에 지배되고 있다. 주택이 아직 아파트 건물 속으로 밀려들어가지 않은 곳에서는 방어 지역에 조심스럽게 울타리를 치거나 담장을 쌓거나 나무나 풀로 울타리를 만들어 이웃집과 차단한다. 텃세권을 가진 다른 동물의 경우와 마찬가지로, 이 경계선은 엄격히 존중되고 지켜진다.

가족 단위의 영역이 가진 중요한 특징들 가운데 하나는 다른 가족의 영역과 쉽게 구별할 수 있어야 한다는 점이다. 물론 다른 집들과 떨어져 있는 위치 자체가 독특한 특징을 부여하지만, 이것만으로는 충분치 않다. 모양과 전체적인 겉모습이 쉽게 알아볼 수 있는 특징을 가져야 하고, 그래서 거기에 살고 있는 가족의 '개성이 배어 있는' 소유지가 되어야 한다. 이것은 너무나 뻔한 이야기 같지만, 경제적 어려움이나 건축가의 생물학적 무지 때문에 무시당하거나 간과되는 경우가 많다. 전 세계의 수많은 도시에는 변함없이 되풀이되는 똑같은 집들이 끝없이 늘어서 있다. 아파트의 경우에는 상황이 훨씬 더 심각하다. 건축가와 설계자 및 건축업자들이 이런 상황에서 살라고 강요하는 것은 가족의 영역주의에 헤아릴 수 없을 만큼 심각한 생리적 손상을 입힌다.

그러나 다행히 가족은 다른 방법으로 그들의 주거지에 독특한 특징을 부여할 수 있다. 건물 자체를 남다른 색깔로 칠하는 것도 좋은 방법이다. 정원이 있을 경우에는 정원에 나무를 심거나 잔디를 깔아서 개성적인 공간을 꾸밀 수 있다. 주택이나 아파트의 내부도 장식품이나 골동품, 또는 개인의 소지품으로 가득 채워 개성적으로 꾸밀 수 있다. 이런 실내 장식은 대개 공간을 '멋지게 보이기' 위한 것으로 설명된다. 그러나 사실은 텃세권을 가진 다른 동물이 소굴 근처의 나무나 전봇대 같은 표지물에 자기 냄새를 묻혀놓고 다니는 것과 똑같은 행동이다. 문에 문패를 달거나 벽에 그림을 거는 것은, 개나 늑대의 관점에서 보면, 문이나 벽에다 다리를 들고 오줌을 누어 자기 냄새를 남겨놓는 거나 마찬가지다. 어떤 특정한 종류의 물건을 열심히 '수집'하는 사람은 이런 식으로 자신의 영역을 지켜야 할 필요성을 비정상적으로 강하게 느끼고 있는 사람인 경우가 많다.

이것을 생각할 때, 많은 자동차들이 작은 마스코트나 개인의 독특한 상징물을 갖고 다니는 것을 보면 재미있다. 또는 회사 간부들이 사무실을 옮겼을 때, 새 사무실에 들어가자마자 우선 자기가 좋아하는 펜꽂이와 처자식 사진부터 책상 위에 늘어놓는 것을 관찰해도 재미있다. 자동차와 사무실은 집에서 갈라져 나온 하위 영역이기 때문에, 여기서도 다리를 들고 오줌을 누어 좀 더 익숙한 '자기 소유의' 공간으로 만들 수 있다면 큰 위안이 된다.

이제 남은 문제는 사회적 계급제도와 관련한 공격 행위이다. 사람은 자기 소유의 장소만이 아니라 자기 자신도 방어해야 한다. 그는 사회적 지위를 유지해야 하고, 가능하면 더 높여야 한다. 그러나 신중하게 행동하지 않으면 집단 내의 다른 구성원들과의 협조관계를 위험에 빠뜨릴 수도 있다. 이곳이야말로 앞에서 설명했던 미묘한 공격 신호와 복종 신호가 총동원되는 분야다. 어떤 집단이 협동관계를 유지하려면 옷차림과 행동이 서로 비슷해야 하고, 실제로 응집력을 가진 집단을 보면 이런 점에서 상당히 비슷하다는 것을 알 수 있다. 그러나 유사성의 테두리 안에는 높은 지위를 얻기 위해 경쟁할 수 있는 여지가 아직도 많이 남아 있다. 이런 모순된 요구 때문에 상황은 거의 믿을 수 없을 만큼 미묘해진다.

넥타이를 매는 형태, 가슴 호주머니에 꽂는 손수건의 모양, 악센트의 미세한 차이, 겉으로는 너무나 사소해 보이는 특징들이 개인의 사회적 지위를 결정하는 데 중요한 의미를 갖는다. 경험이 풍부한 사람은 그런 특징을 한눈에 알아볼 수 있다. 그가 느닷없이 뉴기니 원주민의 계급제도 속에 내던져진다면 완전히 당황하겠지만, 자신의 문화권에서는 당장 전문가가 될 수밖에 없다. 옷차림과 습관의 사소한 차이 자체는 전혀 의미가 없지만, 계급제도 안에서 지위를 얻고 그것을 지키기 위한 수단과 관련될 때는 너무나 중요하다.

물론 우리는 수천수만 명의 거대한 집단 속에서 살도록 진화하지 않았다. 우리의 행동양식은 기껏해야 100명 안팎의 작은 부족 집단에 알맞게 만들어져 있다. 이런 상황에서는, 오늘날 다른 유인원이나 원숭이들이 그렇듯이, 부족의 모든 구성원들이 개인적으로 서로를 잘 알고 있을 것이다. 이런 유형의 사회조직에서는 우열의 서열이 생겨나 안정되기가 쉽다. 이 서열은 구성원들이 늙어서 죽음에 따라 점진적으로 변화할 뿐이다.

그러나 거대한 도시 공동체에서는 상황이 훨씬 더 긴장된다. 도시 거주자들은 날마다 수많은 낯선 사람들과 접촉해야 한다. 게다가 그 접촉은 예기치 않은 때와 곳에서 이루어지는 경우가 대부분이다. 이것은 다른 어떤 영장류에게서도 유례를 찾아볼 수 없는 상황이다. 서열을 정하는 것은 우리가 타고난 경향이지만, 그 많은 사람들과 개인적인 우열관계를 맺는 것은 불가능하다. 그래서 우리는 낯선 사람을 지배하지도 않고 그들에게 지배받지도 않은 채, 그들이 우리 옆을 날쌔게 스쳐 지나가도록 내버려둔다.

사회적 접촉을 피하다 보면 신체 접촉을 꺼리는 행동양식이 발달할 수밖에 없다. 이에 대해서는 앞에서 남성이나 여성이 우연히 이성과 접촉하는 성적 행동양식을 다룰 때 이미 언급했다. 그러나 신체 접촉을 꺼리는 행동양식은 단순히 이런 성적 행동을 피하는 것만이 아니라, 사회적 관계를 맺기 시작한 초기의 모든 영역에도 적용된다. 우리는 상대편을 뚫어지게 쳐다보거나 상대편 쪽을 손가락질하거나 어떤 식으로든 신호를 보내거나 육체적 접촉을 갖지 않으려고 조심함으로써, 지나치게 자극적인 사회적 상황에서 살아남는다. 그렇게 하지 않으면 우리는 그 자극적인 상황을 도저히 견뎌내지 못할 것이다. 접촉 금지 규칙이 깨지면 우리는 당장 미안하다고 사과함으로써, 그 접촉이 순전히 우연이라는 것을 분명히 밝힌다.

접촉을 꺼리는 행동양식 덕분에 우리는 아는 사람의 수를 인간에게 적절한 수준으로 유지할 수 있다. 이 점에서 우리는 상당히 일관성 있고 균일하다. 증거가 필요하다면, 성격이나 직업이 전혀 다른 100명의 도시 거주자들을 선정하여 그들의 수첩에 적혀 있는 주소나 전화번호의 수를 세어보라. 잘 알고 있는 사람의 수는 거의 같고, 이 수는 작은 부족 집단의 수와 대체로 일치한다는 사실을 알게 될 것이다. 다시 말해서, 우리는 사회적 만남에서도 먼 조상들의 생물학적 기본규칙을 따르고 있는 셈이다.

물론 이 규칙에도 예외는 있다. 직업상 수많은 사람들과 개인적 접촉을 가져야 하는 사람도 있을 테고, 신체 또는 성격상의 결함 때문에 비정상적으로 수줍어하거나 고독을 좋아하는 사람도 있을 것이다. 또는 특수한 심리적 문제 때문에 친구들에게서 기대했던 사회적 보상을 얻지 못하고, 그것을 벌충하기 위해 아무나 미친 듯이 사귀는 사람도 있을 것이다. 그러나 이런 유형은 도시 거주자의 극소수에 불과하다. 나머지 사람들은 다행히 자기 일에 열중하며 이 사회에 적응하고 있다. 우리가 살고 있는 이 공동체는 수많은 몸뚱이들이 우글거리고 있는 거대한 하나의 덩어리처럼 보이지만, 실제로는 서로 맞물리고 겹치는 수많은 부족 집단들이 믿을 수 없을 만큼 복잡한 관계를 이루어 나가고 있는 것이다. 털 없는 원숭이는 초기의 원시시대 이후 거의 변하지 않았다.

결코 변하지 않는 식습관

FEEDING

06

먹기

오늘날 가장 건강하고 가장 진보한 사회에서는 동물성 식품과 식물성 식품의 균형이 잘 유지되고 있으며, 영양을 얻는 방법이 극적으로 변화했는데도 불구하고 오늘날 계속 발전하고 있는 털 없는 원숭이는 먼 옛날 짐승을 사냥하여 먹고 살았던 조상들과 기본적으로 거의 똑같은 식사를 하고 있다. 식습관의 변화는 실제적인 변화가 아니라 표면상의 변화일 뿐이다.

06

FEEDING

먹기

●

결코 변하지 않는 식습관

 털 없는 원숭이가 먹이를 먹는 행동은 얼핏 보기에는 무척 다양하고 기회주의적이며 문화적으로 민감한 활동인 것처럼 보이지만, 여기에도 수많은 생물학적 기본 원칙이 작용하고 있다.

 털 없는 원숭이가 조상 대대로 내려오던 행동양식인 과일 따 먹기를 어떻게 하여 서로 협력하는 사냥감 죽이기로 바꾸었는지는 앞에서 살펴보았다. 그리고 이것이 털 없는 원숭이의 식사 방법에 근본적인 변화를 일으킨 과정도 살펴보았다. 먹이를 찾는 일은 훨씬 정교해졌으며, 계획적이고 조직적인 활동이 되었다. 사냥감을 잡아 죽이려는 충동은 먹으려는 충동에서 부분적으로 독립해야만 했다. 먹이를 얻으면 정해진 기지로 가져와서 먹었다. 털 없는 원숭이는 이제 더 많은 식량을 준비해야 했다. 한 번에 먹는 먹이의 양은 더 많아졌지만, 다음 식사 때까지의 간격은 더 길어졌다. 식사에서 고기가 차지하는 비중이 크게 늘어났다. 털 없는 원숭이는 음식을 저장하고 분배하기 시작했다. 수컷은 먹이를 구해다가 가족을 먹여 살려야 했다. 배설활동은 통제되고 수정되어야 했다.

이런 변화들은 아주 오랜 기간에 걸쳐 서서히 일어났고, 요즘 들어 과학기술이 엄청나게 발전했는데도 우리가 여전히 그 변화에 충실하다는 것은 의미심장하다. 이런 변화는 변덕스러운 유행에 따라 이리저리 움직이는 단순한 문화적 장치가 아닌 것 같다. 오늘날의 행동으로 판단하면, 이 변화는 적어도 어느 정도는 우리 인간에게 깊이 뿌리박힌 생물학적 특징이 되어버린 게 분명하다.

앞에서도 말했듯이, 먹이를 길러 먹는 근대적 농업기술이 발달함에 따라 우리 사회의 성인 남자들은 대부분 사냥꾼 노릇을 하지 않게 되었다. 그 대신 그들은 회사로 '일'하러 나간다. 근무가 사냥을 대신했지만, 사냥의 기본적인 특징은 지금도 많이 보존되어 있다. 근무를 하려면 기지에서 '사냥터'까지 정기적으로 왕복해야 한다. 근무는 주로 남자의 일이고, 남자들끼리의 상호작용과 집단활동이 이루어질 수 있는 기회를 제공한다. 근무를 하려면 위험을 무릅써야 하고 전략을 세워야 한다. 이 도시의 사냥꾼들은 '도시에서 큰 사냥감을 잡아 떼돈을 버는 일'에 대해 이야기한다. 그들은 남들과 거래할 때면 무자비해진다. 생활비를 번다고 말할 때, 우리는 '집으로 고기를 가져간다(bring home the bacon)'는 표현을 쓴다.

도시인의 사냥 충동

● ● ●

도시의 사냥꾼들이 느긋하게 쉬고 싶을 때는 여자들의 출입이 금지된 남자 전용 '클럽'에 간다. 청소년들은 남자들끼리만 폭력단을 구성하는 경향이 있는데, 이것은 본질적으로 '약탈하는' 성격을 띤다. 학술협회와 사교 클럽, 친목회, 노동조합, 스포츠클럽, 프리메이슨 집회, 비밀 결사에서부터 10대 폭력단에 이르기까지, 남자만으로 이루어진 모든 조직에는 사나이의 '의리'라는 강력한 감정이 존재한다. 여기에는 집단에 대한 강한 충성심이 수반된다. 그들은 배지를 달거나 제복을 입는 등 같은 집단에 속해 있다는 것을 알려주는 표지를 몸에 부착한다. 신입 회원은 반드시 입회식을 치른다.

이런 집단이 남자만으로 이루어졌다고 해서 동성애와 혼동해서는 안 된다. 이들 집단은 기본적으로 성행위와는 아무 관계도 없다. 이들은 서로 협력했던 고대의 사냥 집단처럼 사나이들끼리 단결하여 연대감을 얻는 것에 주로 관심을 갖는다. 이런 집단이 성인 남자들의 생활에서 중요한 역할을 맡고 있는 것을 보면, 조상 대대로 내려오는 기본적인 충동이 아직도 끈질기게 남아 있다는 것을 알 수 있다. 만약 그렇지 않다면, 그들이 추진하는 활동은 구태여 그처럼 복잡한 의식을 치르거나 온갖 수단으로 여자들을 따돌리지 않아도 충분히 할 수 있는 일이고, 또한 그 대부분은 가정의 테두리 안에서도 얼마든지 이루어질 수 있다.

여자들은 남편이 '남자 친구와 어울리기 위해' 밖으로 나가면, 마치 그것이 가정에 대한 불성실함을 의미하는 것처럼 화를 내고 바가지를 긁는다. 그러나 그것은 잘못이다. 남자들이 밖에 나가 남자 친구들과 어울리는 것은 남자들끼리 떼를 지어 사냥하는 오랜 성향의 현대적 표현일 뿐이다. 이것은 털 없는 원숭이의 강력한 암수관계처럼 기본적인 성향이고, 그 암수관계와 밀접한 관계를 맺으면서 함께 발전했다. 이 성향은 앞으로도 영원히 우리와 함께 있을 것이다. 적어도 우리의 유전자 구조에 새로운 근본적 변화가 일어날 때까지는 사라지지 않을 게 분명하다.

오늘날에는 근무가 사냥을 거의 대신하게 되었지만, 이 기본 성향의 원시적 표현 형태를 완전히 없애지는 못했다. 구태여 동물을 추적해야 할 경제적 이유가 전혀 없는데도, 이런 활동은 다양한 형태로 여전히 끈질기게 남아 있다. 코끼리나 사자 같은 큰 짐승 사냥, 사슴 사냥, 여우 사냥, 사냥개를 이용한 사냥, 매 사냥, 오리 사냥, 낚시, 그리고 어린이들의 새총 놀이는 모두 오래전부터 내려오는 사냥 충동의 현대적 표현이다.

오늘날의 이런 활동 뒤에 숨어 있는 진짜 동기는 사냥감을 쫓아가서 잡는 게 아니라 경쟁자를 이기려는 것이라고 주장하는 사람도 있다. 궁지에 몰려 발버둥치는 동물은 가장 밉살스러운 인간을 상징한다. 우리는 가장 미운 사람이 그처럼 궁지에 몰려 쩔쩔매는 꼬락서니를 보고 싶어서 사냥을 한다는 것이다. 이 말에도 일리가 없는 것은 아니다. 적어도 일부 사람들은 그런 속셈으로 짐승을 쫓아다니는 게 사실일 것이다. 그러나 이 행동양식을 전체적으로 관찰해보면, 이것이 부분적인 설명밖에 제공해주지 못한다는 것을 분명히 알 수 있다. '취미 사냥'의 가장 중요한 특징은 사냥감에게 도망칠 수 있는 공정한 기회를 주어야 한다는 점이다. (사냥감이 단순히 밉살스러운 경쟁자의 대용품이라면, 대체 무엇 때문에 그에게 기회를 주겠는가?) 취미 사냥의 모든 절차는 사냥꾼에게 불리한 조건을 부여하기 위해 일부러 비효율적으로 만들어져 있다. 기관총이나 그보다 더 치명적인 무기를 사용하면 쉽게 사냥감을 잡을 수 있지만, 그것은 '규칙에 따라 정정당당하게 행동하는 것'이 아니다. 중요한 것은 도전이고, 사냥꾼에게 보상을 주는 것은 복잡한 추적 과정과 치밀한 작전 행동이다.

사냥의 본질적 특징들 가운데 하나는 그것이 엄청난 도박이라는 점이다. 따라서 오늘날 수많은 형태의 도박이 우리를 그처럼 강력하게 매혹시키는 것도 결코 놀랄 일은 아니다. 원시시대의 사냥이나 취미 사냥과 마찬가지로 도박은 주로 남자들의 활동이며, 사냥과 마찬가지로 사회적 규칙과 의식을 진지하게 지켜야 한다.

우리의 계층구조를 조사해보면, 중산층보다는 하층계급과 상류계급이 취미 사냥이나 도박에 더 관심이 많다는 것을 알 수 있다. 사냥과 도박을 기본적인 사냥 충동의 표출로 인정한다면, 여기에는 충분히 그럴 만한 이유가 있다는 것도 깨닫게 될 것이다. 앞에서도 지적했듯이, 근무는 원시시대의 사냥을 대신하는 주요 대용품이 되었지만, 이로써 가장 큰 덕을 본 것은 중산층이다. 하층계급의 남자들이 해야 하는 일은 본질적으로 사냥 충동을 만족시키기에 적합하지 않다. 그들의 일은 너무 단순 반복적이고 너무 뻔하다. 사냥하는 남자에게는 도전과 행운과 위험이 반드시 필요한데, 그들의 일은 그런 요소를 별로 갖고 있지 않다. 이런 이유 때문에 하층계급의 남자들은 (일하지 않는) 상류계급의 남자들과 마찬가지로 사냥 충동을 표현하고 싶은 욕구를 중산층보다 더 강하게 느낀다. 중산층이 하는 일은 사냥의 대용품 역할을 하기에 훨씬 더 적합하다.

사냥을 떠나 먹이를 먹는 일반적 행동양식의 다음 단계로 넘어가면, 잡은 사냥감을 죽이는 순간에 다다른다. 이 요소는 사냥의 대용품인 근무와 취미 사냥, 도박에서도 상당히 많이 찾아볼 수 있다. 취미 사냥에서는 사냥감을 죽이는 행동이 아직도 원래의 형태로 이루어지지만, 근무나 도박에서는 물리적 폭력이 배제된 상징적인 승리의 순간으로 변형된다. 따라서 오늘날 우리의 생활방식에서는 사냥감을 죽이려는 충동이 상당히 많이 변형되어 있다. 사내아이들의 장난스러운 (그러나 그렇게 장난스럽지는 않은) 활동에서는 지금도 놀랄 만큼 규칙적으로 사냥감을 죽이는 행위가 나타나지만, 어른들의 세계에서는 그런 행동이 문화적으로 강력한 억압을 받는다.

이 억압에는 두 가지 예외가 (어느 정도) 허락된다. 하나는 앞에서 언급한 취미 사냥이고, 또 하나는 투우라는 구경거리다. 날마다 엄청난 수의 가축이 도살되지만, 이런 짐승을 죽이는 행위는 대개 사람들이 보지 않는 곳에서 이루어진다. 그러나 투우의 경우에는 정반대다. 사냥감을 죽이는 격렬한 행위를 구경하고 대리 만족을 얻기 위해 수많은 군중이 몰려든다.

이런 활동은 스포츠라는 형식적 테두리 안에서 허용되고 있지만 반발이 전혀 없는 것은 아니다. 그리고 이 테두리를 벗어나면, 모든 형태의 동물 학대 행위는 금지되고 처벌을 받는다. 약 100년 전만 해도 영국을 비롯한 많은 나라에서는 '사냥감'을 괴롭히고 죽이는 것이 인기 있는 오락으로 공연되었다. 그 후 이런 종류의 폭력에 참여하는 것은 모든 형태의 유혈 사태에 대한 감수성을 무디게 할 가능성이 많다는 인식이 높아졌다. 인구 과밀 때문에 영역과 지배력에 대한 제약이 거의 참을 수 없을 만큼 강해져, 억눌린 욕구가 야만적인 공격으로 폭발할 가능성이 많은 우리의 복잡한 사회에서는 그런 종류의 폭력이 잠재적인 위험의 근원을 이룬다.

변하지 않는 영장류의 입맛

• • •

지금까지 우리는 먹이를 먹는 행위의 초기 단계와 거기에서 파생된 문제들을 다루었다. 사냥감을 잡아서 죽인 뒤에는 식사를 하게 된다. 우리가 전형적인 영장류라면, 먹이를 조금씩 쉬지 않고 우적우적 먹어대야 할 것이다. 그러나 우리는 전형적인 영장류가 아니다. 우리는 육식동물로 진화하는 과정에서 이 모든 체계를 바꾸었다. 전형적인 육식동물은 한꺼번에 많은 고기를 포식한 다음, 오랫동안 식사를 하지 않는다. 우리는 분명 이런 행동양식을 받아들였다. 이 경향은 애당초 그것을 요구한 사냥 행위가 사라진 지 오래인데도 여전히 끈질기게 남아 있다.

오늘날에는 우리가 하려고 마음만 먹는다면 옛날 영장류 시절의 식사 방법으로 쉽게 되돌아갈 수 있을 것이다. 그러나 우리는 마치 아직도 실제로 사냥에 종사하고 있는 것처럼, 정해진 식사 횟수를 고수하고 있다. 오늘날 이 지구상에 살고 있는 수십억의 털 없는 원숭이들 가운데, 다른 전형적인 영장류처럼 하루 종일 야금야금 먹이를 먹는 원숭이는 거의 없다. 음식이 아무리 많아도 기껏해야 하루에 세 번, 혹은 네 번 정도이고, 그 이상 먹는 경우는 드물다. 하루에 한 끼나 두 끼만 먹는 사람도 많다. 이것은 단지 문화적 편의를 위해서라고 주장할 수도 있지만, 이 주장을 뒷받침하는 증거는 거의 없다. 우리가 오늘날 누리고 있는 복잡한 식량 공급 체제를 생각해보면, 모든 음식을 하루 종일 조금씩 나누어서 먹는 효율적인 체제를 고안하는 것도 불가능한 일은 아니다. 문화 유형이 일단 거기에 적응하면, 효율성을 지나치게 잃어버리지 않고도 이런 식으로 식사 시간을 연장할 수 있고, 오늘날처럼 식사를 하느라 다른 활동을 중단해야 할 필요성도 사라질 것이다. 그러나 조상 대대로 내려온 약탈자의 습성 때문에, 이런 체제는 우리의 생물학적 기본 욕구를 충족시켜주지 못할 것이다.

우리가 음식을 데워서 뜨거울 때 먹는 이유를 생각해보는 것도 흥미로울 것이다. 이 문제에서는 세 가지 설명이 가능하다. 하나는 그것이 '사냥감의 체온'을 흉내 내는 데 도움이 된다는 것이다. 우리는 갓 잡은 고기를 그대로 먹지는 않지만, 다른 육식동물처럼 뜨끈뜨끈한 고기를 먹는

다. 육식동물의 먹이는 아직 체온이 식지 않았기 때문에 뜨겁고, 우리 먹이는 우리가 그것을 다시 데웠기 때문에 뜨겁다. 또 다른 해석은 우리의 이가 너무 약하기 때문에 고기를 요리해서 '부드럽게' 만들어야만 먹을 수 있다는 것이다. 그러나 이 해석은 우리가 왜 뜨거울 때 고기를 먹고 싶어하는지, 또한 무엇 때문에 '부드럽게 만들' 필요가 없는 음식까지 데워서 먹는지를 설명해주지 못한다. 세 번째 설명은 음식의 온도를 높이면 맛이 더 좋아진다는 것이다. 식료품에 식욕을 돋우는 복잡한 양념을 첨가하면 풍미를 더욱 높일 수 있다.

이것은 우리가 후천적으로 획득한 육식동물의 습성이 아니라 좀 더 오래된 영장류의 습성과 관련되어 있다. 영장류의 먹이는 대체로 육식동물의 먹이보다 훨씬 다양한 맛을 갖고 있다. 육식동물은 먹이를 사냥하여 죽이고 먹을 준비를 마칠 때까지는 복잡한 과정을 거치지만, 실제로 먹을 때는 훨씬 더 단순하고 유치하게 행동한다. 육식동물은 게걸스럽게 음식을 집어삼켜 뱃속에 꾸역꾸역 채워 넣는다. 반면에 원숭이와 유인원은 음식의 다양하고 미묘한 맛에 지극히 민감하다. 그들은 음식의 맛을 음미할 뿐만 아니라, 이 맛에서 저 맛으로 끊임없이 이동한다. 음식을 데우고 양념할 때 우리는 영장류의 이 까다로운 입맛으로 거슬러 올라가고 있는지도 모른다. 이것은 아마 우리가 전형적인 육식동물이 되어가는 경향에 저항하는 한 가지 방법일 것이다.

이왕에 맛이라는 문제가 제기되었으니, 우리가 이 신호를 받아들이는 방법에 대해 분명히 밝혀두어야 할 한 가지 오해가 있다. 우리는 우리가 먹는 음식의 맛을 어떻게 느끼는가? 우리의 혓바닥은 수많은 작은 돌기로 덮여 있다. 이 돌기에 미뢰(味蕾)라고 부르는 감각기관이 있다. 우리는 약 1만 개의 미뢰를 갖고 있지만, 나이가 들면 미뢰의 수도 줄어들고 성능도 나빠진다. 그래서 아무리 맛에 민감한 미식가도 늙으면 미각이 시들어버린다.

놀랍게도 우리는 네 가지 기본적인 맛에만 반응할 수 있다. 신맛, 짠맛, 쓴맛, 단맛이 그것이다. 음식이 혀 위에 놓이면, 혀는 그 음식에 포함되어 있는 이 네 가지 맛의 비율을 기록하고, 이 조합이 그 음식의 기본적인 맛을 이룬다. 혀에는 네 가지 맛에 제각기 좀 더 강한 반응을 보이는 부위가 있다. 혀끝은 짠맛과 단맛에 특히 민감하고, 혀의 양쪽 옆은 신맛에 민감하며, 혀뿌리는 쓴맛에 민감하다. 혀는 또한 음식의 감촉과 온도를 판단할 수 있지만, 혀가 할 수 있는 일은 고작 그것뿐이다.

사실, 우리가 그토록 민감하게 반응하는 훨씬 미묘하고 다양한 '맛'들은 모두 혀가 아니고 코를 통해 맛보아진다. 음식 냄새는 후각기관이 있는 콧구멍 속으로 들어가 퍼진다. 우리는 어떤 음식이 향긋한 '맛을 낸다'고 말하지만, 사실은 그 음식에서 향긋한 맛이 나고 향긋한 냄새가 난다고 말하고 있는 것이다. 심한 코감기에 걸려 냄새를 잘 맡을 수 없게 되면, 우리는 얄궂게도 음식 맛을 모르겠다고 투덜거린다. 그러나 실제로는 여느 때와 마찬가지로 그 음식의 맛을 분명히 느끼고 있다. 우리를 괴롭히는 것은 음식에서 냄새가 나지 않는다는 점이다.

이 점을 인정한다면, 우리의 진정한 미각이 갖고 있는 한 가지 측면을 특별히 언급해둘 필요가 있다. 그것은 '단것을 좋아하는' 인간의 보편적인 특성이다. 단 음식은 진짜 육식동물과는 거리가 멀고, 대체로 영장류와 가깝다. 자연에 널려 있는 영장류의 먹이는 익어서 먹기에 적당해질수록 더 달콤해진다. 원숭이와 유인원은 단맛을 강하게 갖고 있는 것에는 무엇이든 강렬한 반응을 보인다. 다른 영장류와 마찬가지로 우리도 '단것'에는 좀처럼 저항하지 못한다. 우리는 고기를 먹는 강력한 경향을 갖고 있으면서도, 특별히 단것을 찾을 때는 원숭이의 본성을 드러낸다. 우리는 시거나 짜거나 쓴것보다 단것을 더 좋아한다. 단것만 파는 과자점은 있지만, 신것만 파는 식당은 없다. 정식으로 식사를 할 때는 대개 여러 가지 복합적인 맛을 보게 되지만, 마지막에는 달콤한 음식을 먹음으로써 식사를 끝낸 뒤에도 단맛이 입 안에 감돌게 한다. 이따금 간식을 먹을 때는 (그리하여 옛날 영장류 시절처럼 하루 종일 조금씩 야금야금 먹어대는 행동양식으로 되돌아갈 때는) 캔디나 초콜릿, 아이스크림, 또는 설탕을 넣은 음료 따위의 달콤한 음식을 고르는 경우가 대부분이다.

　이 경향은 너무 강력해서 이따금 우리를 곤경에 빠뜨릴 수도 있다. 음식물에는 우리를 매혹시키는 두 가지 요소가 있다. 하나는 음식물의 영양 가치이고, 또 하나는 맛의 가치다. 자연 식품에는 이 두 가지 요소가 공존하지만, 인공적으로 생산한 식료품에서는 두 가지 요소가 분리될 수 있고, 바로 이것이 우리에게 위험을 초래할 수 있다. 영양가가 거의 없는 식료품도 인공 감미료만 듬뿍 넣으면 저항할 수 없을 만큼 매력적인 식품이 될 수 있다. 이런 식료품이 맛난 '특급 달콤함'으로 우리를 유혹하면, 우리는 그것을 날름날름 먹어치우게 되고 이윽고 너무 배가 불러서 다른 음식을 먹을 수 없게 될 것이다. 따라서 식사의 균형이 무너질 수 있다. 이것은 특히 자라나는 어린이들에게 위험하다. 앞에서 나는 사춘기가 되면 단것과 과일 향기를 별로 좋아하지 않게 되고 그 대신 꽃향기와 기름진 냄새 및 사향 냄새를 좋아하게 된다는 연구 결과를 소개한 적이 있다. 어린이는 단것에 약하다. 이 약점은 쉽게 이용될 수 있고, 실제로 자주 이용된다.

기회주의적 식습관

• • •

어른들은 또 다른 위험에 맞닥뜨린다. 어른의 식사는 대체로 맛이 있기 때문에 – 자연 상태보다 훨씬 더 맛이 있기 때문에 – 맛의 가치가 갑자기 높아져서 식욕을 지나치게 자극한다. 그 결과 건강에 해로운 비만 상태가 되는 사람이 많다. 여기에 대항하기 위해 온갖 해괴한 '식이요법'이 만들어졌다. '환자'들은 이것이나 저것을 먹고, 이것이나 저것을 줄여라, 또는 이런저런 운동을 하라는 지시를 받는다. 불행히도 이 문제를 해결하는 진정한 방법은 딱 하나뿐이다. 덜 먹는 것이야말로 유일한 해결책이다. 식사량을 줄이면 마법이라도 쓴 것처럼 신기하게 살이 빠지지만, 환자는 여전히 식욕을 돋우는 자극에 둘러싸여 있기 때문에 이런 행동방침을 오랫동안 유지하기는 어렵다. 비만인 사람은 또한 여러 가지 합병증으로 고생한다.

앞에서 나는 '전이활동'이라는 현상 – 정신적 압박을 받는 순간 긴장을 풀기 위해 대수롭지 않지만 엉뚱한 행동을 하는 것 – 에 대해 이야기했다. 가장 자주 나타나는 전이활동의 형태는 먹는 것이다. 우리는 긴장하면 음식을 야금야금 씹어 먹거나 필요하지도 않은 음료를 홀짝거린다. 이것은 긴장을 푸는 데 도움이 될 수도 있지만, 몸무게를 늘리는 데에도 도움이 된다. 먹는 전이활동의 경우, '대수롭지 않은' 특성이 대개 단것을 선택하게 만들기 때문에 특히 그렇다. 이런 짓이 오랫동안 되풀이되면 비만을 걱정하는 상태가 되고, 얼굴이며 몸뚱이가 점점 모난 데 없이 둥글넓적해지는 것을 볼 수 있다. 이렇게 되면 거의 죄의식에 가까운 불안을 느끼게 되고, 더불어 매사에 자신감을 잃게 된다. 이런 사람이 살 빼기 작전에서 효과를 얻으려면, 먹는 습관만이 아니라 다른 행동양식에도 변화를 줌으로써 최초의 긴장 상태를 줄여야만 할 것이다. 이 문제와 관련하여 언급할 가치가 있는 것은 껌의 역할에 대해서다. 껌은 오로지 전이 활동을 위한 수단으로 발달한 것 같다. 껌은 우리 몸에 해로울 만큼 지나친 열량을 포함하고 있지 않으면서, 긴장을 푸는 데 필요한 '작업' 요소를 제공해준다.

오늘날 털 없는 원숭이가 먹는 다양한 식료품으로 눈길을 돌리면, 그 범위가 너무나 넓은 것을 알 수 있다. 대체로 영장류는 육식동물보다 다양한 먹이를 섭취하는 경향이 있다. 육식동물은 한 가지 음식만 먹는 전문가가 되었지만, 영장류는 상황에 따라 적당한 음식을 골라 먹는 기회주의자가 되었다. 야생 상태의 일본원숭이를 주의 깊게 조사한 결과, 그들은 갖가지 거미와 딱정벌레, 나비와 개미 및 새알을 먹는 것은 물론, 새싹과 어린 줄기, 나뭇잎, 과일 나무뿌리와 나무껍질 등 무려 119종의 식물을 먹는다는 사실이 밝혀졌다. 전형적인 육식동물의 식사는 훨씬 영양이 풍부하지만, 훨씬 단조롭다.

우리는 육식동물이 되었을 때, 두 세계의 장점을 골고루 취했다. 우리는 영양가 높은 고기를 먹이에 추가했지만, 영장류 시절의 잡식성도 포기하지 않았다. 최근 – 즉, 지난 수천 년 동안 – 에는 먹이를 얻는 기술이 상당히 발전했지만, 기본 입장은 예나 지금이나 마찬가지다. 우리가 아는 한, 최초의 농업 체제는 '혼합 영농'이라고 부를 수 있는 종류의 것이었다. 동물과 식물을 길들이는 작업이 나란히 이루어졌다. 오늘날에도 우리는 우리 주변의 동물 세계와 식물 세계를 강력하게 지배하면서 여전히 양손에 떡을 쥐고 있다. 우리의 식성이 어느 한쪽으로 기울어지지 않도록 막아준 것은 무엇일까? 그 해답은 엄청나게 높아지는 인구밀도인 것 같다. 오로지 고기에만 의존하면 양적인 면에서 어려움이 생길 테고, 오로지 농작물에만 의존하면 질적인 면에서 영양이 부족해질 우려가 있다.

우리의 영장류 조상들이 고기라는 중요한 메뉴를 그들 식사에 포함시키지 않고 살아가야 했다면, 우리도 그럴 수 있다고 주장할 수도 있다. 우리는 주변 환경 때문에 어쩔 수 없이 고기를 먹게 되었지만, 이제는 우리 마음대로 처분할 수 있는 농작물을 공들여 재배하면서 환경을 완전히 지배하고 있으니까, 고대 영장류의 식성으로 돌아가는 것이 당연할지도 모른다. 본래 이것은 채식주의자(또는 어떤 종파의 표현대로 과일 상식주의자)의 신조지만, 지금까지는 거의 성공을 거두지 못했다. 고기를 먹으려는 충동은 우리에게 너무나 깊이 뿌리를 내린 것 같다. 고기를 먹을 수 있는 기회가 주어지면, 우리는 그 기회를 결코 포기하려 하지 않는다. 이와 관련하여 채식주의자들이 채식을 선택한 이유를 그저 다른 음식보다 채소나 과일을 더 좋아하기 때문이라고 설명하는 경우가 거의 없는 것은 의미심장한 일이다. 그렇게 간단히 설명하는 대신, 그들은 채식을 정당화하는 복잡한 논리를 쌓아올린다. 거기에는 온갖 부정확한 의학 지식과 모순되는 철학적 논리가 포함되어 있다.

스스로 선택하여 채식주의자가 된 사람들은 전형적인 영장류와 마찬가지로 다양한 식물성 음식을 활용하여 영양의 균형을 확보한다. 그러나 일부 공동체는 윤리적 이유에서 소수파를 택한 것이 아니라, 무자비한 현실적 필요성 때문에 어쩔 수 없이 고기를 거의 먹지 않는 식생활을 하게 되었다. 농작물 재배기술이 발달하고 몇 종류의 주요 농작물을 집중적으로 재배함에 따라, 어떤 문화권에서는 일종의 저질 효율성이 만연하게 되었다. 대규모 영농은 인구 성장을 가능하게 해주었지만, 그 많은 사람들이 몇몇 기본 곡식에만 의존했기 때문에 심각한 영양 실조 상태에 빠졌다. 그런 사람들은 많은 자녀를 낳을 수 있지만, 자녀들은 건강하지 못하다. 그들은 살아남지만, 단지 그것뿐이다. 문화적으로 발달한 무기의 남용이 재앙을 초래할 수 있듯이, 문화적으로 발달한 먹이 획득 기술을 남용하면 영양상의 재앙을 초래할 수 있다. 이런 식으로 필수적인 영양의 균형을 잃어버린 사회는 살아남을 수 있을지는 모르지만, 질적으로 진보하고 발전하려면 그 사회에 널리 퍼져 있는 단백질과 미네랄 및 비타민 결핍증을 극복해야 할 것이다.

오늘날 가장 건강하고 가장 진보한 사회에서는 동물성 식품과 식물성 식품의 균형이 잘 유지되고 있으며, 영양을 얻는 방법이 극적으로 변화했는데도 불구하고 오늘날 계속 발전하고 있는 털 없는 원숭이는 먼 옛날 짐승을 사냥하여 먹고 살았던 조상들과 기본적으로 거의 똑같은 식사를 하고 있다. 여기에서도 변화는 실제적인 변화가 아니라 표면상의 변화일 뿐이다.

털손질의 독특한 대용품

COMFORT

07

몸손질

무엇 때문에 인간은 우정을 맺고 확인하는 영장류의 전형적인 털손질 대신 몸손질 말하기라는 독특한 대용품을 개발했을까? 그 이유는 머리카락이 성적 의미를 갖고 있기 때문인 것 같다. 오늘날 남녀의 머리 모습은 전혀 다르고, 따라서 머리카락이 제2차 성징을 이룬다. 이 때문에 머리카락 손질을 사교적 모임에서 할 수 없게 되면, 털손질 충동을 발산할 수 있는 다른 배출구를 찾게 된다.

07

COMFORT

몸손질

•

털손질의 독특한 대용품

　동물이 바깥 환경과 직접 접촉하게 되는 부위-피부-는 살아가는 동안 끊임없이 거친 취급을 당한다. 동물의 피부가 심하게 닳고 찢어지면서도 그토록 잘 견뎌내는 것을 보면 놀라울 뿐이다. 그것은 피부의 놀라운 조직 교체 기능 덕분이고, 동물이 피부를 깨끗이 유지하기 위해 특수한 몸손질 동작을 다양하게 개발했기 때문이다.

　먹고 싸우고 도망치고 짝짓는 행동양식과 나란히 놓고 보면 몸을 깨끗이 손질하는 이런 행위를 비교적 하찮은 것으로 생각하기 쉽지만, 그런 행위가 없다면 몸은 제대로 기능을 발휘하지 못할 것이다. 작은 새 같은 동물의 경우에는 깃털을 온전하게 보존하는 것이 곧 사느냐 죽느냐 하는 문제다. 깃털이 더러워지도록 그냥 내버려두면 새는 재빨리 날아오르지 못해 약탈자의 먹이가 될 테고, 날씨가 추워지면 체온을 유지하지 못하게 될 것이다. 새는 길고 복잡한 절차에 따라 목욕하고 날개를 부리로 다듬고 기름칠을 하고 몸을 긁느라 오랜 시간을 보낸다. 포유류가 몸손질하는 행동양식은 조류보다는 덜 복잡하지만, 그들도 털을 손질하고 핥고 잘근잘근 물어뜯고 몸을 긁고 문지르는 일에 열중한다. 털은 깃털과 마찬가지로 항상 좋은 상태로 유지해야만 주인의 몸을 따뜻이 해줄 수 있다. 털에 진흙이 달라붙어 더러워지면 병에 걸릴 위험도 높아질 것이다. 피부 기생충에 대해선 최대한 공격을 가하여 그 수를 줄여야 한다. 영장류도 예외는 아니다.

몸손질은 우호적 신호체계

•••

야생 상태의 원숭이와 유인원을 관찰해보면, 털가죽을 체계적으로 손질하고 비듬이나 이물질을 골라내면서 열심히 몸단장을 하는 모습을 자주 볼 수 있다. 비듬이나 이물질은 대개 입속에 집어넣어 먹거나, 맛만 보고 내뱉는다. 이런 몸손질 행위는 꽤 오랫동안 계속될 수도 있는데, 이럴 때 동물은 완전히 거기에 몰두해 있는 듯한 인상을 준다. 원숭이나 유인원은 한창 몸손질을 하다가 유난히 가려운 부위를 느닷없이 북북 긁거나 입으로 물어뜯곤 한다. 대부분의 포유류는 뒷발로만 몸을 긁지만, 원숭이나 유인원은 뒷발과 앞발을 모두 사용할 수 있다.

원숭이와 유인원의 앞발은 몸손질하는 일에 특히 적합하다. 민첩한 손가락은 털을 헤집어 유난히 가려운 부위의 위치를 정확하게 찾아낼 수 있다. 갈고리 발톱이나 유제류의 발굽과 비교하면, 영장류의 손은 정확한 '청소부'다. 그래도 역시 한 손보다는 두 손이 낫고, 이것이 약간의 문제를 일으킨다. 원숭이나 유인원은 다리나 옆구리나 앞부분을 손질할 때는 두 손을 모두 사용할 수 있지만, 등이나 팔에 대해서는 이처럼 효율적으로 대처할 수가 없다. 또한 거울이 없기 때문에, 머리 부분을 손질할 때는 자기가 하고 있는 일을 볼 수가 없다. 머리를 손질할 때는 두 손을 모두 사용할 수 있지만, 보이지 않기 때문에 무턱대고 손으로 더듬거리며 일할 수밖에 없다. 어떤 특별한 조치를 취하지 않는 한, 머리와 등과 팔이 앞부분이나 옆구리나 다리만큼 아름답게 손질되지 않을 것은 분명하다.

해결책은 서로 몸손질을 도와주는 상호 부조 체제의 발전이다. 이런 체제는 조류와 포유류에게서도 많이 찾아볼 수 있지만, 그것을 최대한으로 발전시킨 것은 바로 고등 영장류다. 그들은 몸손질을 권하는 특별한 신호를 개발했고, 사교를 위한 '몸단장' 행위는 오랫동안 집중적으로 이루어진다. 몸손질을 해줄 원숭이는 몸손질을 받을 원숭이에게 접근할 때 독특한 얼굴 표정을 지어, 몸을 손질해주겠다는 의도를 알린다. 이 신호는 입맛을 다시듯 아래위 입술을 재빨리 맞부딪치는 것인데, 그 사이사이에 혀를 쏙 내미는 경우도 많다. 몸손질을 받을 원숭이는 느긋한 자세를 취함으로써 그의 접근을 받아들이겠다는 신호를 보내고, 손질 받을 특정한 부위를 상대편에게 내밀 수도 있다. 앞에서도 설명했듯이, 입맛을 다시는 행위는 털을 손질하는 동안 계속 이물질을 맛보는 동작에서 발전한 독특한 의식이다. 그 동작을 더 과장하여 규칙적으로 빠르게 되풀이하면, 눈길을 끄는 정확한 시각 신호로 발전할 수 있다.

사교를 위한 몸단장은 협조적이고 비공격적인 행위이기 때문에, 입술을 맞부딪치는 행동양식은 우호적인 신호가 되었다. 두 동물이 더욱 굳은 우정을 맺고 싶을 때는 털이 깨끗해서 거의 손질할 필요가 없을 때에도 되풀이하여 서로의 몸을 손질해준다. 실제로 오늘날에는 털이 더러워진 정도와 서로 털손질을 해주는 빈도 사이에는 거의 관계가 없는 것 같다. 사교를 위한 몸단장 행위는 원래의 자극과 거의 관계가 없어진 것처럼 보인다. 털을 깨끗이 손질하는 일은 여전히 중요하지만, 그 행위는 몸단장보다 오히려 사회적인 동기를 갖게 된 것 같다. 두 동물이 비공격적이고 협조적인 분위기 속에서 가까이 머물 수 있기 때문에, 몸손질 행위는 집단 구성원들 사이의 유대를 더욱 강화해준다.

이 우호적인 신호체계에서 상대편에게 반대되는 자극을 주는 두 가지 책략이 발달했다. 하나는 상대편을 달래는 책략이고, 또 하나는 상대편을 안심시키는 책략이다. 약한 동물은 강한 동물이 두려울 때면 입술을 맞부딪쳐 털을 손질해주겠다는 신호를 보낸 다음, 강한 동물의 털을 손질해줌으로써 그를 달랠 수 있다. 이것은 지배적인 동물의 공격성을 가라앉혀, 종속적인 동물을 받아들이게 해준다. 약한 동물은 시중을 들고 있기 때문에, 강한 동물의 '면전'에 남아 있을 수 있다. 반대로 우세한 동물이 약한 동물의 두려움을 가라앉혀주고 싶을 때도 똑같이 행동한다. 약한 동물을 향해 입술을 맞부딪치면, 공격할 뜻이 없다는 사실을 강조할 수 있다. 그 동물은 지배적인 분위기를 띠고 있지만, 그것이 전혀 해롭지 않다는 것을 보여줄 수 있다. 이 특별한 행동양식 – 상대편을 안심시키는 신호 – 은 강한 동물을 달래는 다양한 행동양식보다는 드물다. 그 이유는 영장류의 사회생활이 그런 신호를 요구하는 경우가 드물기 때문이다.

지배적인 동물은 약한 동물이 갖고 있는 무언가를 갖고 싶을 때는 언제든지 직접 폭력을 행사하여 그것을 빼앗을 수 있다. 그렇게 해도 빼앗을 수 없는 경우는 거의 없다. 그러나 지위는 더 높지만 새끼가 없는 암컷이 다른 암컷의 새끼에게 접근하여 껴안고 싶어할 때는 예외다. 새끼는 낯선 암컷의 접근에 당연히 겁을 먹고 물러선다. 그럴 경우, 암컷이 다른 암컷의 새끼를 향해 입술을 맞부딪쳐 새끼를 안심시키려고 애쓰는 모습을 볼 수 있다. 이런 표정이 새끼의 두려움을 가라앉혀주면 암컷은 새끼를 껴안을 수 있고, 부드럽게 털을 손질해주어 새끼를 계속 진정시킬 수 있다.

우리 인간에게 눈길을 돌려보면, 단순히 몸을 깨끗이 하는 행동양식만이 아니라 사회적 관계에서도 몸손질하는 영장류의 기본적인 경향이 어떤 식으로든 나타나 있으리라고 기대할 수 있다. 물론 우리와 영장류 사이에는 큰 차이점이 있다. 우리에게는 손질해야 할 사치스러운 모피 코트가 없다는 점이다. 따라서 두 털 없는 원숭이가 만나 우호관계를 강화하고 싶을 때는 사교적 몸단장을 대신할 수 있는 대용품을 찾아야 한다. 다른 영장류였으면 서로 몸을 손질해줄 만한 상황에서 두 사람이 만났을 때 무슨 일이 일어나는가를 관찰해보면 흥미진진하다.

우선, 미소가 영장류의 입맛 다시기를 대신한 것은 분명하다. 미소가 어린 시절의 특수한 신호로 발달했다는 것은 앞에서 이미 설명했고, 원숭이 새끼처럼 어미의 털에 매달릴 수 없기 때문에 갓난아기가 어머니를 끌어당길 수단이 필요해진 과정도 살펴보았다. 어른의 미소는 분명 '털손질을 권유하는' 훌륭한 대용품이다. 하지만 우호적인 접촉을 권유한 다음에는 어떻게 될까? 어떻게든 우호적 접촉은 유지되어야 한다. 입맛 다시기는 털손질로 강화되지만, 미소는 무엇이 강화해줄까? 사실, 최초의 접촉이 시작된 뒤에도 오랫동안 미소 짓는 반응을 되풀이할 수 있지만, 좀 더 '마음을 끌어당길 수 있는' 무언가가 필요하다. 영장류의 털손질 같은 활동을 차용하여 다른 형태로 바꾸어야 한다. 잠깐만 관찰해보면, 털손질의 대용품은 말의 형태를 가진 발성이라는 것을 알 수 있다.

말하기의 행동양식

• • •

　말하기의 행동양식은 원래 정보를 교환함으로써 서로 도와야 할 필요성이 늘어남에 따라 발달했다. 말이 아닌 발성으로 기분을 표현하는 것은 동물 세계에 널리 퍼져 있는 공통된 현상인데, 인간이 서로 말하는 것은 바로 여기서 발달한 행동양식이다. 포유류의 타고난 전형적 발성인 끙끙거림과 꽥꽥 소리에서 좀 더 복잡한 소리 신호가 발달했다. 이 같은 발성 단위와 그 단위들을 여러 개 결합하고 재결합한 소리가 이른바 '정보 말하기(information talking)'의 토대가 되었다. 말이 아닌 소리로 기분을 전달하는 원시적인 신호와는 달리, 이 새로운 의사 전달 신호는 주위에 있는 물건을 가리킬 수도 있고, 현재만이 아니라 과거와 미래를 가리킬 수도 있었다. 오늘날까지도 정보 말하기는 음성에 의한 우리 인간의 의사 전달 형태 가운데 가장 중요한 형태로 남아 있다.

　그러나 이 의사 전달 형태는 거기서 머물지 않았다. 그것은 차츰 발달하는 과정에서 더욱 많은 기능을 획득했다. 그중 하나는 '기분 말하기(mood talking)'라는 형태를 취했다. 엄밀히 말하면 이것은 불필요했다. 말이 아닌 발성으로 기분을 전달하는 신호가 여전히 남아 있었기 때문이다. 우리는 지금도 옛날 영장류 시절처럼 비명을 지르거나 신음소리를 내어 우리의 감정 상태를 전달할 수 있고, 실제로도 그렇게 하고 있다. 그러나 우리는 감정을 말로 확인함으로써 이 메시지를 더욱 강화시켰다. 아파서 비명을 지른 뒤에는 곧바로 "아프다"라고 음성 신호를 내보낸다. 화가 났을 때는 고함소리와 함께 "나는 몹시 화가 났다"는 메시지를 내보낸다. 때로는 말이 아닌 소리 신호가 순수한 상태로 전달되지 않고, 목소리의 어조로 표현되는 경우도 있다. "나는 아프다"라는 말은 애처롭게

우는 소리로, 또는 비명을 지르듯 새된 목소리로 발음된다. "나는 몹시 화가 났다"라는 말은 으르렁거리는 소리로, 또는 고함치는 소리로 발음된다.

그런 경우 목소리의 어조는 많이 배웠다고 해서 바뀌는 것도 아니고, 옛날부터 내려오는 포유류의 신호체계와 아주 비슷하기 때문에, 인종이 다른 외국인은 물론 개조차도 그 메시지를 이해할 수 있다. 그런 경우, 실제로 사용된 단어는 불필요한 여분이다. (집에서 기르는 개에게 "이 착한 개야" 하면서 으르렁거리거나, "이 못된 개야" 하면서 달콤한 목소리로 속삭여보라. 그러면 내 말이 무슨 뜻인지를 이해할 수 있을 것이다.) 가장 조잡하고 가장 격렬한 수준의 기분 말하기는 이미 기능을 발휘하고 있는 의사 전달의 영역 안에 쓸데없는 소리 신호를 넘치도록 쏟아붓는 것에 불과하다. 그러나 말의 형태를 가진 소리 신호는 훨씬 미묘하고 민감한 기분을 전달할 수 있는 가능성을 더욱 높여준다는 데 가치가 있다.

세 번째 형태의 발성은 '탐구적 말하기(exploratory talking)'다. 이것은 말하기 자체를 위한 말하기이고, 미학적 말하기이며, 원한다면 유희적 말하기라고 불러도 좋다. 정보를 전달하는 또 하나의 형태인 그림 그리기가 미학적 탐구 수단으로 이용되는 것과 마찬가지로, 말하기도 미학적 탐구 수단이 되었다. 시인은 화가와 나란히 서게 된 것이다.

그러나 우리가 여기서 다루고 있는 것은 최근에 '몸손질 말하기(grooming talking)'라고 부르게 된 네 번째 유형의 발성이다. 이것은 사교적 만남에서 볼 수 있는 무의미하고 정중한 잡담을 말한다. "날씨가 참 좋군요"라든가 "최근에 무슨 책을 읽으셨습니까?" 같은 형태의 말하기가 여기에 속한다. 이런 대화는 중요한 생각이나 정보를 교환하는 것도 아니고, 말하는 사람의 진정한 기분을 드러내지도 않으며, 미학적으로 즐거운 것도 아니다. 이 말하기의 기능은 상대편을 만나 인사할 때의 미소를 강화하고 사회적 연대감을 유지하는 것이다. 이것은 원숭이나 유인원의 털손질을 대신하는 우리 인간의 대용품이다. 이런 말하기는 비공격적인 사회적 관심사를 우리에게 제공하기 때문에, 비교적 오랫동안 같은 공동체의 일원으로 접촉할 수 있고, 그리하여 귀중한 집단의 결속과 우정을 키우고 강화할 수 있다.

이런 식으로 생각하면, 사교적 만남에서 몸손질 말하기의 과정을 도표로 그려보는 것도 재미있는 놀이가 된다. 몸손질 말하기는 최초의 인사가 끝난 직후에 가장 중요한 역할을 한다. 그 다음부터는 서서히 중요성을 잃어가지만, 집단이 헤어질 때 또다시 절정에 다다른다. 물론 그 집단이 순전히 사교적 이유 때문에 모였다면, 처음부터 끝까지 정보 말하기나 기분 말하기나 탐구적 말하기는 완전히 배제된 채 몸손질 말하기만 줄기차게 계속될 수도 있다.

칵테일 파티는 좋은 본보기다. 그런 파티에서는 '심각한' 이야기가 나오지 않도록 주최자가 나서서 말리기도 한다. 예컨대 두 사람이 오랫동안 대화를 나누고 있으면 주최자가 그 사이에 끼어들어 대화를 중단시키고, 최대한의 사교적 접촉이 이루어지도록 몸손질해주는 짝을 계속 교체시킨다. 그리하여 파티에 참석한 사람들은 몸손질 말하기를 가장 강하게 자극하는 '초기 접촉' 상태로 되풀이하여 되돌아간다. 사교적 몸손질이 끊임없이 이루어지는 이런 모임이 성공을 거두려면, 파티가 끝나기 전에 새로 접촉할 짝이 동나지 않도록 많은 손님을 초대해야 한다. 이런 종류의 모임에는 최소한 몇 명의 손님을 초대해야 한다는 무의식적인 인식이 존재하는데, 이 불가사의한 하한선도 이것으로 설명된다.

소규모의 비공식 만찬회는 상황이 약간 다르다. 이런 모임에서는 시간이 지날수록 몸손질 말하기가 줄어들고, 진지한 정보나 생각을 교환하는 대화가 차츰 세력을 얻기 시작하는 것을 볼 수 있다. 그러나 파티가 끝나기 직전에는 마지막 헤어지는 의식에 앞서서 몸손질 말하기가 잠깐 되살아난다. 이 시점에서는 미소도 다시 나타나고, 마지막 작별 의식은 다음번에 만날 때까지 사교적 유대가 이어질 수 있도록 상호관계를 강화하는 데 바쳐진다.

이제 보다 공식적인 사업상의 만남을 관찰해보자. 이 접촉의 주요 기능은 정보 말하기이기 때문에, 몸손질 말하기의 세력은 더욱 줄어들지만 완전히 사라지는 것은 아니다. 여기서는 몸손질 말하기가 거의 전적으로 만남을 시작하는 순간과 끝내는 순간에만 나타난다. 그러나 만찬회의 경우처럼 서서히 세력을 잃어가는 것이 아니라, 처음에 몇 마디 정중한 대화를 나눈 뒤 갑자기 툭 끊어진다. 그리고 만찬회의 경우와 마찬가지로, 헤어지는 순간이 다가오면 다시 나타난다. 몸손질 말하기를 하고 싶은 충동이 워낙 강력하기 때문에, 사업가들은 그 충동을 억누르기 위하여 모임을 되도록 딱딱하고 격식을 갖춘 것으로 만들어야 한다. 이것은 위원회의 의사 진행 절차가 사적인 사교적 모임에서는 거의 찾아볼 수 없을 만큼 형식적인 이유를 설명해준다.

몸손질 말하기는 영장류의 사교적 털손질을 대신할 수 있는 가장 중요한 대용품이지만, 이것만이 털손질 충동을 만족시킬 수 있는 유일한 배출구는 아니다. 우리의 털 없는 피부는 자극적인 물체가 아주 많아서 대용품으로 흔히 이용된다. 털로 덮여 있거나 폭신폭신한 옷, 또는 양탄자나 가구는 강한 몸손질 반응을 불러일으킨다. 애완동물은 훨씬 더 유혹적이어서, 고양이털을 쓰다듬어주거나 개의 이마를 긁어주고 싶은 유혹을 물리칠 수 있는 털 없는 원숭이는 거의 없다. 동물이 이런 사교적 털손질 행위를 좋아한다는 사실은 털을 쓰다듬어주는 사람이 얻는 보상의 일부분에 불과하다. 애완동물의 털가죽은 우리가 조상 대대로 내려오는 털손질 충동을 발산할 수 있는 배출구로서 더 중요하다.

벗어날 수 없는 원시적 욕구

• • •

우리 자신의 몸을 살펴보면, 피부의 대부분은 벌거벗었지만, 머리 부위에는 아직도 손질해줄 수 있는 털이 길고 무성한 덤불을 이루고 있다. 이 머리털은 털손질 전문가, 즉 이발사와 미용사의 손으로 정성껏 다듬어진다. 우리는 단순히 위생적인 이유만으로는 설명할 수 없을 만큼 많은 관심을 머리털에 쏟아붓는다. 서로 머리를 손질해주는 행위가 왜 평범한 사교적 모임의 일부가 되지 않았는지는 분명치 않다. 털손질을 해주거나 받고 싶어하는 타고난 충동을 머리 부위에 집중시키면 그만이었을 텐데, 무엇 때문에 우리 인간은 우정을 맺고 확인하는 영장류의 전형적인 털손질 대신 몸손질 말하기라는 우리만의 독특한 대용품을 개발했을까?

그 이유는 머리카락이 성적 의미를 갖고 있기 때문인 것 같다. 오늘날 남녀의 머리 모습은 전혀 다르고, 따라서 머리카락이 제2차 성징을 이룬다. 이런 관계는 필연적으로 머리카락을 성적 행동양식에 포함시켰고, 따라서 머리카락을 쓰다듬거나 만지는 것은 단순한 우정을 표현하는 사교적 몸짓으로는 허용될 수 없을 만큼 진한 성적 의미를 갖게 되었다. 이 때문에 머리카락 손질을 사교적 모임에서 할 수 없게 되면, 털손질 충동을 발산할 수 있는 다른 배출구를 찾게 된다. 고양이나 소파의 털을 쓰다

듣는 것도 털손질 충동의 배출구가 될 수 있지만, 털손질을 '받고' 싶은 욕구는 특별한 상황을 요구한다.

    미용실은 이 욕구를 해결할 수 있는 완벽한 해답이다. 미용실에 가면 고객은 그 행위에서 서서히 스며들어오는 성적 요소를 전혀 두려워하지 않고 마음껏 털손질을 받는 역할에 탐닉할 수 있다. 직업적인 털손질 전문가를 자신과 같은 '부족'이라고 할 수 있는 친구 집단과 완전히 분리된 별 개의 범주 속에 집어넣으면, 위험은 사라진다. 남자의 머리를 남자가 손질해주고 여자 머리를 여자가 손질해주면, 위험은 훨씬 더 줄어든다. 그렇지 않은 경우에도 털손질 전문가의 성적 특징은 어떤 식으로든 줄어든다. 남자 미용사는 여자 손님의 머리를 손질해줄 때, 타고난 남성적 특성과는 관계없이 대부분 사내답지 못하게 행동한다. 남자들은 대부분 남자 이발사에게 털손질을 받지만, 여자 안마사가 고용되어 있다 해도 일반적으로 남자 같은 여자인 경우가 많다.

    머리 손질이라는 행동양식은 세 가지 기능을 갖고 있다. 머리 손질은 머리카락을 깨끗이 하고 사교적 털손질을 받고 싶은 충동의 배출구를 제공해줄 뿐만 아니라, 털손질을 받는 사람을 아름답게 꾸며준다. 성적 매력을 높이거나 적을 위압하기 위해, 또는 그 밖의 사회적 목적을 위해 몸을 장식하는 행위는 털 없는 원숭이 사회에 널리 퍼져 있는 현상이고, 이것은 앞에서도 논의되었다. 머리 손질은 일종의 털손질 활동에서 생겨난 것처럼 보이는 경우가 많다는 점을 제외하고는, 몸을 쾌적하고 편안하게 해주는 행위를 다루고 있는 이 장에서 다룰 성질의 것은 아니다. 문신과 면도 및 털 뽑기, 매니큐어, 귀 뚫기, 또는 그보다 더욱 원시적인 형태로 자기 몸에 상처를 내는 행위는 모두 단순한 털손질 활동에서 생겨난 것처럼 보인다. 그러나 몸손질 말하기는 다른 행동양식에서 차용되어 몸손질의 대용품으로 쓰이는 반면, 문신이나 면도 같은 행위에서는 정반대의 과정이 이루어진다. 여기서는 몸손질 행위를 더욱 정교하게 다듬어 다른 목적에 차용하고 있는 것이다. 원래의 피부 손질 행위는 과시 기능을 획득하는 과정에서 피부를 오히려 손상시키는 형태로 변형되었다.

이런 경향은 동물원에 갇혀 있는 동물들에게서도 찾아볼 수 있다. 그들은 비정상적일 만큼 격렬하게 털을 손질하고 몸을 핥다 못해, 털이 없이 노출된 부위까지 힘껏 잡아당기거나 자기 몸이나 동료의 몸에 상처를 내기도 한다. 이처럼 지나친 몸손질은 긴장된 상황이나 따분할 때 나타난다. 우리 인간이 이런 상황에 놓였을 때 자기 피부에 스스로 상처를 내는 것은 어찌 보면 당연하다고 말할 수 있다. 털이 없이 노출되어 있는 피부가 이런 행위를 도와주고 부추긴다. 그러나 우리는 기회주의적 속성을 타고났기 때문에, 이 위험하고 해로운 경향을 역이용하여 몸을 꾸미는 과시 장치로 활용할 수 있었다.

이보다 더 중요한 또 하나의 경향도 역시 단순한 피부 손질에서 발전했다. 그것은 바로 의학적 치료다. 다른 동물들은 이 방면에서 거의 진보를 이룩하지 못했지만, 털 없는 원숭이에게는 사교적 몸손질 행위에서 발전한 의학적 치료가 종의 성공적 발전에 막대한 영향을 미쳤다. 특히 최근에 이르러 그런 경향이 더욱 두드러지게 나타났다. 우리와 가장 가까운 친척인 침팬지에게서도 이미 이런 경향이 시작되고 있는 것을 볼 수 있다. 침팬지는 서로 털을 손질해주는 일반적인 피부 손질 이외에 동료의 사소한 신체 장애를 돌보아준다. 침팬지는 작은 염증이나 상처를 주의 깊게 조사하고 깨끗이 핥는다. 동료의 피부에 가시가 박히면 피부를 두 손가락으로 꼬집어 조심스럽게 가시를 빼낸다. 한번은 왼쪽 눈에 티가 들어간 침팬지 암컷이 고통스러운 모습으로 낑낑거리면서 수컷에게 다가가는 모습이 목격된 적도 있었다. 수컷은 앉아서 암컷을 열심히 조사한 다음, 왼손과 오른손의 손가락을 하나씩 이용하여 손가락 끝으로 조심스럽고 정확하게 티를 빼냈다.

그러나 침팬지에게는 여기가 한계점이다. 더 이상 올라갈 여지가 없다. 침팬지보다 훨씬 영리하고 협동적인 우리 인간의 경우, 이런 종류의 특수한 몸손질은 서로의 몸을 돌봐주는 방대한 과학기술의 출발점에 불과했다. 오늘날 의학계는 너무나 복잡해져서, 몸을 쾌적하고 편안하게 하는 동물적 행동양식의 가장 중요한 표현 형태가 되었다. 사소한 불편을 없애는 행위가 이제는 중대한 질병과 심한 신체 손상을 고치는 행위로 발전했다. 생물학적 현상이라는 관점에서 보면 이런 단계에 도달한 것은 비할 데 없이 훌륭하지만, 합리적이 되어가는 과정에서 그것의 불합리한 요소들은 간과되는 경향이 있었다.

이것을 이해하기 위해서는 심각한 '질병'과 사소한 '불편함'을 구별할 필요가 있다. 다른 동물들과 마찬가지로 털 없는 원숭이도 순전히 사고로 다리가 부러지거나 우연히 나쁜 기생충에 감염될 수 있다. 그러나 사소한 질병에 걸린 경우에는 모든 것이 겉보기와 똑같지는 않다. 사소한 감염과 질병은 대개 심각한 질병의 가벼운 형태에 불과한 것처럼 합리적으로 다루어지지만, 실제로는 원시적인 '몸손질 욕구'와 훨씬 더 많은 관계를 갖고 있다는 강력한 증거가 있다. 겉으로 나타난 증세는 정말로 신체에 문제가 생겼기 때문이 아니라, 몸손질을 받고 싶은 욕구가 육체적 형태로 나타난 것에 불과하다.

'몸손질을 유인하는 질병'의 가장 흔한 형태는 기침과 감기, 독감, 요통, 두통, 복통, 뾰루지, 인후염, 담즙 분비 과다증, 편도선염, 후두염 등이다. 환자의 상태는 심각하지는 않지만, 사회의 다른 구성원들에게서 더 많은 관심을 받는 것을 정당화하기에는 충분하다. 환자의 증세는 털손질을 유인하는 신호와 똑같은 작용을 하여, 의사와 간호사, 약사, 친척과 친구들의 몸손질 행위를 유인한다. 몸손질을 받는 사람은 우호적인 동정심과 보살핌을 불러일으키고, 대개는 이것만으로도 병이 낫는다. 오늘날에는 옛날의 몸손질 행위 대신 약을 먹이고 치료를 하는데, 이 특수한 사회적 상호작용이 이루어지는 동안 몸손질을 받는 사람과 해주는 사람의 관계는 의사라는 직업을 바탕으로 하여 의례적으로 유지된다. 의사가 처방해준 약품의 정확한 성질은 거의 상관이 없고, 이 수준에서는 현대 의학과 고대의 주술 치료 사이에 거의 아무런 차이점도 존재하지 않는다.

사소한 질병을 이런 식으로 해석하는 것에 반대하는 사람은 환자가 정말로 바이러스나 박테리아에 감염된 사실을 그 근거로 내세울 것이다. 감기나 복통의 의학적 원인이 정말로 존재하고 있다면, 무엇 때문에 행동양식에서 그 이유를 찾아야 하는가? 대답은 간단하다. 대도시에 사는 사람은 모두 이런 흔해빠진 바이러스와 박테리아에 항상 노출되어 있지만, 거기에 감염되어 증세를 나타내는 경우는 극히 드물다. 게다가 어떤 사람은 다른 사람보다 훨씬 더 병에 잘 걸린다. 성공을 누리고 있거나 사회적으로 잘 적응한 사람은 '몸손질을 유인하는 질병'에 좀처럼 걸리지 않는다. 반대로 사회생활에서 일시적이거나 장기적인 문제를 가진 사람은 걸핏하면 병에 걸린다.

이런 질병의 가장 흥미로운 측면은 그것이 개인의 특별한 필요성에 꼭 들어맞게 맞춰진다는 점이다. 예를 들어 어떤 여배우가 사회적 긴장과 과로로 고통 받고 있다고 가정해보자. 그러면 무슨 일이 일어날까? 그녀는 후두염에 걸려 목소리를 낼 수 없게 되고, 따라서 일을 중단하고 휴식을 취할 수밖에 없다. 그녀는 위로와 보살핌을 받는다. 긴장이 풀어진다(적어도 당분간은). 그러나 후두염에 걸리는 대신 몸에 뾰루지가 생겼다면, 옷으로 그것을 감추고 일을 계속할 수 있었을 것이다. 따라서 긴장도 계속되었을 것이다. 그녀의 상황을 씨름 선수와 비교해보자. 씨름 선수는 목소리를 내지 못해도 경기하는 데에는 전혀 지장이 없다. 따라서 후두염은 '몸손질을 유인하는 질병'으로는 아무 쓸모도 없다. 그러나 뾰루지는 그의 필요에 딱 들어맞는 질병이다. 씨름 선수를 돌보는 의사들에게 물어보면, 근육이 잘 발달한 사람을 괴롭히는 가장 흔한 질병이 바로 뾰루지라는 것을 알 수 있다. 이런 점에서, 영화에 나체로 출연하여 명성을 얻은 어떤 유명한 여배우가 과로하거나 긴장할 때마다 후두염이 아니라 뾰루지로 고생하는 것은 재미있는 현상이다. 그녀는 씨름 선수와 마찬가지로 피부를 드러낼 필요가 있기 때문에, 다른 여배우들과 같은 질병이 아니라 씨름 선수의 질병에 잘 걸리는 것이다.

위로를 받고 싶은 욕구가 격렬해지면 병의 증상도 심해진다. 우리가 가장 정성들인 보살핌과 보호를 받는 시기는 유아용 침대에 누워 있을 때다. 따라서 아무 일도 못하고 침대에 누워 있어야 할 만큼 심한 질병은 안전했던 어린 시절과 똑같은 관심을 우리에게 되돌려주는 커다란 이점을 갖고 있다. 심한 병에 걸리면 독한 약을 먹어야 한다고 생각할지 모르지만, 실제로 우리가 필요로 하는 것은, 그리고 우리 병을 낫게 하는 것은 보호받고 있다는 강한 안도감이다. (그렇다고 해서 이것이 꾀병이라는 뜻은 아니다. 꾀병을 부릴 필요는 전혀 없다. 증세는 진짜다. 행동양식과 관련을 가진 것은 병의 결과가 아니라 원인이다.)

우리는 몸손질을 받는 역할뿐 아니라 몸손질을 해주는 역할에서도 어느 정도는 좌절감을 맛보고 있다. 그러므로 환자를 돌보는 일에서 얻을 수 있는 만족감은 병의 원인과 마찬가지로 기본적이다. 어떤 사람은 남을 돌보고 싶은 욕구가 너무 강해서 남을 일부러 아프게 하고, 그 병이 오랫동안 낫지 않도록 적극적으로 애쓰는 경우도 있다. 그래야만 몸손질을 해주고 싶은 충동을 충분히 표출할 수 있기 때문이다. 이런 경우에는 몸손질을 해주는 사람과 받는 사람의 상황이 지나치게 과장되기 때문에, 환자는 끊임없는 관심을 요구하고 간병하는 사람은 끊임없이 관심을 쏟는 악순환을 낳게 됨으로써, 결국 만성병에 시달리는 고질 환자가 생겨날 수 있다.

이런 유형의 '서로 몸손질을 주고받는 짝'에게 그들의 행동이 갖고 있는 진정한 행동과학적 의미를 말해주면, 그들은 펄펄 뛰면서 부인한다. 그러나 몸손질을 해주는 사람과 받는 사람(간호사와 환자)이 놓여 있는 환경에 커다란 사회적 격변이 일어나면, 놀랍게도 환자의 병이 기적적으로 낫는 경우가 있다. 신앙요법사는 이런 상황을 이용하여 이따금 놀라운 결과를 일으키지만, 불행히도 그들이 만나는 환자는 대부분 신체적 결과만이 아니라 신체적인 원인도 갖고 있다. 또한 몸손질을 받고 싶은 욕구에서 생겨난 '몸손질을 유인하는 질병'의 신체적 결과가 너무 오래 지속되거나 격렬하면 돌이킬 수 없는 신체적 손상을 일으키기 쉽다는 사실도 그들에게는 불리하게 작용한다. 일단 이런 일이 일어나면, 진지하고 합리적인 의학적 치료를 받아야 한다.

체온 반응

•••

지금까지 나는 우리 인간의 몸손질 행위가 갖고 있는 사회적 측면을 집중적으로 논의해왔다. 모두가 알고 있다시피 이 방면에서는 엄청난 발전이 이루어졌지만, 그렇다고 해서 이것이 자기 몸을 깨끗이 하고 편안하게 하는 단순한 행위를 완전히 배제하거나 대신한 것은 아니다. 우리도 다른 영장류와 마찬가지로 여전히 몸을 긁고, 눈을 비비고, 종기를 짜고, 상처를 혀로 핥는다. 우리는 또한 영장류와 마찬가지로 일광욕을 즐기는 강한 경향을 갖고 있다. 게다가 우리는 거기에 특수한 문화적 유형을 덧붙였는데, 그중에서도 가장 널리 퍼져 있는 행동양식은 물로 몸을 씻는 목욕이다. 다른 동물들도 이따금 목욕을 하지만, 영장류가 목욕하는 경우는 드물다. 그러나 우리 공동체에서는 대부분 목욕이 몸을 깨끗이 하는 데 가장 중요한 역할을 맡고 있다.

목욕은 분명 여러 가지 이점을 갖고 있지만, 너무 자주 물로 몸을 씻으면 살균과 보호 기능을 갖고 있는 피지와 소금기가 씻겨 나가기 때문에, 이런 물질을 생산하는 피부 분비샘에 지나친 부담을 안겨주고, 따라서 피부가 병에 더 걸리기 쉬워진다. 이런 불리함이 있는데도 목욕이 살아남아 있는 것은 목욕이 천연 피지와 소금기를 제거하는 동시에 질병의 원인인 더러움도 제거해주기 때문이다.

몸손질 행위에는 몸을 깨끗이 유지하는 문제만이 아니라, 적당한 체온을 유지하는 일과 관련된 행동양식도 포함된다. 모든 포유류나 조류와 마찬가지로 우리는 항상 높은 체온을 갖게 되었는데, 이것은 생리적 효율성을 크게 높여준다. 건강할 때는 바깥 기온에 관계없이 체온이 기껏해야 1.5℃밖에 변화하지 않는다. 이 체온은 하루를 주기로 변화하는데, 늦은 오후에 가장 높고 오전 4시경에 가장 낮다. 외부 환경이 너무 덥거나 너무 추워지면, 우리는 당장 심한 불쾌감을 느낀다. 우리가 느끼는 불쾌감은 조기 경보 체제 같은 역할을 하여, 신체기관이 너무 싸늘해지거나 너무 뜨거워져 비참한 상태에 이르지 않도록 당장 조치를 취하라고 우리에게 경고한다.

　몸은 영리하고 자발적인 반응을 재촉할 뿐 아니라, 자동적으로 체온을 안정시키는 조치를 취한다. 바깥 환경이 너무 더워지면 혈관이 확장된다. 이것은 몸의 표면을 보다 뜨겁게 하여, 피부에서의 열 손실을 촉진한다. 땀도 많이 난다. 우리는 약 200만 개의 땀샘을 갖고 있는데, 몹시 더울 때는 이 땀샘에서 한 시간에 1리터의 땀을 분비할 수 있다. 이 액체가 피부에서 증발하는 것도 열 손실을 도와주는 중요한 장치다. 열대지방처럼 전반적으로 무더운 환경에 적응하는 과정에서는 땀의 역할이 두드러지게 커진다. 땀의 역할은 아주 중요하다. 아무리 더운 기후에서도 체온이 인종에 관계없이 0.2℃ 이상은 상승하지 않도록 해주기 때문이다.

　바깥 환경이 너무 추워지면, 혈관이 수축되고 몸이 와들와들 떨리는 반응이 일어난다. 혈관 수축은 체온 유지를 도와주고, 와들와들 떠는 것은 평소의 열 생산량을 세 배까지 늘릴 수 있다. 피부가 한동안 심한 추위에 노출되면, 혈관 수축이 지속되어 동상에 걸릴 우려가 있다. 손 부위에는 동상을 예방하는 중요한 장치가 내장되어 있다. 심한 추위에 노출되면, 손은 우선 철저한 혈관 수축으로 대응한다. 그러나 약 5분쯤 지나면 이것이 역전되어, 격렬한 혈관 확장이 일어난다. 그러면 손은 뜨거워지고 붉게 충혈된다. (겨울에 눈싸움을 해본 사람은 누구나 이런 현상을 경험했을 것이다.) 추위가 계속되면 손 부위의 혈관 수축과 혈관 확장은 계속 교대로 일어난다. 수축 단계는 열 손실을 줄이고, 확장 단계는 동상을 예방한다. 극지방처럼 항상 추운 곳에서 살고 있는 사람들은 기초대사율이 다소 높아지는 것을 비롯하여 다양한 신체 적응 과정을 겪는다.

　우리 인류가 지구상에 널리 퍼짐에 따라, 이 같은 생물학적 체온 조절 장치에 중요한 문화적 장치가 추가되었다. 불과 옷, 그리고 외부와 차단된 집은 열 손실에 강력히 저항했고, 환기 장치와 냉각기는 더위를 막는 데 이용되었다. 이런 발전은 인상적이고 극적이었지만, 우리 체온을 바꾸어놓지는 못했다. 이것들은 단지 바깥 기온을 조절하여, 우리가 더욱 다양한 외부 조건 속에서도 원시적인 영장류의 체온 수준을 유지할 수 있도록 도와주었을 뿐이다.

체온 반응이라는 주제를 떠나기 전에 땀의 특수한 측면을 언급해둘 필요가 있다. 땀을 흘리는 반응을 자세히 연구해보면, 그것이 보기만큼 단순하지 않다는 것을 알 수 있다. 열이 높아지면 피부는 대부분 아낌없이 땀을 흘리기 시작하고, 이것은 분명 땀 분비계의 기본적인 반응이다. 그러나 어떤 부위는 다른 형태의 자극에 반응하게 되었고, 그런 부위는 바깥 기온과 관계없이 땀을 흘릴 수 있다. 예를 들어, 매운 음식을 먹으면 얼굴에서 땀이 나는 독특한 현상이 일어난다. 긴장하여 정신적 압박을 받으면 당장 손바닥과 발바닥, 겨드랑이, 때로는 이마에서도 땀이 나오지만, 몸의 다른 부위에서는 땀이 나지 않는다. 감정에 따라 땀을 흘리는 부위는 더욱 세분할 수 있다. 손바닥과 발바닥은 겨드랑이 이마와는 다르다. 손바닥과 발바닥은 '오로지' 감정 상태에만 반응하지만, 겨드랑이와 이마는 감정 상태와 바깥 기온의 자극에 모두 반응한다. 그렇다면 손바닥과 발바닥은 체온 조절 장치에서 땀 흘리는 반응을 '빌려와' 거기에 새로운 기능을 부여한 것이 분명하다. 긴장했을 때 손바닥과 발바닥이 축축해지는 것은 위험이 닥쳐왔을 때 몸이 보이는 '만반의 대비 태세'의 독특한 특징이 되어버린 것 같다. 도끼를 휘두르기 전에 손바닥에다 침을 퉤퉤 내뱉는 것은 어떤 의미에서는 비생리적 땀 흘리기라고 말할 수 있다.

손바닥이 땀을 흘리는 반응은 너무 민감해서, 공동체나 국가의 안보가 어떤 식으로든 위협을 받으면 이런 반응이 갑자기 늘어난다. 최근 정치적 위기로 말미암아 핵전쟁이 일어날 가능성이 일시적으로 높아졌을 때, 손바닥의 땀 분비 반응을 연구하고 있던 한 연구소는 실험을 포기해야만 했다. 이 반응의 기본 수준이 너무 비정상적으로 높아지는 바람에 실험이 무의미해졌기 때문이다. 점쟁이도 우리 손바닥을 들여다보면서 미래를 점치지만, 그렇게 많은 것을 말해주지는 못한다. 그러나 생리학자가 우리 손바닥을 들여다보면 미래에 대한 우리의 두려움이 어느 정도인지를 분명히 말해줄 수 있다.

공생과 경쟁, 애정과 증오심

AN1MALS

08

다른
동물들과의
관계

다른 동물과 우리의 관계는 동물 세계에서 유례를 찾아보기 힘들 만큼 독특하다. 우리가 다른 동물들을 만나거나 생각할 때 느끼는 애정과 증오심, 사랑과 미움은 우리가 다른 동물들과 맺고 있는 경제적, 과학적, 심미적 이해관계와 결합함으로써 유난히 복잡한 또 하나의 관계를 만들어내는데, 나이가 드는 데 따라 양상이 달라지는 관계는 이것뿐이다.

08

ANIMALS

다른 동물들과의 관계

•

공생과 경쟁, 애정과 증오심

　지금까지 우리는 털 없는 원숭이가 자신과 동족들에게 어떻게 행동하는가 하는 동일종 안에서의 행동양식을 살펴보았다. 이제는 다른 동물들에 대한 행동양식을 조사하는 문제가 남아 있다.

　모든 고등동물은 그들과 같은 환경에서 함께 살아가는 다른 동물을 적어도 몇 종은 알고 있다. 그들은 환경을 공유하는 다른 동물을 다섯 부류 – 먹이, 공생자, 경쟁자, 기생충, 약탈자 – 가운데 하나로 간주한다. 우리 인간의 경우, 이 다섯 가지 부류는 동물에 대한 '경제적' 접근방식이라는 하나의 부류로 통합될 수 있고, 여기에 과학적·미학적·상징적 접근방식을 추가할 수 있다. 관심 범위가 이처럼 넓기 때문에, 다른 동물과 우리의 관계는 동물 세계에서 유례를 찾아볼 수 없을 만큼 독특하다. 이 관계를 해명하고 객관적으로 이해하기 위해서는 단계적으로 차근차근 문제에 접근해야 한다.

　털 없는 원숭이는 탐험을 좋아하고 기회주의적인 속성을 갖고 있기 때문에, 먹이로 삼을 수 있는 동물의 목록이 방대하다. 그는 이 세상에 존재하는 거의 모든 동물을 언젠가는, 어디선가는 한 번쯤 잡아먹어본 적이 있다. 선사시대 유물을 연구해본 결과, 약 50만 년 전에 살았던 털 없는 원숭이가 한곳에서만 들소와 말, 코뿔소, 사슴, 양, 매머드, 낙타, 타조, 영양, 멧돼지, 하이에나 등을 잡아먹은 사실이 밝혀졌다. 이 '메뉴'는 날이 갈수록 다양해져 이제는 못 먹는 음식이 거의 없기 때문에 최근의 메뉴를 열거하는 것은 무의미하겠지만, 우리 인간의 약탈 행위가 갖고 있는 한 가지 특징은 언급해둘 가치가 있다. 즉, 우리는 특별히 선택한 먹이를 키워서 잡아먹는 경향이 있다는 점이다. 우리는 경우에 따라 입에 맞는 거라면 거의 무엇이든 다 먹을 수 있지만, 그래도 먹이의 대부분을 몇 가지 주요 동물로 한정해왔다.

먹이를 조직적으로 통제하고 선택적으로 번식시키는 가축 사육은 적어도 1만 년 전부터 시작되었고, 그보다 더 오래된 경우도 있다. 가장 먼저 가축이 된 먹이는 염소와 양과 순록인 것 같다. 그 후 한곳에 정착하여 농사를 짓는 농업 공동체가 발달하면서 아시아 물소와 야크(티베트 산 들소)를 포함한 소와 돼지가 가축 목록에 추가되었다. 소의 경우, 4000년 전에 이미 몇 개의 품종이 개발되었다는 증거가 있다. 염소와 양과 순록이 잡아먹는 사냥감에서 키워 먹는 가축으로 직접 바뀐 반면, 돼지와 소는 맨 처음에 농작물 약탈자로서 우리 인간과 밀접한 관계를 맺기 시작했다. 인간이 재배한 농작물이 먹을 만하게 익으면, 돼지와 소는 이 풍부한 식량 창고를 약탈하러 떼 지어 몰려왔다가 농부에게 사로잡혀 가축으로 길들여지는 신세가 되었다.

유일하게 몸집이 작은데도 사냥감에서 가축으로 신세가 바뀐 포유류는 토끼였는데, 이것은 훨씬 뒤의 일이다. 조류 가운데 수천 년 전에 가축이 된 주요 동물은 닭과 거위와 오리였고, 나중에 꿩과 호로호로새, 메추라기, 칠면조가 추가되었다. 인간이 먹는 어류 가운데 오래전부터 양식된 물고기는 뱀장어와 잉어, 금붕어뿐이다. 그러나 금붕어는 곧 먹기 위한 동물이 아니라 장식용으로 기르는 애완동물이 되었다. 이런 물고기를 기르기 시작한 것은 기껏해야 2000년 전부터이고, 우리가 저질러온 조직적 약탈의 역사에서는 지극히 사소한 역할밖에 하지 못했다.

우리가 다른 동물과 맺고 있는 관계의 두 번째 부류는 공생관계다. 공생은 서로에게 이익이 되는 두 동물의 관계를 뜻한다. 동물 세계에는 공생하는 동물이 많지만, 가장 유명한 본보기는 코뿔소와 들소 같은 덩치 큰 유제류와 찌르레기의 관계다. 새는 유제류의 피부에 달라붙어 있는 기생충을 잡아먹음으로써 덩치 큰 동물이 몸을 건강하고 깨끗하게 유지할 수 있도록 도와주고, 유제류는 새에게 귀중한 먹이를 제공한다.

우리가 다른 동물과 공생관계를 맺고 있는 경우에는 그 동물보다 우리 쪽이 더 많은 이익을 얻게 되는 경향이 있지만, 적어도 그 동물을 죽이지는 않기 때문에 먹이와 약탈자라는 가혹한 관계와는 구별해야 한다. 그 동물들은 우리에게 이용당하지만, 그 대가로 우리는 그들에게 먹이를 주고 보살펴준다. 그러나 상황을 통제하는 쪽은 우리이고, 우리와 공생하는 동물은 대개 이 점에서 선택권이 거의 없거나 전혀 없기 때문에, 이것은 편파적인 공생관계라고 할 수 있다.

가장 오래된 공생 동물, 개

• • •

우리 인류 역사상 가장 오래된 공생 동물이 개라는 것은 의심할 여지가 없다. 우리 조상들이 이 귀중한 동물을 언제부터 길들이기 시작했는지는 정확히 알 수 없지만, 적어도 1만 년 전부터는 개와 인간의 관계가 시작된 것 같다. 이 이야기는 참으로 흥미진진하다. 개의 조상인 들개는 사냥하는 우리 조상들과 맞서 경쟁을 벌였을 게 분명하다. 들개와 인간은 둘 다 떼를 지어 큰 먹이를 잡는 사냥꾼이었고, 처음에는 둘 사이에 사랑이 싹틀 여지도 거의 없었을 것이다. 그러나 들개는 우리 사냥꾼들이 갖고 있지 않은 특별한 사냥 기술을 갖고 있었다. 그들은 특히 떼를 지어 사냥감을 모는 일에 능숙했고, 아주 빠른 속도로 사냥감을 추적할 수 있었다. 그들은 또한 인간보다 훨씬 예민한 후각과 청각을 갖고 있었다. 잡은 먹이를 나누어 주는 대가로 이런 속성을 이용할 수 있다면, 그 거래는 인간에게 유리할 터였다. 어떻게든 - 우리는 그 방법을 정확히 알지 못한다 - 이 일은 성사되었고, 개와 인간의 동맹관계가 맺어졌다.

어쩌면 이 관계가 시작된 것은 인간이 강아지를 먹이로 삼기 위해 부족의 기지로 데려와 통통하게 살찌운 데서 비롯했는지도 모른다. 그런데 이 동물이 뛰어난 경비견으로 효용성을 입증했기 때문에, 초기 단계에 많은 점수를 땄을 것이다. 그리하여 점차 길들여진 다음, 인간과 더불어 살면서 남자들과 함께 사냥을 나가게 된 개들은 사냥감을 추적하는 일에서 놀라운 역량을 발휘했을 것이다. 사람의 손으로 키워졌기 때문에 개들은 자기를 털 없는 원숭이 집단의 일원으로 생각했을 테고, 따라서 본능적으로 우두머리에게 협력했을 것이다. 수많은 세대에 걸쳐 좋은 품종만 골라서 번식시킨 결과 말썽꾸러기들은 제거되고, 보다 자제심이 강하고 인간이 쉽게 통제할 수 있는 새로운 개량종 사냥개가 등장했을 것이다.

인간이 애당초 유제류를 가축으로 만들 수 있었던 것은 개와 인간의 관계가 이처럼 발전한 덕분이었다고 주장하는 사람도 있다. 염소와 양과 순록은 진정한 농경시대가 도래하기 전부터 어느 정도 인간의 통제를 받았고, 개량된 개는 이런 동물의 무리를 오랫동안 지켜준 중요한 대리인으로 간주된다. 개가 도와주지 않았다면, 인간은 수많은 염소 떼나 양 떼나 순록 떼를 통제할 수 없었을 것이다. 오늘날의 양치기 개와 야생 늑대가 동물을 모는 행동양식을 비교 연구해보면 몰이 기술에서 많은 유사점이 드러나, 이런 견해를 강력하게 뒷받침해준다.

근대에는 개의 특수한 성질을 한두 가지만 선택하여 육성하는 방법으로 품종 개량을 더욱 강화함으로써, 인간과 공생하는 개의 전문화가 완전히 이루어졌다. 원시시대의 다목적 사냥개는 사냥이 시작될 때부터 끝날 때까지 다방면에서 인간을 도와주었지만, 그의 후예들은 사냥 행위를 구성하는 여러 가지 요소 가운데 한두 가지에만 전문가가 되었다. 어떤 방면에 유난히 뛰어난 능력을 가진 개가 있으면, 그 특수한 장점을 강화하기 위해 근친 교배를 시켰다.

사냥감을 한곳으로 모는 행동에 뛰어난 자질을 가진 개들은 주로 가축을 몰이하는 일에만 종사하게 되었다(양치기 개). 뛰어난 후각을 가진 개들은 근친 교배시켜 냄새를 추적하는 전문가로 육성되었다(하운드). 걸음이 빠른 육상선수의 기질을 가진 개들은 달리기 선수가 되어, 사냥감을 눈으로 쫓으면서 추적하는 전문가가 되었다(그레이하운드). 또 다른 개들은 사냥감의 위치를 알아내면 그 자리에 '얼어붙은' 듯이 꼼짝도 하지 않는 경향이 있는데, 이 경향을 이용하고 더욱 강화하여 사냥감의 위치를 알아내는 정찰견으로 육성되었다(세터와 포인터). 또 다른 혈통의 개들은 사냥감을 찾아서 가져오는 전문가로 개량되었다(리트리버). 몸집이 작은 품종은 해로운 작은 짐승을 잡는 전문가로 개발되었다(테리어). 원시시대의 경비견은 유전자 개량을 통하여 전문적인 감시견이 되었다(매스

티프).

　개들은 대개 이런 형태로 널리 이용되지만, 더 특수한 기능을 가진 개들도 선택적으로 개량되었다. 가장 놀라운 본보기는 고대의 아메리카 인디언들이 길렀던 털 없는 개다. 유전적으로 원래 털이 없는 이 품종은 비정상적으로 높은 체온을 갖고 있어서, 인디언들은 잠잘 때 이 개를 뜨거운 물통 대신 이용했다.

　근대에 와서는 개들이 썰매나 수레를 끌어 짐을 나르고, 전쟁 때는 연락병이 되어 소식을 전하거나 지뢰를 탐지하고, 눈 속에 파묻힌 등산객의 위치를 알아내어 사람의 목숨을 구하고, 경찰견이 되어 범죄자를 추적하거나 공격하고, 맹도견이 되어 장님을 안내하고, 심지어는 사람 대신 우주 여행까지 하면서, 사람에게 얻어먹는 밥값을 치르게 되었다. 우리와 공생하는 동물들 가운데 개만큼 복잡하고 다양한 방법으로 우리에게 봉사하는 동물은 하나도 없다. 과학기술이 눈부시게 발전한 오늘날에도 우리는 여전히 개가 갖고 있는 기능을 활발하게 이용한다. 오늘날 존재하는 수백 종의 개는 대부분 순전한 애완견이지만, 개가 진지한 임무를 수행하는 시대는 아직도 끝나지 않았다.

먹이, 공생자, 경쟁자, 기생충, 약탈자

● ● ●

　개가 동료 사냥꾼으로 너무나 일을 잘했기 때문에, 다른 동물을 사냥에 이용하기 위해 길들이려는 노력은 거의 이루어지지 않았다. 중요한 예외는 치타와 매뿐이지만, 이 두 동물의 경우에는 선택적인 품종 개량도 성공하지 못했을 뿐 아니라 인공 사육에서도 전혀 진전이 없었다. 치타나 매를 사냥에 이용하려면 항상 개별 훈련을 시켜야 했다. 아시아에서는 자맥질에 뛰어난 가마우지가 낚시꾼의 조수로 활발하게 이용되었다. 사람은 가마우지의 알을 가져다가 닭 둥우리에 넣어 부화시킨다. 이 바닷새가 알을 깨고 나오면, 어느 정도 키운 다음 발목에 줄을 묶은 채 물고기를 잡도록 훈련시킨다. 가마우지는 물고기를 잡으면 배로 가져와서 게워놓는데, 이 새가 먹이를 꿀꺽 삼켜버리지 않도록 목걸이를 매두어야 한다. 그러나 선택 교배로 가마우지의 품종을 개량하려는 시도는 전혀 이루어지지 않았다.

옛날에는 작은 육식동물을 해충 퇴치에 이용했다. 하지만 이런 추세에 추진력이 주어진 것은 진정한 농경시대가 열리고 나서였다. 곡식을 대규모로 저장하게 되자 쥐가 심각한 문제를 일으켰고, 쥐 잡기가 장려되었다. 고양이와 족제비, 몽구스가 우리를 도와주었는데, 고양이와 족제비는 그 후 선택 교배로 완전한 가축이 되었다.

인간에게 가장 중요한 공생관계는 몸집이 큰 동물을 짐꾼으로 활용하는 것이었다. 말과 아시아 및 아프리카산 야생 당나귀, 물소와 들소를 포함한 소, 순록, 낙타, 라마, 코끼리는 모두 짐꾼으로 널리 이용되었다. 대부분의 경우 인간은 세심한 선택 교배로 야생동물의 품종을 개량했지만, 아시아산 당나귀와 코끼리만은 예외였다. 아시아산 당나귀는 고대 수메르인이 4000년 전에 짐꾼으로 이용했지만, 좀 더 쉽게 다룰 수 있는 말이 도입되자 쓸모가 없어졌다. 코끼리는 지금도 일꾼으로 이용되지만, 사육자에게 너무 큰 문제를 안겨주었기 때문에 선택 교배의 압력을 한 번도 받지 않았다.

또 하나의 부류는 동물이 생산하는 것을 얻기 위해 길들이는 경우다. 그 동물이 생산활동을 하고 있는 동안에는 먹이로 생각할 수 없기 때문에, 사람은 그 동물을 죽이지 않고 그들의 일부만 빼앗는다. 예컨대 소와 염소에게서는 젖을 얻고, 양과 알파카에게서는 털을 얻고, 닭과 오리에게서는 알을 얻고, 꿀벌에게서는 꿀을 얻고, 누에에게서는 명주실을 얻는다.

사냥 동료, 해충 퇴치자, 짐꾼, 생산자로서의 부류 이외에, 어떤 동물은 보다 특수하고 전문적인 이유로 우리 인간과 공생관계를 맺게 되었다. 예컨대 비둘기는 소식을 전하는 전령사로 길들여졌다. 이 새의 놀라운 귀소 능력은 수천 년 동안 이용되어왔다. 이 공생관계는 특히 전쟁 때 소중하게 이용되었기 때문에, 근대에는 비둘기가 전하는 소식을 가로채기 위해 매를 훈련시키는 또 하나의 공생관계가 발달했다. 상황은 전혀 다르지만, 싸움을 전문으로 하는 물고기인 샴 투어(鬪魚)와 싸움닭인 투계는 오랜 세월에 걸친 선택 교배로 품종이 개량되어 도박에 이용된다. 의학 분야에서는 모르모트와 흰쥐가 실험실의 '생체 실험물'로 널리 이용된다.

이런 동물들은 독창적이고 탐구적인 우리 인간과 어떤 식으로든 공생관계를 맺도록 강요받은 주요 동물들이다. 그들이 얻는 이익은 인간이 그들을 더 이상 적대시하지 않는다는 점이다. 그래서 그들의 수는 상당히 늘어났다. 이 세상에 살고 있는 그들의 수효로 보자면, 그들은 엄청난 성공을 거두었다. 그러나 이것은 조건부 성공이다. 양적으로는 성공을 거두었지만, 그 대가로 자유롭게 진화할 수 있는 권리를 포기해야만 했기 때문이다. 그들은 유전자의 독립성을 잃어버렸고, 비록 좋은 먹이와 보살핌을 받고 있지만, 이제는 인간의 변덕에 유전자를 내맡긴 상태다. 우리는 마음 내키는 대로 새로운 품종을 개발하고 기상천외한 변종을 만들어낸다.

세 번째로 중요한 인간과 동물의 관계는 경쟁관계다. 우리는 먹이나 공간을 얻기 위해 우리와 경쟁하는 모든 동물, 또는 우리의 효율적인 삶을 방해하는 모든 동물을 무자비하게 제거한다. 그런 동물의 이름을 일일이 열거하는 것은 무의미하다. 먹이나 동료로서 쓸모없는 동물은 사실상 모조리 인간의 공격을 받아 몰살당한다. 이 과정은 오늘날에도 세계 전역에서 계속되고 있다. 사소한 경쟁자일 경우에는 박해를 피할 수도 있지만, 심각한 경쟁자들은 살아남을 가능성이 거의 없다. 과거에는 우리와 가장 가까운 영장류 친척들이 가장 위협적인 경쟁자였기 때문에, 우리 영장류 집안을 통틀어 오늘날 온전히 살아남은 게 우리 인간뿐인 것은 결코 우연이 아니다. 몸집이 큰 육식동물도 우리의 심각한 경쟁자였고, 따라서 우리 인간의 인구밀도가 일정 수준 이상으로 높아진 곳에서는 이들도 역시 전멸당했다. 예를 들어, 오늘날 유럽에는 털 없는 원숭이들만 우글거릴 뿐 몸집이 큰 육식동물은 사실상 완전히 사라졌다.

네 번째 주요 부류인 기생충의 미래는 훨씬 더 우울해 보인다. 여기서도 싸움이 갈수록 격렬해지고 있기 때문이다. 먹이를 놓고 우리와 경쟁하던 매력적인 육식동물이 사라져버린 것을 슬퍼하는 사람은 있을지 모르지만, 벼룩이 점점 드물어지고 있다는 사실에 대해서는 아무도 눈물 한 방울 흘리지 않는다. 의학이 발달할수록 기생충의 지배력은 줄어든다. 그 여파는 다른 모든 동물에게 위험을 가져다준다. 기생충이 사라져 우리의 건강이 좋아지면, 인구가 훨씬 더 놀라운 속도로 늘어나, 사소한 경쟁자들까지 모조리 없애버려야 할 필요성이 강조될 수도 있기 때문이다.

다섯 번째 주요 부류인 약탈자도 역시 사라져가고 있다. 우리 인간을 주식으로 삼은 동물은 사실상 하나도 없었고, 우리가 아는 한 지금까지 육식동물의 약탈 때문에 인간의 수가 크게 줄어든 적은 역사상 한 번도 없었다. 그러나 사자와 호랑이, 들개, 악어, 상어, 맹금류 등 몸집이 큰 육식동물은 이따금 인간의 고기를 맛보았고, 그 대가로 그들이 사라져갈 날도 얼마 남지 않았다. 얄궂은 일이지만, (기생충을 제외한) 다른 어떤 동물보다도 털 없는 원숭이를 많이 죽인 살인자는 기껏 죽여놓고도 영양가가 풍부한 시체를 포식하지 못한다. 인간의 이 철천지원수는 바로 독사다. 나중에 다시 살펴보겠지만, 독사는 모든 고등동물이 가장 증오하는 대상이 되었다.

이 다섯 가지 관계 - 먹이, 공생자, 경쟁자, 기생충, 약탈자 - 는 물론 다른 동물들 사이에도 존재한다. 우리는 기본적으로 이 점에 있어서만은 독특하지 않다. 우리는 이런 관계를 다른 동물들보다 훨씬 더 발전시켰지만, 다른 동물들도 똑같은 유형의 관계를 갖고 있다. 앞에서도 말했듯이, 이 다섯 가지 부류는 한 덩어리로 묶어서 동물에 대한 경제적 접근방식으로 취급할 수 있다. 이것 이외에 우리는 과학적 접근방식과 미학적 접근방식 및 상징적 접근방식이라는 우리만의 독특한 접근방식을 갖고 있다.

과학적 접근방식과 미학적 접근방식은 우리의 강력한 탐구욕을 증명한다. 모르는 것을 알고 싶어하는 우리의 호기심은 모든 자연현상을 조사하도록 우리를 재촉하고, 동물 세계는 당연히 이런 점에서 많은 관심의 초점이 되었다. 동물학자에게는 모든 동물이 똑같이 흥미롭고, 또 그래야 한다. 그에게는 좋은 동물도 없고 나쁜 동물도 없다. 그에게는 모든 동물이 관심의 대상이며, 그가 동물을 연구하고 조사하는 것은 동물 자체를 위해서다. 미학적 접근방식도 기본적으로는 똑같은 탐구를 필요로 하지만, 조사하는 관점이 다르다. 여기서는 다양한 동물의 모양과 색깔, 유형과 움직임을 분석의 대상이 아니라 심미적 대상으로 연구한다.

상징적 접근방식은 전혀 다르다. 이 경우에는 경제도 탐험도 관련되지 않는다. 동물은 어떤 개념의 상징으로 이용된다. 어떤 동물이 난폭해

보이면, 그 동물은 전쟁의 상징이 된다. 그 동물이 정말로 난폭한지, 또는 정말로 귀여운지는 거의 문제되지 않는다. 이것은 과학적 접근방식이 아니기 때문에, 동물의 진정한 본성은 조사되지 않는다. 껴안아주고 싶을 만큼 귀여워 보이는 동물이 실제로는 면도날처럼 날카로운 이빨로 무장하고 사악한 공격성을 타고났을 수도 있지만, 이런 속성은 감추어진 채 귀여움만 겉으로 드러나 있으면 그 동물은 어린이의 이상적인 상징으로 충분히 받아들여질 수 있다. 상징적인 동물에게는 정당한 평가가 이루어지지 않는다. 그저 정당한 평가가 이루어진 것처럼 보이기만 하면 된다.

  동물에 대한 상징적 태도는 원래 동물을 유인원에 빗대어 표현한다는 의미에서 '의원화(擬猿化 : anthropoidomorphic)'라고 불렸다. 다행히도 이 불쾌한 용어는 그 후 사람에 견주어 표현한다는 의미의 '의인화(擬人化 : anthropomorphic)'로 바뀌었는데, 이 용어도 꼴사납기는 마찬가지지만 오늘날 널리 쓰이고 있는 표현이다. 과학자들은 '의인화'라는 용어를 언제나 경멸적인 의미로 사용한다. 그들의 관점에서 보면, '의인화'를 경멸하는 것이 지극히 당연하다. 그들이 동물 세계에서 의미 있는 탐험을 하려면 무슨 수를 써서라도 객관성을 유지해야 한다. 그러나 이것은 말처럼 쉬운 일이 아니다.

왜 사랑하고 왜 혐오하는가

  심사숙고한 끝에 어떤 동물을 우상이나 상징이나 표상으로 이용하기로 결정하는 것과는 전혀 달리, 우리에게는 항상 다른 동물을 우리 자신의 화신으로 여기도록 강요하는 미묘한 압력이 작용한다. 아무리 박식한 과학자도 자기가 기르는 개를 부를 때는 "이봐, 친구"라고 말하기 쉽다. 그는 개가 그 말을 이해하지 못한다는 것을 잘 알고 있지만, 그렇게 부르고 싶은 유혹을 뿌리치지 못한다. 이런 의인화를 강요하는 압력은 무엇일까? 그런 압력은 왜 그토록 저항하기가 어려울까? 우리가 어떤 동물에게는 친근감을 느끼고 다른 동물에게는 혐오감을 느끼는 이유는 무엇일까? 이것은 결코 사소한 문제가 아니다.

오늘날 우리 문화가 다른 동물들과의 관계에 쏟아붓고 있는 에너지의 대부분이 이것과 관련되어 있다. 우리는 열렬한 동물 애호가인 동시에 열렬한 동물 혐오가이기도 하다. 경제적이고 탐구적인 이유만으로는 이 복잡한 관계를 설명할 수 없다. 우리가 받고 있는 특수한 신호가 우리에게 생각지도 못했던 기본적인 반응을 불러일으키고 있는 게 분명하다. 우리는 동물을 동물로 대하고 있다고 우리 자신을 속인다. 그리고 어떤 동물은 못 견디게 매력적이고 또 어떤 동물은 징그럽다고 선언한다. 그러나 그 동물을 그렇게 만든 것은 무엇일까?

이 문제에 대한 해답을 찾으려면 우선 몇 가지 사실을 모아야 한다. 우리가 사랑하는 동물과 싫어하는 동물은 정확히 무엇인가? 그것은 나이와 성별에 따라 어떻게 달라지는가? 이 문제에 대해 믿을 만한 결론을 내리려면 엄청난 양의 증거를 모아야 한다. 그런 증거를 얻기 위해, 4세부터 14세까지의 영국 어린이 8만 명을 대상으로 조사를 실시했다. 동물원에 관한 텔레비전 프로그램을 방영하는 동안, '가장 좋아하는 동물'과 '가장 싫어하는 동물'이 무엇인지를 묻는 질문을 아이들에게 던졌다. 그러자 엄청난 양의 응답 엽서가 쏟아져 들어왔는데, 각 질문에 대해 1만 2000장씩의 엽서를 무작위로 골라 분석했다.

우선 다양한 동물 집단은 제각기 얼마나 많은 '사랑'을 받고 있었을까? 엽서에 나타난 숫자는 다음과 같다. 전체 어린이의 97.15%가 포유류를 가장 좋아하는 동물로 꼽았다. 조류는 1.6%밖에 차지하지 못했고, 파충류는 1.0%, 어류는 0.1%, 무척추동물도 0.1%, 그리고 양서류가 0.05%였다. 이런 점에서 볼 때, 포유류에게는 무언가 특별한 것이 있는 게 분명하다.

(질문에 대한 대답이 말이 아니라 글로 쓰여졌으며, 특히 아주 어린아이의 경우에는 철자가 정확하지 않아서 엽서에 적힌 이름이 어떤 동물을 나타내는지를 확인하기가 어려웠다는 점은 지적해두어야 할 것이다. 고냥이, 팽긴, 샤자, 굼, 오랑이 따위는 철자가 약간 틀려도 해독하기가 쉬웠지만, 어린이들이 '냠냠'이니 '깡충 벌레'니 '오무스'니 '코코 짐승'이니 하고 부른 동물이 무엇을 가리키는지는 확인하기가 거의 불가능했다. 그래서 이런 매력적인 동물 이름을 적은 엽서는 유감스럽게도 제외할 수밖에 없었다.)

'사랑받는 동물'을 1위부터 10위까지 살펴보면 다음과 같다.

1위 침팬지(13.5%), 2위 원숭이(13%), 3위 말(9%), 4위 부시베이비(8%), 5위 판다(7.5%), 6위 곰(7%), 7위 코끼리(6%), 8위 사자(5%), 9위 개(4%), 10위 기린(2.5%).

이런 선호도가 경제적 영향이나 심미적 영향을 반영하지 않는다는 것은 한눈에 알 수 있다. 경제적으로 중요한 동물 목록은 사랑받는 동물 목록과는 전혀 다를 것이다. 사랑받는 동물이 모든 동물들 가운데 가장 우아하거나 화려한 색깔을 갖고 있는 것도 아니다. 오히려 꼴사납고 몸집이 크고 칙칙한 색깔을 가진 동물이 대부분이다. 그러나 그들은 사람과 비슷한 특징에 반응을 보인다. 이것은 의식적인 과정이 아니다. 목록에 오른 동물은 모두 우리 인간의 특수한 자질을 강하게 연상시키는 중요한 자극을 발산한다. 우리는 우리를 매혹시키는 것이 무엇인지도 전혀 깨닫지 못한 채, 무의식적으로 이런 자극에 반응한다. 인기순위 10위권에 들어 있는 동물들이 갖고 있는 사람 비슷한 특징들 가운데 중요한 것은 다음과 같다.

① 그들은 모두 깃털이나 비늘이 아니라 털을 갖고 있다.
② 그들은 둥그스름한 윤곽을 갖고 있다(침팬지, 원숭이, 부시베이비, 판다, 곰, 코끼리).
③ 그들은 넓적한 얼굴을 갖고 있다(침팬지, 원숭이, 부시베이비, 곰, 판다, 사자).
④ 그들은 얼굴 표정을 갖고 있다(침팬지, 원숭이, 말, 사자, 개).
⑤ 그들은 작은 물건을 '다룰' 수 있다(침팬지, 원숭이, 부시베이비, 판다, 코끼리).
⑥ 그들의 자세는 어떤 점에서 보면 수직이거나, 이따금 직립 자세를 취한다 (침팬지, 원숭이, 부시베이비, 판다, 곰, 기린).

위의 항목들 가운데서 점수를 많이 딴 동물일수록 순위가 올라간다. 포유류가 아닌 동물은 이런 점에서 약하기 때문에 점수를 얻지 못한다. 조류 가운데 가장 사랑받는 동물은 펭귄(0.8%)과 앵무새(0.2%)다. 펭귄이 제1위를 차지한 것은 모든 새들 가운데 가장 똑바른 직립 자세를 취하기 때문이다. 앵무새도 횃대에 앉아 있을 때는 다른 새들보다 수직적인 자세를 취하고, 그 밖에도 몇 가지 특별한 이점을 갖고 있다. 앵무새는 부리 모양이 독특해서 조류치고는 유별나게 얼굴이 평평하다. 앵무새는 또한 먹이를 먹는 방법도 이상해서, 고개를 숙여 먹이를 쪼아 먹는 대신 먹이를 발로 쥐고 입으로 들어올린다. 게다가 앵무새는 인간의 목소리를 흉내 낼 수 있다. 그러나 불행히도 앵무새는 걸을 때면 수평 자세를 취하기 때문에, 꼿꼿이 서서 뒤뚱뒤뚱 걷는 펭귄보다 순위가 뒤지고 있다.

가장 사랑받는 포유류를 살펴볼 때, 몇 가지 점은 특별히 주목할 가치가 있다. 예를 들어, 큰 고양이과 동물 가운데 사자가 유일하게 포함된 이유는 무엇인가? 그 대답은 수사자만이 머리 주위에 더부룩한 갈기를 갖고 있기 때문인 것 같다. 머리 주위의 털은 얼굴을 넓적하게 보이게 하여 (어린이들이 그린 사자 그림을 보면 분명히 알 수 있다), 사자가 더 많은 점수를 따는 데 이바지한다.

앞에서도 보았듯이, 얼굴 표정은 우리 인간의 시각적 의사 전달 형태로 특히 중요하다. 표정은 극소수의 포유류 - 고등 영장류, 말, 개, 고양이 - 에게서만 복잡한 형태로 발전했다. 인기 순위 10위권에 든 동물 가운데 절반이 이런 동물에 속하는 것은 결코 우연이 아니다. 얼굴 표정의 변화는 기분의 변화를 나타내고, 우리가 그 표정의 의미를 항상 정확하게 이해하는 것은 아니지만, 그래도 동물과 우리 사이를 이어주는 귀중한 끈이 될 수 있다.

물건을 다루는 능력을 가진 동물 가운데 판다와 코끼리는 독특한 경우다. 판다는 팔목뼈가 길게 발달해서, 그것으로 가느다란 대나무 줄기를 움켜쥐고 대나무 잎을 먹을 수 있다. 이런 종류의 신체구조는 동물의 왕국 어디에서도 찾아볼 수 없다. 기다란 팔목뼈 덕분에, 판다는 수직 자세로 땅바닥에 털썩 주저앉은 채 작은 물건을 잡아서 입으로 가져갈 수 있다. 이 모습이 사람과 비슷하기 때문에 판다는 많은 점수를 얻는다. 코끼리도 역시 독특한 신체조직인 코로 작은 물건을 '잡아서' 입으로 가져갈 수 있다.

직립 자세는 우리 인간의 독특한 특징이기 때문에, 이런 자세를 취할 수 있는 동물은 당장 사람과 견주어지는 이점을 얻는다. 인기 순위에 올라 있는 영장류와 곰과 판다는 모두 엉덩이를 땅에 대고 똑바로 앉아 있을 때가 많다. 때로는 똑바로 일어서기도 하고, 이런 직립 자세로 비틀거리며 몇 걸음을 걸을 수도 있다. 이 모든 행동이 그들에게 귀중한 점수를 보태준다. 기린은 독특한 신체구조 덕분에, 어떤 의미에서는 영원한 수직 자세를 취하고 있다. 개는 인간과 비슷한 사회적 행동 때문에 높은 점수를 얻지만, 불행히도 개의 자세는 항상 우리를 실망시킨다. 개는 철저한 수평 자세를 취한다. 그러나 우리의 독창성은 이 점에서 패배를 인정하기를 거부하고 노력한 끝에, 곧 그 문제를 해결해냈다. 개에게 앉아서 앞발을 드는 법을 가르친 것이다. 이 불쌍한 동물을 사람과 비슷하게 만들고 싶은 충동은 그것으로 만족하지 않고 우리를 더욱 몰아쳤다. 우리에게는 꼬리가 없기 때문에, 그와 비슷해지도록 개의 꼬리를 바싹 잘라내기 시작했다. 우리의 얼굴은 평평한 모양을 갖고 있기 때문에, 선택 교배를 이용하여 개의 코 부위에 있는 뼈를 줄였다. 그 결과, 오늘날 많은 품종의 개들이 비정상적으로 평평한 얼굴을 갖고 있다. 동물을 사람과 비슷하게 만들고 싶은 우리의 욕망은 너무 강력해서 때로는 동물의 이빨을 희생해서라도 이 욕망을 만족시켜야 한다. 그러나 동물에 대한 이 같은 접근방식은 순전히 이기적이라는 사실을 상기해야 한다. 우리는 동물을 동물로 보는 것이 아니라 거울에 비친 우리 자신의 모습으로 간주한다. 그 거울이 지나치게 일그러져 있으면, 우리는 거울을 펴서라도 우리에게 편리한 모양으로 바꾸려고 애쓴다.

동물의 의인화

• • •

지금까지 우리는 4세부터 14세까지의 어린이가 사랑하는 동물을 살펴보았다. 그런데 이 사랑받는 동물에 대한 반응을 연령별로 나누어 조사해보면, 일관된 경향이 나타난다. 어떤 동물에 대해서는 어린이들의 나이가 많아질수록 선호도가 줄어드는 반면에, 어떤 동물에 대해서는 나이가 들수록 선호도가 늘어나는 것을 알 수 있다.

이런 경향이 동물의 한 가지 특징, 즉 몸의 크기라는 특징과 밀접한 관계를 보이는 것은 뜻밖의 발견이다. 어린이들은 나이가 어릴수록 큰 동물을 좋아하고, 나이가 들면 작은 동물을 좋아하게 된다. 인기 순위 10위권에 든 동물 가운데 몸집이 가장 큰 코끼리와 기린에 대한 선호도를 조사하고, 몸집이 가장 작은 부시베이비와 개에 대한 선호도를 조사해보면, 어린이의 나이와 동물의 몸집이 가진 관계를 분명히 알 수 있다. 전체 평균 6%의 선호도를 기록한 코끼리는 4세 어린이에게는 15%의 지지를 얻었지만, 이 선호도는 차츰 떨어져 14세에 이르면 3%만이 코끼리를 좋아한다. 기린도 10%에서 1%로 인기가 떨어진다. 반면에 부시베이비는 4세 어린이에게서는 4.5%밖에 안 되는 지지를 얻었지만, 인기가 차츰 높아져 14세에 이르면 11%까지 올라간다. 개도 0.5%에서 5%로 인기가 올라간다. 사랑받는 동물들 가운데 몸집이 크지도 작지도 않은 동물에게서는 이런 경향이 별로 나타나지 않는다.

지금까지 발견한 사실을 요약하면, 두 가지 원칙을 만들 수 있다. 동물의 매력에 대한 첫 번째 원칙은 "동물의 인기는 그 동물이 갖고 있는 사람과 비슷한 특징의 수에 정비례한다"이고, 두 번째 원칙은 "어린이의 나이는 어린이가 가장 좋아하는 동물의 몸집에 반비례한다"이다.

이 두 번째 원칙은 어떻게 설명할 수 있을까? 사람과 비슷한 동물일수록, 즉 상징적으로 사람과 동일시할 수 있는 동물일수록 인기가 높다는 점을 상기하면, 나이가 어린 아이는 동물을 부모의 대용물로 간주하고, 나이가 들면 동물을 어린이 대용물로 간주하기 때문이라고 설명할 수 있다. 이것이 가장 간단한 해석 방법이다. 동물이 막연히 인간을 상기

시키는 것만으로는 충분치 않다. 인간의 특정한 부류를 상기시켜야만 상징적 동일시가 이루어질 수 있다. 아주 어린 아이에게는 부모가 중요한 보호자다. 부모는 어린이의 의식을 지배한다. 부모는 크고 우호적인 동물이다. 따라서 크고 우호적인 동물은 부모의 모습과 쉽게 겹쳐진다.

어린이가 자라면 자신의 권리를 주장하고 부모와 맞서기 시작한다. 어린이는 자기가 상황을 지배한다고 생각하지만, 코끼리나 기린을 지배하기는 어렵다. 따라서 나이 든 어린이가 좋아하는 동물은 어린이가 지배할 수 있는 크기로 줄어들 수밖에 없다. 어린이는 묘하게 조숙한 방법으로 부모가 된다. 그리고 몸집이 작은 동물은 '자기' 자식의 상징이 된다. 어린이는 진짜 부모가 되기에는 너무 어리기 때문에, 이런 방법으로 상징적인 부모가 된다. 동물을 갖는 것이 중요해지고, 애완동물을 돌보는 것은 '유치한 부모 노릇'으로 발전한다. 갈라고(아프리카 남부에 사는 여우원숭이와 비슷한 작은 원숭이)가 애완동물로 도입된 이후 부시 '베이비'라는 이름을 얻게 된 것은 결코 우연이 아니다. (자녀가 아동기 후반에 이를 때까지 애완동물에게 관심을 보이지 않으면 부모는 주의해야 한다. 그렇다고 너무 어린 아이에게 애완동물을 주는 것은 큰 잘못이다. 나이가 너무 어린 아이는 동물을 파괴적인 탐구욕의 대상으로 간주하거나 귀찮은 존재로 생각하기 때문이다.)

두 번째 원칙에는 한 가지 두드러진 예외가 있다. 그것은 바로 말이다. 말에 대한 반응은 두 가지 점에서 유별나다. 어린이의 나이에 따른 반응을 분석하면, 말의 인기는 서서히 올라갔다가 서서히 떨어진다. 가장 인기가 높은 시기는 사춘기가 시작되는 시기와 일치한다. 성별에 따른 반응을 분석하면, 소년보다 소녀가 세 배나 더 말을 좋아한다. 다른 어떤 동물도 성별에 따라 이처럼 극심한 차이를 보이지는 않는다. 말에 대한 반응에는 분명 유별난 점이 있고, 그것은 별도로 검토해볼 필요가 있다.

오늘날 말이 가진 특징은 사람이 올라타고 달리는 동물이라는 점이다. 인기 순위 10위권에 든 동물 가운데 이런 특징을 가진 동물은 말뿐이다. 말의 인기가 사춘기 초반에 절정에 다다르고 소년보다는 소녀가 훨씬 더 말을 좋아한다는 사실과 말의 특징을 연관시켜 생각해보면, 말에 대한 반응은 강한 성적 요소를 포함한다는 결론에 도달하지 않을 수 없다. 말을 타는 것과 수컷이 암컷 위에 올라타는 성행위 사이에 상징적 동일시가 이루어지고 있다면, 말이 소녀들에게 훨씬 인기가 높은 것은 놀라운 일이다. 그러나 말은 힘세고 근육이 잘 발달해 있으며 체격이 당당한 동물이고, 따라서 남자 역할을 맡기에 더 적합하다. 객관적으로 생각해보면, 승마는 두 다리를 활짝 벌리고 동물의 몸에 바싹 달라붙어 오랫동안 율동적으로 움직이는 운동이다. 소녀들이 말을 좋아하는 것은 말의 남성다움과 말을 탔을 때의 자세 및 동작이 결합된 결과인 것 같다. (여기서 강조해둘 것이 있는데, 이 조사에서 우리는 어린이들을 남녀로 구분하지 않고 전체적으로 다루고 있다는 점이다. 그렇게 했을 때 말을 가장 좋아하는 어린이가 11명 가운데 1명꼴로 나타났다. 이들 가운데 실제로 망아지나 말을 가져본 적이 있는 어린이는 극소수일 것이다. 말을 가져본 어린이는 승마를 하면 훨씬 더 다양한 보상이 따른다는 사실을 금방 알게 된다. 그 결과 그들이 승마에 탐닉하게 되었다 해도, 이것이 반드시 성적 의미를 갖는 것은 아니다.)

이제는 사춘기가 시작된 뒤 말의 인기가 차츰 떨어지는 이유를 설명해야 할 차례다. 아이들이 성적으로 발달할수록 말의 인기도 높아지는 게 당연할 것 같은데, 오히려 떨어지는 까닭은 무엇일까. 말에 대한 애정 곡선과 '섹스 놀이'에 대한 관심 곡선을 비교해보면, 그 해답을 찾을 수 있다. 이 두 곡선은 놀랄 만큼 잘 맞아떨어진다. 어린이는 남이 보는 곳에서도 태연히 '섹스 놀이'를 즐기지만, 성에 눈을 뜬 청소년들은 자신의 성감을 감추고 독특한 은밀함으로 그것을 감싸기 시작한다. 성에 대한 인식이 높아지고 은밀함에 대한 의식이 강해짐에 따라, 공공연한 '섹스 놀이'도 줄어들고 말에 대한 호감도도 줄어드는 것 같다.

이 시점에서 원숭이의 매력이 줄어드는 것도 의미심장하다. 원숭이들은 대부분 분홍색을 띤 커다란 성적 돌기를 포함하여 유난히 튀어나온 생식기들을 갖고 있다. 하지만 이런 것들은 비록 사람과 비슷한 특징을 갖고 있을지라도 어린이에게는 아무 의미도 없기 때문에, 아무런 방해를 받지 않고 어린이에게 작용할 수 있다. 그러나 나이가 든 뒤에는 눈에 잘 띄는 원숭이의 생식기를 보면 당황하게 되고, 그 결과 원숭이의 인기는 떨어진다.

이것은 어린이가 동물을 '사랑'하는 경우의 상황이다. 어른의 경우, 그 반응은 훨씬 더 다양하고 복잡해지지만, 동물을 사람에 빗대어 생각하는 기본적인 의인화는 여전히 계속된다. 진지한 박물학자와 동물학자들은 이 사실을 개탄하지만, 다른 동물에 대한 상징적 반응이 그 동물의 진정한 본질과는 아무 관계도 없다는 것을 충분히 깨닫기만 한다면, 동물의 의인화는 거의 해를 끼치지 않을 뿐만 아니라 감정을 발산할 수 있는 중요한 배출구를 마련해준다.

지금까지와는 반대되는 경우, 즉 동물 '혐오'를 살펴보기 전에, 한 가지 비판에 대하여 대답해두어야겠다. 앞에서 논의된 결과들은 순전히 문화적 의미만 갖고 있을 뿐, 우리 인류 전체에는 아무 의미도 없다고 주장할 수도 있다. 위에서 언급한 동물들의 정확한 정체에 관해서는 이 주장이 옳다. 판다를 좋아하려면 판다의 생활양식을 알 필요가 있다. 사람이 판다에 대한 애정을 타고나는 것은 아니다. 그러나 이것은 중요하지 않다. 좋아하는 동물로 판다를 선택하는 것은 문화적으로 결정될지 모르지만, 그것을 선택하는 '이유'는 보다 깊고 보다 생물학적인 과정을 반영한다. 다른 문화권에서 똑같은 조사를 되풀이하면 인기 순위가 바뀔지는 모르지만, 그래도 역시 동물을 인간의 상징으로 간주하고 싶어하는 우리의 기본적인 욕구에 따라 좋아하는 동물이 선택될 것이다. 동물의 매력을 결정하는 첫 번째 원칙과 두 번째 원칙도 그대로 작용할 것이다.

뱀과 거미가 싫은 이유

이제 '혐오'하는 동물로 넘어가면, 조사에서 얻은 숫자를 비슷한 방식으로 분석할 수 있다. 어린이가 가장 싫어하는 동물의 순위는 다음과 같다.

1위 뱀(27%), 2위 거미(9.5%), 3위 악어(4.5%), 4위 사자(4.5%), 5위 쥐(4%), 6위 스컹크(3%), 7위 고릴라(3%), 8위 코뿔소(3%), 9위 하마(2.5%), 10위 호랑이(2.5%).

이 동물들은 한 가지 중요한 공통점을 갖고 있다. 바로 위험한 동물이라는 점이다. 악어와 사자와 호랑이는 사람을 잡아먹을 수 있는 육식동물이다. 고릴라와 코뿔소와 하마는 화가 나면 쉽게 사람을 죽일 수 있다. 스컹크는 독가스를 이용하여 화학전을 벌인다. 쥐는 질병을 퍼뜨리는 해충이다. 사람은 독사와 독거미에게 물리면 죽는다.

이런 동물들은 또한 사랑받는 동물과는 달리 사람과 비슷한 특징을 거의 갖고 있지 않다. 그러나 사자와 고릴라는 예외다. 인기 순위 10위권에 든 동물 가운데 싫어하는 동물 목록에도 오른 동물은 사자뿐이다. 사자에 대한 반응이 이처럼 양극으로 나뉜 것은 사자가 사람과 비슷한 매력적인 특징도 갖고 있지만 난폭한 약탈 행위도 보이기 때문이다. 고릴라는 사람과 비슷한 특징을 많이 갖고 있지만, 불행히도 얼굴 구조 때문에 항상 공격적이고 무서워 보인다. 이것은 뼈의 구조가 낳은 우연한 결과일 뿐이고 고릴라의 진정한 성격(고릴라는 사실 상당히 온순한 편이다)과는 아무 관계도 없지만, 험상궂은 표정에다 억센 체력까지 겸비했기 때문에 고릴라는 당장 야만적이고 잔인한 폭력의 상징이 되어버린다.

싫어하는 동물의 목록을 살펴볼 때, 가장 두드러진 특징은 뱀과 거미를 싫어하는 비율이 압도적으로 높다는 점이다. 위험한 독사와 위험한 독거미가 존재한다는 이유만으로는 이것을 설명할 수가 없다. 여기에는 다른 요인도 작용하고 있는 게 분명하다. 이런 동물을 싫어하는 이유를 분석해보면, 뱀은 '미끈미끈하고 더럽기 때문'에 싫고, 거미는 '털투성이에다 슬금슬금 기어 다니기 때문'에 싫다는 대답이 압도적이다. 이것은 분명 뱀과 거미가 강력한 상징적 의미를 갖고 있거나, 아니면 우리가 이런 동물을 피하려는 강력한 선천적 본능을 갖고 있다는 것을 의미한다.

뱀은 옛날부터 남근의 상징으로 여겨져왔다. 그것은 독을 가진 남근이기 때문에 꺼림칙한 성행위를 상징하게 되었고, 이것은 뱀이 인기가 없는 이유를 부분적으로 설명해줄지도 모른다. 그러나 단순히 그것만은 아니다. 4세부터 14세까지의 어린이를 연령별로 나누어 뱀을 싫어하는 정도를 조사해보면, 사춘기가 시작되기 훨씬 전인 어린이들에게서 뱀의 인기가 가장 낮다는 것을 알 수 있다. 4세 어린이의 경우에도 뱀을 싫어하는 비율이 높고(약 30%), 그 후 약간 올라가 6세 때 절정에 다다른다. 그때부터는 싫어하는 비율이 서서히 낮아지기 시작하여, 14세에 이르면 20% 이하로 뚝 떨어진다. 성별에 따른 차이는 거의 없지만, 모든 연령층에서 소녀의 반응이 소년의 반응보다 약간 더 강하다. 사춘기는 뱀에 대한 반응에 전혀 영향을 미치지 않는 것 같다.

이 증거를 놓고 볼 때, 뱀을 단순히 강력한 성적 상징으로 인정하기는 어렵다. 우리는 뱀 같은 형태를 가진 동물에 대해 타고난 혐오감을 느낀다고 보는 것이 더 타당할 것 같다. 이것은 어릴 때부터 뱀에게 강한 반응을 보이는 이유를 설명해줄 뿐만 아니라, 인간의 미움과 사랑을 받는 다른 모든 동물들과 비교해볼 때 뱀을 싫어하는 비율이 유난히 높은 까닭도 설명해준다. 이것은 우리와 가장 가까운 친척인 침팬지와 고릴라, 오랑우탄에게도 적용된다. 이 동물들도 역시 뱀을 무서워하고, 사람과 마찬가지로 그런 반응이 일찍부터 나타난다. 갓난 유인원은 뱀을 무서워하지 않지만, 태어난 지 두어 달이 지나 어미의 안전한 품에서 잠깐씩 떨어져 모험을 하기 시작할 무렵이 되면 뱀에 대한 두려움이 완전히 발달한다. 그들에게는 분명 이 혐오감이 생존에 중요한 가치를 갖고 있으며, 우리 조상들에게도 큰 보탬이 되었을 것이다.

그런데도 뱀에 대한 혐오감은 타고난 것이 아니라 학습의 결과인 문화적 현상에 불과하다고 주장하는 사람들이 있다. 이들은 자기네 주장을 뒷받침하는 근거로서, 비정상적으로 고립된 환경에서 자란 침팬지 새끼는 뱀을 처음 보았을 때 공포 반응을 보이지 않았다는 실험 결과를 내세운다. 그러나 이런 실험은 별로 설득력을 갖지 못한다. 일부 실험에서는 실험 대상이 된 침팬지가 너무 어렸다. 몇 년 뒤에 다시 실험해보았다면 공포 반응이 나타났을지도 모른다. 아니면 고립된 환경의 영향이 너무 심각해서, 문제의 새끼가 사실상 정신적 불구자가 되었을 가능성도 있다.

그런 실험은 선천적 반응의 성격을 근본적으로 오해한 데서 비롯된다. 선천적 반응은 캡슐에 싸여 있는 것처럼 외부 환경과 관계없이 성숙하는 것이 아니다. 선천적 반응은 오히려 선천적 감수성으로 간주되어야 한다. 침팬지 새끼나 인간의 어린이가 뱀을 싫어하고 무서워하려면, 어릴 때 두려움을 주는 수많은 대상과 부닥쳐 그것들에 대해 부정적으로 반응하는 법을 배워야 할지도 모른다. 그런 다음에 뱀과 부닥치면, 다른 자극들보다 뱀에 대해 훨씬 더 격렬한 반응을 보일 것이다. 이것은 선천적 요소가 그런 형태로 나타났다고 볼 수밖에 없다. 뱀에 대한 두려움은 다른 대상에 대한 두려움보다 훨씬 강렬하고, 이런 불균형은 선천적 요인이다. 정상적인 침팬지 새끼가 뱀을 만났을 때 보이는 공포와 우리 인간이 뱀에게 보이는 격렬한 증오심은 다른 식으로는 설명하기 어렵다.

거미에 대한 어린이의 반응은 약간 다른 과정을 밟는다. 여기서도 성별에 따라 두드러진 차이가 나타난다. 소년의 경우에는 4세부터 14세까지 거미에 대한 혐오감이 차츰 높아지지만, 그 변화는 극히 미미하다. 소녀도 사춘기에 다다를 때까지는 소년과 같은 정도의 혐오감을 보이지만, 그때부터 극적으로 높아져 14세에 이르면 소년의 두 배가 된다. 이것은 중요한 상징적 요소와 관계가 있는 것 같다.

진화론적인 관점에서 보면, 독거미는 여자뿐 아니라 남자에게도 똑같이 위험하다. 이 동물에 대한 남녀의 반응은 선천적일 수도 있고 아닐 수도 있지만, 선천적 반응이라고 가정하면 여자가 사춘기에 다다랐을 때 거미에 대한 혐오감이 갑자기 높아지는 것을 설명해주지 못한다. 여기서 해답을 찾을 수 있는 유일한 실마리는 소녀들 대다수가 거미를 징그러운 털투성이 동물이라고 말하고 있다는 점이다. 말할 필요도 없이, 사춘기는 소년과 소녀의 몸에 털이 돋아나기 시작하는 단계다. 어린이는 체모를 남자의 특징으로 생각할 게 틀림없다. 따라서 소녀는 몸에 털이 나기 시작하면 소년보다 훨씬 당황할 테고, 이 털이 가진 의미는 소녀를 (무의식적으로) 불안하게 만들 것이다. 거미의 긴 다리는 파리 같은 작은 동물의 다리보다 훨씬 털북숭이로 보이고 더욱 뚜렷이 드러나기 때문에, 거미야말로 이 역할을 맡기에는 이상적인 상징물이다.

이상이 우리가 다른 동물들을 만나거나 생각할 때 느끼는 애정과 증오심이다. 사랑과 미움은 우리가 다른 동물들과 맺고 있는 경제적, 과학적, 심미적 이해관계와 결합함으로써 유난히 복잡한 또 하나의 관계를 만들어내는데, 나이가 드는 데 따라 양상이 달라지는 관계는 이것뿐이다. 이 점을 요약하면, 다른 동물들에 대한 반응에는 '일곱 단계'가 있다고 말할 수 있다.

동물에 대한 일곱 단계 반응

• • •

첫 번째 단계는 '유아기'다. 부모에게 완전히 의존해 있는 유아기에는 몸집이 큰 동물을 부모의 상징으로 생각하여 강한 반응을 나타낸다. 두 번째 단계는 '유아 부모기'다. 부모와 맞서기 시작하는 이 무렵에는 자기 자식의 대용물로 이용할 수 있는 작은 동물에게 강렬한 반응을 보인다. 이것은 애완동물을 기르고 보살피는 단계다. 세 번째 단계는 '객관적 미성년기'다. 이때는 과학적 탐구욕과 심미적 탐구욕이 상징적 탐구욕을 지배하게 된다. 따라서 벌레를 사냥하고, 현미경으로 들여다보고, 나비를 채집하고, 어항에 물고기를 기르는 행동양식을 보인다. 네 번째 단계는 '청년기'다. 이 시기에 가장 중요한 동물은 우리 인간의 이성(異性)이다. 다른 동물은 순전히 상업적이거나 경제적인 상황을 제외하고는 관심의 대상이 되지 못한다. 다섯 번째 단계는 '어른 부모기'다. 이 시기에는 상징적 동물이 다시 우리 생활 속으로 들어오지만, 이번에는 우리가 아니라 자녀들의 애완동물로서 들어오게 된다. 여섯 번째 단계는 '후기 부모기'다. 이 시기에 이르러 자녀들이 다 떠나고 나면, 그들이 떠나버린 자리에 대신 들어온 동물에게 다시금 관심을 쏟을 수 있다. (물론 자녀가 없는 경우에는 좀 더 일찍부터 그 빈자리에 동물을 들어놓을 수 있다.)

마지막으로 일곱 번째 단계인 '노년기'에 다다르면, 동물 보호와 보존에 대한 관심이 갑자기 높아지는 것이 특징이다. 이 시기에는 멸종 위기에 놓여 있는 동물에게 관심이 집중된다. 그 동물의 수가 적고 또 계속 줄어들고 있다면, 그 동물이 매력적인지 밉살스러운지, 쓸모가 있는지 없는지는 별로 중요하지 않다. 가령 코뿔소와 고릴라는 어린이들이 그토록 싫어하는 동물이지만, 수가 점점 줄어들고 있기 때문에 이 단계에서 관심의 초점이 된다. 그런 동물은 '구조'되어야 한다. 여기에 상징적 동일시가 작용하고 있는 것은 분명하다. 노인은 이제 곧 개인적으로 사라져 갈 운명이기 때문에, 희귀동물을 자신의 임박한 운명의 상징으로 이용한다. 희귀동물을 멸종 위기에서 구해야 한다는 그의 감정은 조금이라도 더 오래 살고 싶다는 소망을 반영한다.

최근에는 동물 보호에 대한 관심이 젊은 세대에까지 확산되었는데, 이것은 분명 강력한 핵무기가 개발된 결과다. 핵무기의 엄청난 잠재적 파괴력은 나이에 관계없이 우리 모두를 순식간에 전멸시킬 가능성이 있기 때문에, 멸종 위기에 놓인 우리는 이제 희귀성의 상징 역할을 할 수 있는 동물을 보호해야 한다는 절박한 필요성을 느끼고 있는 것이다.

그렇다고 해서 이것이 야생동물을 보호하는 유일한 이유라고 생각해서는 안 된다. 우리가 생존에 실패한 동물을 도와주고 싶어하는 데에는 정당한 과학적·심미적 이유가 있다. 우리가 동물 세계의 풍부한 다양성을 계속 누리고 야생동물을 과학적·심미적 탐구 대상으로 계속 이용하려면, 그들에게 도움의 손길을 뻗쳐야 한다. 그들이 사라지게 내버려두면, 우리의 환경은 단조로워지고 삭막해질 것이다. 이것은 우리에게 가장 불행한 일이다. 우리는 열심히 조사하고 연구하는 동물이기 때문에, 그렇게 귀중한 자료를 잃어버리면 살아갈 수가 없다.

동물 보호 문제가 논의될 때는 경제적 요인도 이따금 언급된다. 야생동물에 대한 보호와 도살을 체계적으로 잘만 하면, 단백질 결핍으로 고생하는 세계 일부 지역의 주민들을 도와줄 수 있다는 지적도 있다. 단기적인 관점에서 보면 이것은 사실이지만, 장기적인 전망은 더욱 어두워진다. 인구가 지금처럼 놀라운 속도로 계속 늘어난다면, 결국 우리와 야생동물 가운데 하나를 택해야 하는 문제가 제기될 것이다. 야생동물이 우리에게 상징적으로나 과학적으로, 또는 심미적으로 아무리 중요하다 해도, 경제적으로는 야생동물에게 불리한 쪽으로 상황이 바뀔 것이다. 우리 인간의 밀도가 일정 수준에 도달하면 다른 동물이 비집고 들어올 틈이 전혀 남지 않는다는 것은 엄연한 사실이다.

동물이야말로 귀중한 식량 자원이라는 주장도 있지만, 좀 더 자세히 조사해보면 불행히도 이 주장은 맥없이 허물어진다. 식물성 음식을 동물의 살로 바꾸어 고기를 먹는 것보다는 식물성 음식을 직접 섭취하는 것이 우리 인간에게는 더욱 효율적이다. 인간의 거주 공간에 대한 요구가 계속 늘어나면, 결국에는 훨씬 더 과감한 조치를 취할 수밖에 없고, 마침내는 식물성 음식으로 식료품을 통일해야 하는 사태가 벌어질지도 모른다. 다른 행성에 대규모 식민지를 건설하여 부담을 분산하거나 인구 증가를 어떤 식으로든 억제하지 않는다면, 우리는 머지않아 지구상에서 다른 모든 생명체를 제거해야 할 것이다.

내 말이 잠꼬대처럼 들린다면, 과학적으로 제시된 숫자를 생각해보

라. 17세기 말에 털 없는 원숭이의 세계 인구는 고작 5억에 불과했다. 그런데 이제는 40억으로 늘어났다. 세계 인구는 24시간마다 15만 명씩 늘어나고 있다. (다른 행성으로 인간을 이주시키려고 애쓰는 당국자는 이 숫자에 미리 겁을 먹을 것이다.) 인간이 지금과 같은 속도로 계속 늘어난다면 ─ 그럴 가능성은 거의 없지만 ─ 250년 뒤에는 자그마치 4000억의 털 없는 원숭이가 지구 표면에서 우글거릴 것이다. 전체 육지 면적을 4000억으로 나누면 1평방킬로미터의 땅에 무려 2700명의 털 없는 원숭이가 복작거리게 된다는 계산이 나온다. 이것을 다른 식으로 표현하면, 우리가 오늘날 대도시에서 경험하고 있는 인구 과밀 상태가 지구의 구석구석까지 확산된다고 말할 수 있다. 이런 상태가 모든 야생동물에게 어떤 결과를 초래할 것인지는 뻔하다. 그것이 우리 인류에게 미치는 영향도 그에 못지않게 암울하다.

인간의 본성과 한계를 인정하자

• • •

이런 악몽을 장황하게 이야기할 필요는 없다. 이 악몽이 실현될 가능성은 거의 없기 때문이다. 앞에서도 줄곧 강조했듯이, 우리는 위대한 과학기술의 발전을 이룩했지만, 여전히 단순한 생물학적 현상에 불과하다. 우리는 웅대한 사상과 오만한 자부심을 갖고 있지만, 그래도 역시 동물의 기본적 행동법칙에 모두 순응하는 보잘것없는 동물이다. 따라서 인구가 위에서 말한 수준에 도달하기 훨씬 전에 우리는 우리의 생물학적 본성을 지배하는 행동법칙을 너무 많이 깨뜨림으로써 지배적인 동물의 지위를 박탈당하고 말 것이다. 우리는 이런 일이 결코 일어날 수 없고, 우리에게는 무언가 특별한 것이 있으며, 우리 인간은 생물학적 통제를 초월해 있다는 기묘한 자기 만족에 빠지는 경향이 있다. 그러나 천만의 말씀이다. 흥미로운 동물들이 과거에 수없이 멸종했듯이, 우리도 예외는 아니다. 조만간 우리는 사라질 테고, 다른 동물에게 길을 열어줄 것이다. 그 시기를 조금이라도 늦추려면, 우리는 자신을 생물학적 표본으로 철저히 인식하고 우리의 한계를 인정해야 한다.

내가 이 책을 쓴 것은 바로 이 때문이다. 내가 인간이라는 명칭 대신 털 없는 원숭이라는 이름을 사용하여 우리를 일부러 모욕한 것도 이 때문이다. 이런 명칭은 균형감각을 유지하도록 도와주고, 우리 생활의 껍데기 밑에서 무슨 일이 일어나고 있는지를 생각하도록 강요한다. 어쩌면 내가 열성이 지나쳐서 내 입장을 너무 과장되게 말했을지도 모른다. 나는 인간을 높이 찬양할 수도 있었고, 눈부신 업적을 묘사할 수도 있었다. 그것들을 생략했기 때문에, 나는 불가피하게 일방적인 그림만 제시했다. 우리는 정말 비범한 동물이다. 나는 그 사실을 부인하거나 우리를 과소평가하고 싶지는 않다. 그러나 인간에 대한 찬사는 너무나 자주 되풀이되었다. 동전을 던졌을 때 항상 앞면만 나오는 것은 아니다. 나는 지금이야말로 동전을 뒤집어 뒷면을 봐야 할 때라고 생각한다. 불행히도 우리는 다른 동물들에 비해 너무 강력하고 성공적인 동물이기 때문에, 우리의 비천한 기원을 생각하면 불쾌감을 느끼게 된다. 그래서 나는 고맙다는 인사를 들으리라고는 애당초 기대하지도 않는다. 우리가 꼭대기까지 올라간 것은 일확천금을 얻는 거나 마찬가지였고, '벼락부자'들이 대개 그렇듯이 우리는 우리의 내력에 매우 민감하다. 게다가 우리는 그 내력이 언제 폭로될지 몰라 끊임없이 전전긍긍하고 있다.

낙관론자들은 이렇게 주장한다. 우리는 고도로 발달한 지성과 새로운 것에 대한 강한 충동을 갖고 있기 때문에, 어떤 상황이 오더라도 우리에게 유리한 쪽으로 바꿀 수 있다고. 우리는 대단한 유연성을 갖고 있기 때문에, 급속히 높아지는 우리의 지위에 걸맞게 우리의 생활방식을 개조할 수 있다고. 지금은 비록 인구 과잉과 스트레스, 사생활의 침해, 행동의 독립성 상실 등의 문제를 겪고 있지만, 때가 오면 이 같은 문제쯤은 얼마든지 해결할 수 있을 것이라고. 우리는 우리의 행동양식을 바꿈으로써 왕개미처럼 살게 될 것이라고. 우리는 공격성과 텃세권을 지키려는 감정, 성적 충동과 부모가 되고 싶어하는 욕망을 억제하게 될 것이라고. 우리가 닭장 속의 닭 같은 원숭이가 되어야 한다면, 얼마든지 그렇게 할 수 있다고. 우리의 지성은 모든 생물학적 충동을 지배할 수 있다고.

내가 생각하기에 이런 주장처럼 시시한 것은 없다. 우리의 동물적 본성이 결코 그것을 용납하지 않을 것이다. 물론 우리는 유연하다. 행동양식에서는 뛰어난 기회주의자들이다. 그러나 우리의 기회주의가 취할 수 있는 형식은 크게 제한되어 있다. 이 책에서 나는 우리의 생물학적 특징을 강조함으로써, 이런 제약의 성격을 보여주려고 애썼다. 그 제약을 분명히 인식하고 거기에 순응하면, 우리는 살아남을 수 있는 가능성을 훨씬 더 많이 갖게 된다. 이것은 '자연으로 돌아가라'는 천진난만한 구호를 의미하지는 않는다. 내 말은 단지 우리가 갖고 있는 지성의 기회주의적 발전을 우리의 생물학적 요구에 맞추어야 한다는 의미일 뿐이다. 우리는 양이 아니라 질을 향상시켜야 한다. 그렇게 하면 우리는 우리의 진화론적 유산을 부인하지 않고도, 극적으로 흥미진진하게 과학기술을 계속 발전시킬 수 있다. 그렇게 하지 않는다면, 억눌린 생물학적 충동이 쌓이고 쌓여서 결국 둑이 터지고, 그동안 갈고 다듬어온 우리의 존재 전체가 홍수에 휩쓸려 떠내려가고 말 것이다.

옮긴이의 덧붙임

이 책은 영국의 저명한 동물행태학자 데즈먼드 모리스Desmond Morris의 저서『털 없는 원숭이(The Naked Ape)』를 우리말로 옮긴 것이다.

털 없는 원숭이란 곧 우리 인류를 가리킨다. 바꿔 말하면 인류는 지구상에 현존하는 193개 종의 원숭이 및 유인원 가운데 유일하게 몸에 털가죽을 걸치지 않은 별종 원숭이다. 바로 여기에 저자의 의도가 담겨 있다. 저자는 인류를 인문과학이나 사회과학이 아니라 동물학이라는 관점에서 다루고자 하는 것이다.

인류를 하나의 동물로 보았을 때, 우리 인류는 참으로 한심한 존재이면서, 더없이 경이로운 생명체다. 몸에 어떠한 자기 방어 수단도 갖고 있지 못한 이 털 없는 원숭이는 물 한 방울 또는 바람 한 줄기로도 치명상을 입을 수 있는 허약한 존재지만, 그럼에도 불구하고 이 원숭이는 지구의 지배자가 되었을 뿐만 아니라 이제는 우주의 지배마저 꿈꾸기에 이르렀다.

이러한 인류의 진화과정에 대해서는 많은 연구와 분석이 있어왔다. 예컨대 인류학자, 고생물학자, 심리분석학자 들이 자기 분야에서 보고서

THE NAKED APE

를 작성한 것은 물론이고, 위대한 철학자들의 사색도 결국은 인류의 존재 의의를 찾기 위한 노력이 아니었던가.

그러나 인류의 갖가지 성향들을 동물의 행동양식이라는 관점에서 분석하고, 거기서 인류의 특질을 변별해내려는 노력은 드물었다. 이 책의 저자도 걱정하고 있듯이, 인류를 하나의 동물로 여기는 관점은 그 자체만으로도 인성 모독이라는 비난을 면하기 어려웠기 때문이다. 그러나 이제는 다 알고 있다시피, 다윈의 진화론이 나온것이 160여 년 전의 일로 대다수의 학계와 사람들은 진화론의 관점에서 동물행동학을 자연스럽게 받아들이고 있다.

저자가 이 책에서 보여주고 있는 착상과 분석과 묘사는 참으로 독특하고 흥미롭다. 우리가 일상적으로 보아 넘기는 형상이며 행위들은 그의 관찰과 분석을 거치면서 새로운 의미와 문법을 얻는다. 이를테면 오늘날 남성들의 흥분을 자아내는 여성의 젖가슴은, 단순한 젖먹이 기관이 아니라, 수컷이 암컷을 뒤에서 공격하던 시절의 유혹 기관이었던 엉덩이가 자기모방을 거쳐 그렇게 변형된 것이다. 선홍색의 입술과 우뚝 솟은 코는 남녀 성기의 2차적 상징이며, 낯선 자리에 가 앉게 된 사람이 귓불을 만지작거리거나 코를 후비는 동작은 먼 옛날 조상 원숭이들이 적과 만났을 때 자신의 불안감을 감추거나 위장하기 위해 내보이던 허튼 수작들이 전해 내려온 유산이다.

얼핏 생각하기에, 우리는 이 책을 읽으면서 인류가 동물로 전락하는 낭패감을 느끼게 될 것 같지만, 실은 그 반대다. 오히려 우리는, 이 책을 읽고 났을 때, 존경과 감탄으로써 우리 자신을 바라보게 될 것이다. 그것은 마치 갓난아이가 자라면서 말을 배우고 두 발로 서고, 마침내 하나의 독립된 존재로 일어서는 것을 목격할 때 느끼는 경이와도 비슷하다. 인류가 진화해온 역사는 그처럼 감동적이다. 우리 자신은 지금 여기에 이토록 안락하게 앉아 있지만, 우리의 조상 원숭이들은 얼마나 힘겨운 고난과 눈물겨운 노력을 거치면서 그들의 유산을 우리에게 물려준 것일까. 그러기에 이 책은 인간의 존엄성에 대한 새로운 성찰로 읽히기도 한다.

이 책의 저자 데즈먼드 모리스는 1928년 영국 남부의 월트셔에서 태어나, 버밍엄 대학에서 동물학을 전공한 뒤, 옥스퍼드 대학에서 박사 학위를 받았다.

1959년부터 1967년까지 런던 동물원의 포유류관장을 지냈으며, 같은 기간에 영국 BBC 텔레비전의 〈동물의 세계〉라는 프로그램의 제작과 진행을 맡아 인기 프로그램으로 정착시키는 한편, 동물 보호와 동물의 행동 연구에도 힘써 수많은 논문과 저서를 발표했다.

그 뒤로 그는 저술활동에 전념하여 20여 권의 저서를 펴냈는데, 그의 저서들은 세계적인 베스트셀러가 되어 그의 명성을 떨치게 했다. 특히 1967년에 출판한 『털 없는 원숭이』는 20여 개 언어로 번역되어 1000만 부 이상 팔렸다고 한다. 그 밖에 중요한 저서로는 『예술의 생물학』, 『인간 동물원』, 『친밀한 행동』, 『인간 관찰』, 『신체 관찰』 등이 있다.

그는 또한 뛰어난 초현실주의 화가로서 여러 차례의 개인전을 가졌으며, 『은밀한 초현실주의자』 같은 책을 쓰기도 했다.

내가 이 책을 처음 번역한 것은 1991년이었다. 독자들의 열띤 성원이 뒤따랐고, 이를 계기로 데즈먼드 모리스의 다른 책들도 여럿 소개되었다. 그 후 시간이 흐른 뒤, 이 책의 국내 출판권을 확보한 문예춘추사에서 번역 원고를 재사용하고 싶다는 뜻을 전해왔다. 그러나 번역이란 언제든 완벽할 수 없고, 작업이 끝난 뒤에도 왠지 꺼림칙한 기분이 마음 한켠에 남아 있게 마련이다. 그때에 번역한 책을 이번 기회에 원서와 대조하면서 다시 읽어보니, 잘못 해석했거나 어설프게 번역한 곳이 적지 않았다. 그런 대목을 뒤늦게나마 고치고 다듬을 수 있어서 다행이고, 찜찜했던 내 마음도 한결 가볍다.

2011년 7월
김석희

50주년 기념판 저자 인터뷰

최재천이 묻고
모리스가 답하다

본 대담은 『털 없는 원숭이』 50주년 기념 한국어판 출간을 기념하기 위해 마련되었다. 지난 3월 중순부터 4월 초순 사이, 저자 데즈먼드 모리스와 진화생물학자이자 대중 과학서 저술가인 최재천 이화여자대학교 에코과학부 석좌교수는 두 차례에 걸쳐 질의응답 형식으로 이메일 대담을 주고받았다. 반세기가 흘렀지만 그 가치가 바래지 않고 더 또렷해지는 우리 시대의 고전, '위대한 원숭이의 성공담'이 갖는 현재적 의미를 두 석학의 대화를 통해 짚어보고자 한다.

<편집자 주(註)>

THE NAKED APE

최재천(이하 최) 『털 없는 원숭이』가 출간된 지 반세기가 흘렀습니다. "십 년이면 강산도 변한다"는 한국 속담이 있는데요. 그렇게 따지면 강산이 다섯 번 바뀌었을 세월입니다. 『털 없는 원숭이』 출간 이후로 가장 큰 변화를 꼽아주신다면?

데즈먼드 모리스(이하 모) 세계 인구의 증가일 겁니다. 50년 전 이 책을 쓸 당시만 해도 지구상에는 30억 명이 살고 있었습니다. 하지만 오늘날 전 세계 인구는 80억 명 수준으로 증가했죠. 게다가 증가 속도가 둔화할 기미도 보이지 않아요. 대부분의 동물은 이런 식으로 새끼를 많이 낳지 않기 때문에 개체 수가 거의 안정적으로 유지됩니다. 그런데 인간에게는 출산 제어 시스템이 없는 것처럼 보입니다. 이 문제를 해결할 방법을 찾지 못한다면 인간에겐 큰 재앙이 닥칠 겁니다.

최 『털 없는 원숭이』 출간 이후 가장 큰 변화로 세계 인구의 폭발적 증가를 꼽으셨는데요. 거기에는 과잉 출산과 자기 통제 시스템이 부족한 것 외에 다른 요인도 있을 거예요. 높은 수준으로 향상된 신생아 생존율과 수명을 들 수 있지 않을까요? 과학 기술의 발전과 공동의 선을 추구하는 집단 지성 등도 한몫을 했고요.

모 그런 걸 폭발적인 인구 증가의 주요 원인으로 보기는 힘들 겁니다. 가장 급격한 증가세는 오히려 제3세계에서 나타나고 있기 때문이죠. 가령 유럽의 인구는 거의 증가하지 않지만 아프리카의 인구는 거의 20년마다 두 배씩 증가하고 있습니다.

최 『털 없는 원숭이』는 오늘날 명실공히 고전의 반열에 올라 있는데요. 독자들이 이 책에 아직도 열광하는 이유가 뭐라고 생각하세요?

모 『털 없는 원숭이』는 아무런 편견 없이 인간 종에 관한 진실을 밝히려는 시도였어요. 인간의 행동양식을 적나라할 정도로 솔직하게 살펴보되 전문 용어는 전혀 사용하지 않았죠. 덕분에 책을 읽고 논지를 이해하기는 쉬웠을 겁니다. 인간의 행동양식에 관해 쓴 책들은 정치적 관점이나 종교적 관점에서 하나같이 특정한 편향을 보이게 마련입니다. 다만 저는 주목할 만한 동물 종을 관찰하는 동물학자의 관점에서 책을 썼고 덕분에 이 책은 독특한 모습을 갖추게 됐습니다.

최 또 한 사람의 동물학자로서 동물 종인 인간에 대해 그토록 객관적인 입장을 지키신 점에 심심한 사의를 보냅니다. 그렇다 해도 사회 문화적 전통이 기독교에 깊이 뿌리를 내린 영국 출신의 '백인 남성'으로 어떻게 그런 굴레에서 벗어날 수 있었는지요? 삶에서 중요한 전환점이 있었나요? 아니면 그토록 '적나라한 정직함'이 가능할 수 있었던 것은 순전히 과학, 말하자면 다윈식의 사고방식 덕분이었나요?

모 2차 세계대전 중에 저는 기존의 사회 체제와 작별을 고했습니다. 십대 소년이던 그 무렵 1차 세계대전에서 입은 상처 때문에 아버지가 돌아가시는 걸 지켜봐야 했어요. 성장하고 나서는 저 역시 사람들을 죽여야 하는 상황에 내몰렸습니다. 어른들이 하는 짓이란 게 늘 그랬으니까요. 저는 학교 과제물에 인간을 '뇌가 병든 원숭이'로 표현했어요. 교회는 권력 집단을 옹호했고 권력 집단은 전쟁을 일삼았습니다. 그래서 거기에 반기를 들고 인간이 아닌 다른 동물 종에 관심을 기울이게 된 겁니다. 인간이 가진 최상의 특성을 인정하기 시작해 그간 연구해온 다른 동물의 수준까지 끌어올릴 만한 가치가 있다는 결정을 내린 건 20년 전 일이에요. 『털 없는 원숭이』도 그런 맥락에서 쓰게 됐죠.

최 『털 없는 원숭이』는 출간 초기부터 격렬한 논쟁을 불러일으켰는데요. 이 책이 사람들의 마음과 행동에 불러일으킨 긍정적인 변화로 무엇을 들 수 있을까요?

모 사람들이 인간의 나약함과 강인한 힘을 모두 이해할 수 있었으면 하는 바람입니다. 우리는 수많은 재능을 타고났고 성공하려면 이 점을 인식할 필요가 있습니다.

최 『털 없는 원숭이』가 사회문화적 측면에 끼친 영향에 대해 좀 더 설명해주실 수 있을까요?

모 저는 사람들이 들려주는 얘기를 근거로 판단을 합니다. 누군가 책을 읽고 마침내 인간의 본질에 대해 이해하고 사회적 세계를 바라보는 방식에 변화가 생겼다는 얘기가 계속 들려옵니다. 그럴 때마다 으쓱한 기분이 들죠.

최 인간의 본능이 경쟁적이냐 협력적이냐는 오늘날에도 여전히 논쟁거리입니다. 인간의 본능을 경쟁적이라고 보시는 것 같은데 그 이유가 있을까요?

모 이상적인 인간 사회에서는 경쟁과 협동이 균형을 이뤄야 한다는 생각은 늘 해왔습니다. 경쟁은 인간을 움직이는 원동력이고 협동은 통제 불능 상태로 폭력적이 되는 걸 막아주는 역할을 합니다. 비폭력적인 경쟁은 건전하며 인간을 움직이는 원동력이 될 겁니다. 성공적인 사회에서는 인간의 친절과 호의가 활발히 작용합니다.

최 자원은 한정된 반면 그런 자원을 필요로 하는 유기체는 다수이기 때문에 경쟁은 불가피하게 마련이죠. 개인적으로는 우리가 지금까지 직접적인 경쟁의 중요성을 지나치게 강조해왔다고 생각합니다. 협동은 경쟁적인 상황을 극복하는 효과적인 방법입니다. 프란스 드 발은 인류사에서 협동의 진화론적 중요성을 설파하는 인물 가운데 한 사람이죠. 그의 이론은 본질적으로 당신의 이론과 다른가요? 아니면 프란스 드 발 역시 어느 정도는 당신이 세워둔 토대를 기반으로 하고 있는 건가요?

모 프란스 드 발은 협동의 가치를 강조하는 훌륭한 책을 썼고 저도 그와 전적으로 같은 생각입니다. 경쟁은 점점 치열해지면서 폭력적이고 파괴적인 성향을 띠기 때문에 언론의 헤드라인을 장식하곤 하죠. 그런 반면 바이러스성 전염병이 유행할 때도 협동은 좀처럼 말썽을 일으키는 법이 없습니다. 문제가 생기면 인간에게는 협동하려는 욕구가 발동합니다. 교통사고부터 지진에 이르기까지 온갖 재난 현장에는 희생자에게 도움을 주려고 달려가는 생면부지의 사람들이 있게 마련입니다. 인간은 협동심이 매우 강한 동물 종이지만 통제 불능에 이른 몇몇 경쟁 사례 때문에 그런 장점이 무색해지고 말았죠.

최 프란스 드 발을 당신의 뒤를 이을 중요한 후계자로 보는 의견이 있습니다. 이에 대해서는 어떻게 생각하세요?

모 1960년대 런던 동물원에 있을 때 첫 제자 가운데 하나가 얀 반 호프였습니다. 그의 가족은 네덜란드에서 아른헴 동물원을 운영했죠. 네덜란드로 돌아간 얀은 그곳에 거대한 침팬지 거주지를 만들었어요. 개소식 참석을 공식적으로 부탁받은 저는 거기서 영장류의 사회적 행동양식을 연구하던 젊은 동물학자를 만났습니다. 그가 프란스 드 발로, 저는 그의 연구물에 대한 의견을 나누면서 그의 연구 성과를 『침팬지 폴리틱스』란 제목의 책으로 출간할 것을 제안했고 그는 제 조언을 따랐어요. 이번 『털 없는 원숭이』 출간 50주년을 기념해 개정

판을 낼 때 그는 서문을 써주는 호의를 베풀어주었습니다.

최 리처드 도킨스에게 『이기적 유전자』를 쓰도록 권유하셨다는 얘기를 들었습니다. 한국에서는 영원한 베스트셀러가 된 책이죠. 여기에 얽힌 후일담을 듣고 싶군요.

모 리처드가 찾아와 『이기적 유전자』란 제목으로 책을 출간하면 곤경에 처하지 않을까 큰 걱정을 하더군요. 저는 『털 없는 원숭이』도 살아남지 않았느냐고 하면서 그대로 밀고 나가라고 했습니다. 하지만 제목에 '이기적'이란 단어를 사용하는 것이 영 마음에 걸렸죠. 그래서 대신에 '유전자 기계'란 제목을 붙여보면 어떻겠냐고 제안했지만 그는 처음의 제목을 고수했고 선택은 옳았습니다. 제게는 알리지 않은 채 그는 옥스퍼드에서 열린 제 그림 전시회에 참석해 『이기적 유전자』의 선인세를 몽땅 투자해 그림 하나를 샀고 그걸 『이기적 유전자』의 초판 표지로 썼죠.

최 맞아요. 리처드의 책 초판 표지 그림이 당신 작품이란 걸 깜빡하고 있었네요. 당신 그림을 개정판에서도 계속 썼어야 했는데 말이죠. 저도 그 표지 그림이 마음에 들었어요. 책 제목으로 '유전자 기계'와 함께 '불멸의 유전자'도 고려했다는 말을 그에게서 들은 적이 있어요. 저도 '이기적'이란 단어를 고수한 것이 옳은 선택이었단 얘기를 해주었습니다. 너무 지나치지만 않다면 논쟁은 언제나 도움이 됩니다. 당신의 경우엔 어떤가요? '털 없는'이란 단어가 불러일으킨 논쟁에 대해서도 좀 들려주시죠. 다른 제목을 고려해본 적이 있으신지요?

모　언젠가 TV에 출연해 벌거숭이 달팽이로 불리는 민달팽이에 관한 책을 쓸 것처럼 말한 적이 있습니다. 제 동료들 중에는 『털 없는 원숭이』의 성공에 다소 기분이 상해 인간은 미세한 체모로 덮여 있기 때문에 털이 없는 건 아니라며 책 제목에 딴죽을 거는 친구도 있었어요. 그건 제가 지성인이라고 자부하는 학자들에게서 들었던 가장 터무니없는 의견 가운데 하나였죠. 기능상 두툼한 외피에 해당하는 털이 없는 것만큼은 분명하기 때문입니다. 최근의 연구는 고대의 사냥꾼들이 털 없이도 엄청난 양의 땀샘 덕분에 털로 덮인 사냥감이 지쳐 쓰러질 때까지 쫓아갈 수 있었다고 설명하고 있어요. 다른 제목은 한 번도 생각해본 적이 없습니다. 'The Naked Ape'는 인간 종에 대한 완벽한 동물학적 표현이었어요.

최　책에서 밝힌 주장과 가설 가운데 삭제하거나 수정할 내용이 있나요?

모　아니요. 오랜 시간을 견뎌냈습니다.

최　인간의 몰락 가능성이 인구의 폭발적 증가에 기인한다는 경고를 하신 바 있습니다. 인류의 인구 규모는 반세기 전만 해도 30억 명이었지만 오늘날은 80억 명 가까이 됩니다. 십 년마다 10억 명이 늘어난 셈이죠. 이에 대해 우리는 어떤 조치를 취해야 할까요? 책에서 지적하신 것처럼 우리에게 주어진 유일한 선택은 인구 감축뿐인가요?

모　우리가 스스로 인구를 조절하지 않으면 자연이 대신 나설 겁니다. 이 말은 우리가 자손을 낳을 수 없다는 의미는 아닙니다. 부부 한 쌍이 아이를 둘 낳으면 아이들이 부모를 대신하면서 인구가 안정될 겁니다. 부부가 아이를 하나 낳으면 인구는 서서히 감소하게 될 테죠.

최 "우리가 스스로 인구를 조절하지 않으면 자연이 대신 나설 것이다." 간결하면서도 무시무시한 말이군요! 자연이 대신 나서는 사례를 자연 속에서 찾을 수 있나요?

모 나그네쥐(lemming), 그리고 엄청난 무리를 짓는 메뚜기 떼가 좋은 예들이죠.

최 당신의 주장과 논리 속에는 남성 우월주의가 뿌리 깊게 자리 잡고 있다는 비판도 있습니다. 여성은 진화사에서 다음 세대를 낳는 것을 제외하고는 '거의 혹은 아무런 역할도' 하지 않았다고 쓰셨는데요. 모계 사회, 일부다처제, 보다 근본적으로 다윈의 성 선택에서 암컷 선택(female choice)은 인류사에서 큰 의미가 없는 건가요?

모 고대 부족의 남성들이 서로 협력해 큰 사냥감을 잡기 시작하면서 인간은 비로소 진화의 여정에 들어섰다고 설명했습니다. 사냥을 남성이 도맡아 했던 이유는 남성이 여성보다 육체적으로 강인했기 때문이죠. 게다가 여성은 목숨을 잃을 정도의 위험을 감수하면서까지 사냥을 하기에는 너무도 귀한 존재였어요. 당시 부족은 규모가 작아 출산이 무엇보다 중요했죠. 여성은 단발성으로 생을 마치는 남성보다 훨씬 중요한 위치에 있었습니다. 여성은 다음 세대를 출산하는 일뿐 아니라 남성이 사냥하러 집을 떠나 있는 동안 거주지를 지키고 부족 사회를 운영하면서 사냥 이외의 모든 일을 도맡아 했어요. 인류 진화에 대한 이런 식의 관점을 두고 '남성 우월주의'라고 보지는 않습니다.

최 발전된 과학 기술을 이용해 지구 밖 우주 공간을 정복하는 수준에 이르더라도 인간의 본성을 주목하지 않으면 안 된다는 말씀을 하신 적이 있죠. 인공지능의 시대에도 똑같은 방식이 적용된다고 보십니까? 인공지능이 절대 이성을 꺼내놓더라도 인간의 비효율성, 불합리성, 부조리 등이 여전히 문제를 일으킬 거라고 보시나요? 인간이 사회문화적 영향보다 생물학적 충동에 지배될 거라고 보십니까?

모 인간의 독창성과 창의성에는 반항적인 사고와 해학, 기행(奇行) 등이 녹아들어 있습니다. 이성적 사고를 하는 로봇으로서는 꿈도 못 꿀 일이죠. 미래에는 로봇이 지루한 일을 도맡아 하고 우리에게는 즐겁고 탐구적인 일을 즐길 여유를 주면서 훌륭한 도우미 역할을 할 겁니다.

최 이른바 4차 산업혁명의 선구자들은 인간이 인공지능을 가진 생명체의 노예가 될 수도 있다고 경고합니다. 최근에 있었던 토론에서 저는 인공지능이 성관계를 갖고 인간처럼 아이를 낳을 수 있지 않은 한 그런 일은 절대 없을 거라고 주장했습니다. 명백한 우수함보다 유전적 다양성이 훨씬 강력하다고 생각합니다. "미래에는 로봇이 지루한 일을 도맡아 하고 우리에게는 즐겁고 탐구적인 일을 즐길 여유를 주면서 훌륭한 도우미 역할을 할 거라" 보시는 이유를 설명해주실 수 있을까요?

모　로봇은 이미 인간을 대신해 지루한 일을 하고 있어요. 리모컨, 스마트폰, 컴퓨터는 채널을 바꾸려고 의자에서 일어서는 것처럼 지루한 일을 대신해주는 로봇입니다. 하지만 인간은 로봇이 지나치게 지배적인 위치에 오를 경우 플러그를 뽑으면 된다는 걸 알고 있습니다.

최　이 책의 출간 이후로 인간의 성적 행동양식 역시 상당한 변화를 겪었습니다. 요즘 다뤄지는 사회적 이슈로 성관계가 없는 결혼 생활, '초식남', 동성혼 등이 있는데, 이에 대해서는 어떤 생각을 갖고 계시는지요?

모　여전히 대다수의 인간은 결혼하고 정착해서 아이를 낳습니다. 가족의 삶이 사회의 기반을 이루죠. 이런 생물학적 규칙에 대한 예외적 상황이 근래에 불협화음을 일으켰지만 사회는 특이한 행동양식을 보이는 이들에게 좀 더 관대해졌습니다. 아이를 낳아 기르는 일이 생존을 위해 그렇게까지 중요하지 않기 때문입니다.

최　이 책을 쓰던 시대와 비교해 오늘날의 성 역할은 간혹 뒤바뀌거나 거의 불분명해졌습니다. 지금도 남성이 경제와 생존에 대한 책임을 지고 여성은 집안일과 육아를 담당해야 한다고 생각하시나요?

모　그런 역할 분담이 생물학적 의무라고 주장한 적은 없어요. 사냥은 농사로 대체됐고 이런 변화는 도시의 삶에서 사냥 기술을 사업의 형태로 적용해야 했던 남성에게 유리했습니다. 수천 년 동안 우리는 남성이 사회에서 우위를 점하는 현상을 목격했어요. 그러다 마침내 여성이 반기를 들고 자신들의 생물학적 생득권, 즉 남녀평등을 요구하기에 이르렀죠. 원시 시대에는 남성이 사냥을 나간 사이 여성이 사회를 운영해야 했어요. 여성이 남성보다 사회를 더욱 잘 꾸려나가기 때문에 저는 정치인이 모두 여성이어야 한다는 말을 늘 합니다. 게다가 여성은 남성보다 배려심이 강한데다 위험한 일은 벌이지 않죠. 과거에는 남성 지도자들이 싸우러 나가는 모험을 즐겼지만, 오늘날은 그렇지 않습니다. 여성이 사회를 운영하는 본래의 역할로 돌아간다면 모험을 즐기는 남성은 새로운 것을 발명하고 예술을 창조하는 등 자신들에게 좀 더 맞는 분야를 찾아 전문화할 수 있습니다.

최 세계는 지금 코로나바이러스가 걷잡을 수 없이 확산하면서 공포에 떨고 있습니다. 영국도 예외는 아닐 텐데요. 미국, 영국, 유럽연합, 일본 같은 선진국들조차 다소 무기력해 보입니다. 되풀이되는 전염병에 우리가 어떻게 대비해나가야 할지 예측을 하신다면요?

모 1994년 저는 이미 다음과 같이 경고하는 글을 쓴 적이 있습니다.

> 각 지역은 사회 활동의 작은 영역에 속해 있다는 소속감을 살려두고자 안간힘을 쓴다. 결국 이런 노력마저도 궁지에 몰리고 우리는 성서 속에 묘사된 것과 다름없는 역병의 귀환을 목격하게 될 수도 있다.

과장된 얘기로 들릴 수도 있겠지만 사실을 직시하기 바란다. 어떤 시점을 지나 개체 수가 초만원을 이루게 되면 어느 동물 종이든 일곱 단계의 피해를 본다. 1단계 : 각 개체가 심리적으로 스트레스를 받는다. 2단계 : 이런 스트레스는 생리적 교란을 일으킨다. 3단계 : 생리적 교란은 자연적 방어 기제를 약화시킨다. 4단계 : 자연적 방어 기제가 약화하면 점차 전염병에 취약해진다. 5단계 : 인구 과밀은 전염병이 들불처럼 확산되는 걸 가능케 한다. 6단계 : 전염병이 급기야 유행병처럼 번진다. 7단계 : 유행병으로 번진 전염병에 개체군은 떼죽음을 당한다.

'레밍 해'에 레밍에게 벌어지는 현상을 설명해본 것이다. 이렇게 작은 설치류가 특정한 계절에 새끼를 너무 많이 낳으면 스트레스성 질환을 앓기 시작하고 사방으로 미친 듯이 돌진한다. 녀석들은 널리 알려진 속설처럼 자살하는 것이 아니다. 대신에 신체 방어 기제를 소진해 마침내 대부분의 레밍이 스트레스성 질환으로 죽음에 이르는 것이다.

아직까지는 레밍의 상황에 이르지 않았지만, 우리가 그쪽에 서서히 가까워지고 있다는 조짐이 나타나고 있다. 유행성 독감이 퍼질 때마다 이런 기미를 엿보게 된다. 현대적인 생활방식 때문에 어떤 면에서 몸 상태가 좋지 않거나 약해진 이들은 밀려드는 바이러스의 파도에 가장 쉽게 무너질 것이다. 이미 유행성 독감으로 목숨을 잃은 사람이 인류의 전쟁사를 통틀어 희생된 사람들보다 많다.

그럼에도 감기에 걸린 대다수의 사람들은 여전히 살아남는다. 하지만 더욱 독하고 치명적인 질병이 변이를 일으켜 감기만큼이나 걸리기 쉬워진다면 어떨까? 그리되면 우리는 대도시가 붕괴되는 모습을 목격하게 될 것이다. 인류 최후의 날 시나리오 가운데 이런 가설이 가장 가능성 있다. 자신을 보호하는 최상의 방법은 자연적인 방어 기제가 쇠약한 상태에 놓이지 않도록 하는 것이다. 이는 도시 생활에서 오는 스트레스를 될 수 있는 대로 줄이라는 얘기다.

2000년이 되면 세계 인구의 절반은 도시에서 살아가고 인구 천만이 넘는 메가시티가 전 세계적으로 적어도 스물여섯 개 넘게 존재하게 될 것이다. 메가시티는 대개 제3세계에서 찾아볼 수 있다. 이들 도시가 인간의 창의성과 독창성을 배양하는 온상이 될지 아니면 치명적인 질병과 유행병의 온상이 될지는 두고볼 일이다. 거대한 놀이터가 될지 광활한 유령도시가 될지 선택은 우리에게 달려 있다.

— 『인간 동물원(The Human Zoo)』

최 어리석은 질문일 수도 있지만, 호모 사피엔스의 미래와 관련해 낙관론자, 비관론자, 회의론자 가운데 당신은 어디에 속합니까?

모 낙관론자에 속합니다. 인간 종은 독창성이 뛰어나기 때문입니다. 우리는 문제에 대해 놀라울 정도로 참신한 해법을 찾아냅니다. 가령 우리는 중력을 이해하지는 못합니다. 중력을 측정할 수는 있지만 문밖으로 걸어나갈 때 몸이 우주 공간으로 두둥실 떠오르지 않는 이유는 알지 못하죠. 지구처럼 거대한 천체가 인간처럼 작은 물체를 끌어당기는 이유는 뭘까요? 아직까지 우리는 해답을 얻지 못했지만, 해답을 얻게 된다면 바퀴가 더 이상 필요 없는 반중력 기계를 만들어낼 수 있을 테고 그리되면 전혀 새로운 존재 형태로 넘어가게 될 것입니다. 100년 후면 세계는 지금과는 전혀 다른 모습일 겁니다. 인간의 과학 기술이 성취하게 될 비상한 발전을 생전에 볼 수 없다는 점이 서글픕니다.

최 개인적으로 제가 가장 좋아하는 화가인 후안 미로와 함께 전시회를 여신 점이 무척 흥미로운데요. 그와 함께 작업하는 건 어땠나요? 초현실주의 작가의 길을 걷지 않으신 이유가 있을까요?

모 과학자로서 동물과 인간의 행동양식에 관한 책을 썼던 공적인 삶은 널리 알려졌지만 화가로서의 삶은 이보다는 사적인 면이 강했습니다. 1950년에 미로와 함께 전시회를 열었어도 제 그림은 팔 수 없었어요. 그래서 누군가에게 의지하지 않고 혼자서 계속 그림을 그려나가기로 마음먹었죠. 그 후로 작업을 쉬어본 적이 한 번도 없어요. 3천 점 이상 그림을 그렸으니까요. 웹 사이트(desmond-morris.com)에 들어가서 예술(ART) 부분을 살펴보시면 제 그림 몇 점과 예술세계에 관해 쓴 책들의 세부 정보를 볼 수 있을 겁니다. 1950년부터 2020년까지 70년 동안 60차례의 전시회를 단독으로 열었고 제 그림은 현재 영국, 스코틀랜드, 벨기에, 이탈리아, 이스라엘, 미국 등지의 공공 박물관과 미술관에 소장돼 있습니다. 저는 제 그림의 '수집 가치가 생기는' 걸 볼 만큼 오래 사는 행운을 누렸고 그중 8백 점 이상의 그림이 지난 십 년 동안 판매됐습니다. 저는 보통 한 해를 둘로 나누어 절반은 전시회를 열 정도의 그림을 그리는 데 할애하고 나머지 절반은 책을 쓰는 데 할애합니다.

최 두 가지 직업을 갖고 살아오셨네요. 대단하십니다! 지금부터라도 당신 그림을 꼼꼼히 챙겨볼게요. 저 역시 고등학생 시절 조각가가 되기 위해 미술대학에 진학할까 심각하게 고민했던 적이 있습니다. 과거의 이런 꿈으로 되돌아갈 수 있다면 어떨까 하는 상상을 이따금 해봅니다. 과학과 예술 두 분야를 모두 즐겨오셨다는 게 부럽기도 하고 존경스럽습니다. 정말 멋져요! 본인 작품 전시회를 한국에서 연다면 참석하시겠어요? 『털 없는 원숭이』의 저자라는 타이틀을 밝히고 싶으세요?

모 애석하게도 92세 나이에 암 투병까지 하는 상황이라 여행은 더 이상 힘들어요. 떠날 날이 얼마 남지 않았지만 꿈에도 생각해보지 못한 나이까지 삶을 즐기고 있잖아요. 오늘 밤에도 새벽 3시까지 그림을 그릴 겁니다.

최 마지막으로 지난 반세기 동안 당신 책에 열렬한 사랑을 보내준 한국의 독자들에게 남기실 말씀은 없나요?

모 인간의 행동양식을 연구하고 다큐멘터리 영화를 찍느라 지금까지 107개국을 방문했어도 아쉽게 한국은 한 번도 가보질 못했습니다. 늘 가보고 싶었던 나라였지만 92세인 지금으로선 여행이 힘들어요. 그래도 한국의 훌륭한 영화는 여기서도 즐겨볼 수 있으니까 그것만으로 만족해야지요.

최 긴 시간 동안 여러 주제에 대한 진솔한 답변에 진심으로 감사드립니다. 한국의 독자를 대신해서 감사와 존경의 뜻을 전합니다. 부디 오래도록 건강하시기를 바랍니다.

참고문헌

Ambrose, J. A., 'The smiling response in early human infancy' (Ph.D.thesis, London University, 1960), pp. 1-660.

Bastock, M., D. Morris, and M. Mohynihan, 'Some comments on conflict and thwarting in animals', in *Behavior 6* (1953), pp. 66-84.

Beach, F. A. (Editor), *Sex and Behavior* (Wiley, New York, 1965).

Berelson, B. and G. A. Steiner, *Human Behavior* (Harcourt, Brace and World, New York, 1964).

Calhoun, J. B., 'A "Behavioral sink"', in *Roots of Behavior*, (ed. E. I. Bliss) (Harper and Brothers, New York, 1964).

Cannon, W. B., *Bodily Changes in Pain, Hunger, Fear and Rage* (Appleton-Century, New York, 1929).

Clark, W. E. le Gros, *The Antecedents of Men* (Edinburgh University Press, 1959).

Colbert, E. H., *Evolution of the Vertebrates* (Wiley, New York, 1955).

Comfort, A., *Nature and Human Nature* (Weidenfeild and Nicolson, 1966).

Coss, R. G., *Mood Provoking Visual Stimuli* (University of California, 1965).

Dart, R. A. and D. Craig, *Adventures with the Missing Link* (Hamish Hamilton, 1959).

Eimerl, S. and I. Devore, *The Primates* (Time Life, New York, 1965).

Ford, C. S., and F. A. Beach, *Patterns of Sexual Behavior* (Eyre and Spottiswoode, 1952).

Fremlin, J. H., 'How many people can the world support?', in *New Scientist 24* (1965), pp. 285-7.

Gould, G. M. and W. L. Pyle, *Anomalies and Curiosities of Medicine* (Saunders, Philadelphia, 1896).

Guggisberg, C. A. W., Simba. *The Life of the Lion* (Bailey Bros. and Swinfen, 1961).

Gunter, M., 'Instinct and the nursing couple', in *Lancet* (1955), pp. 575-8.

Hardy. A. C., 'Was man more aquatic in the past?', in *New Scientist 7* (1960), pp. 642-5.

Harlow, H. F., 'The nature of love', in *Amer. Psychol. 13* (1958), pp. 673-85.

Harrison, G. A., J.S. Weiner, J. M. Tanner and N. A. Barnicott, *Human Biology* (Oxford University Press, 1964).

Hayes, C., *The Ape in our House* (Gollanz, 1952).

Hooton, E. A., *Up from the Ape* (Macmillan, New York, 1947).

Howells, W., *Mankind in the Making* (Secker and Warburg, 1960).

Hutt, C. and M. J. Vaizey, 'Differential effects of group density on social behavior', in *Nature 209* (1966), pp. 1371-2.

Kellogg, R., *What Children Scibble and Why* (Author's edition, San Francisco, 1955).

Kinsey, A. C., W. B. Pomeroy, C. E. Martin and P. H. Gebhard, *Sexual Behavior in the Human Female* (Saunders, Philadelphia, 1953).

Kleiman, D., 'Scent marking in the Canidae', in *Symp. Zool. Soc.* 18 (1966), pp.167-77.

Kleitman, N., *Sleep and Wakefulness* (Chicago University Press, 1963).

Kruuk, H., 'Chan-system and feeding habits of Spotted Hyenas', in *Nature 209* (1966), pp. 1257-8.

Leyhausen, P., *Verhaltensstudien an Katzen* (Paul Parey, Berlin, 1956).

Lipsitt, L., 'Learning processes of human newborns', in *Merril-Palmer Quart. Behav. Devel.* 12 (1966), pp. 45-71.

Lorenz, K., *King Solomon's Ring* (Methuen, 1952).

Lorenz, K., *Man Meets Dog* (Methuen, 1954).

Marks, I. M. and M. G. Gelder, 'Different onset ages in varieties of phobias', in *Amer. J. Psychiat.* (July 1966).

Masters, W. H., and V. E. Johnson, *Human Sexual Response* (Churchill, 1966).

Miles, W. R., 'Chimpanzee behaviour: removal of foreign body from companion', in *Proc. Nat. Acad. Sci.* 49 (1965), pp. 840-3.

Monicreff. R. W.,'Changes in oldfactory preferences with age', in *Rev. Laryngol.* (1965), pp. 895-904.

Montagna, W., *The structure and Function of Skin* (Academic Press, London,

1956).

Montagu, M. F. A., *An Introduction to Physical Anthropology* (Thomas, Springfield, 1945).

Morris, D., 'The casuation of pseudofemale and pseudomale behavior', in *Behavior 8* (1955), pp. 46-56.

Morris D., 'The function and causation of courtship ceremonies', in *Fondation Singer Polignac Colloque Internat. sur L'Instinct*, June 1954 (1956), pp. 261-86.

Morris D., 'The feather postures of birds and the problem of the origin of social signals', in *Behavior 9* (1956), pp. 75-113.

Morris D., '"Typical Intensity" and its relation of the problem of ritualization',. *Behavior 11* (1957), pp. 1-12.

Morris D., *The Biology of Art* (Methuen, 1962).

Morris D., 'The response of animals to a restricted environment', in *Symp. Zool. Soc. Lond.* 13 (1964), pp. 99-118.

Morris D., *The Mammals: A Guide to the Living Species* (Hodder and Stoughton, 1965).

Morris D., 'The rigidification of behavior'. *Phil. Trans. Roy. Soc. London*, B. 251 (1966), pp. 327-30.

Morris D. (editor), *Primate Ethology* (Weidenfeld and Nicolson, 1967).

Morris, R. and D. Morris, *Men and Snakes* (Hutchinson, 1965).

Morris, R. and D. Morris, *Men and Ape* (Hutchinson, 1966).

Morris, R. and D. Morris, *Men and Pandas* (Hutchinson, 1966).

Moulton, D. G., E. H. Ashton and J. T. Eayrs, 'Studies in oldfactory acuity. 4.

Relative detectability of n-Aliphatic acids by dogs', in *Anim. Behav.* 8 (1960), pp. 117-28.

Napier, J. and P. Napier, *Primate Biology* (Academic Press, 1967).

Neuhaus, W., 'Uber die Riechschauren', in *Z. vergl. Physio.* 35 (1953), pp. 527-52.

Oakley, K. P., *Man the Toolmaker. Brit. Mus.* (Nat. Hist), 1961.

Read, C., *The Origin of Man* (Cambridge University Press, 1925).

Romer, A. S., *The Vertebrate Story* (Cambridge University Press, 1958).

Russell, C., and W. M. S. Russell, *Human Behavior* (Andre Deutsch, 1961).

Salk, L., 'Thoughts on the concept of imprinting and its place in early human development', in *Canad, Psychiat. Assoc. J.* 11 (1966), pp. 295-305.

Schaller, G., *The Mountain Gorilla* (Chicago University Press, 1963).

Shirley, M. M., 'The first two years, a study of twenty-five babies', Vol. 2, in *Intellectual development. Inst. Child Welf. Mongr.*, Serial No. 8 (University of Minnesota Press, Minneapolis, 1933).

Smith, M. E., 'An investigation of the development of the sentence and the extent of the vocabulary in young children', in *Univ. Iowa Styd. Child. Welf. 3*, No. 5 (1926).

Sparks, J., 'Social grooming in animals', in *New Scientist* 19 (1963), pp. 235-7.

Southwick, C. H. (Editor), *Primate Social Behavior* (van Nostrand, Princeton, 1963).

Tax, S. (Editor), *The Evolution of Man* (Chicago University Press, 1960).

Tiger,L., Research reporet:Patterns of male association, in *Current Anthropology* (vol. VIII, No. 3, June 1967).

Tinbergen, N., *The Study of Instinct* (Oxford University Press, 1951).

Van Hooff, J., 'Facial expressions in higher primates', in *Symp. Zool. Soc. Lond.* 8 (1962), pp. 97-125.

Washburn, S. L. (Editor), *Social Life of Early Man* (Methuen, 1962).

Washburn, S. L. (Editor), *Classification and Human Evolution* (Methuen, 1964).

Wickler, W., 'Die biologische Bedeutung auffallend farbiger, nacket Hautstellen und innerartliche Mimikry der Primaten', in *Die Naturwissenschaften* 50 (13) (1963), pp. 68-148.

Wickler, W., Socio-sexual signals and their intra-specific imitation among primates, in *Primate Ethology*, (Editor:D. Morris) (Weidenfeld & Nicolson, 1967), pp. 68-147.

Wyburn, G. M., R. W. Pickford and R. J. Hirst, *Human Senses and Perception* (Oliver and Boyd, 1964).

Yerkes, R. M. and A. W. Yerkes, *The Great Apes* (Yale University Press, 1929).

Youg, P. and E. A. Goldman, *The Wolves of North America* (Constable, 1944).

Zeuner, F. E., *A History of Domesticated Animals* (Hutchinson, 1963).

Zuckerman, S., *The Social Life of Monkeys and Apes* (Kegan Paul, 1932).

털 없는 원숭이
동물학적 인간론

1판 1쇄 발행 2006년 2월 25일
개정판 1쇄 발행 2011년 7월 10일
50주년 기념판 1쇄 발행 2020년 6월 5일

지은이	데즈먼드 모리스
옮긴이	김석희
펴낸이	한승수
펴낸곳	문예춘추사

편집주간	최상호
편집	이상실
마케팅	박건원
디자인	박소윤

등록번호	제300-1994-16
등록일자	1994년 1월 24일

주소	서울시 마포구 동교로27길 53 지남빌딩 309호
전화	02-338-0084
팩스	02-338-0087
이메일	moonchusa@naver.com

ISBN	978-89-7604-414-3 03400

* 이 책에 대한 번역·출판·판매 등의 모든 권한은 문예춘추사에 있습니다.
　간단한 서평을 제외하고는 문예춘추사의 서면 허락 없이 이 책의 내용을
　인용, 촬영, 녹음, 재편집하거나 전자문서 등으로 변환할 수 없습니다.
* 책값은 뒤표지에 있습니다.
* 잘못된 책은 구입처에서 교환해 드립니다.